县级供电企业
调度员培训手册

国网河南省电力公司　组编

内容提要

为适应新型电力系统建设，提升电网运行质效，保障电网安全运行，帮助县级供电企业调度员掌握调度规章制度和业务知识，助其提高业务素质和技能水平，国网河南省电力公司组织编写本书。

本书共7章，包含电网调度管理概述，调度技术支持系统，分布式电源及储能运行管理，县级电网继电保护及安全自动装置，县级电网调度运行操作、工作票管理及案例，县级电网事故处理及案例，变电站设备监控信息。

本书可供县级供电企业调度员、相关专业管理人员及新入职人员学习使用，也可供电网企业培训机构作为培训教材使用。

图书在版编目（CIP）数据

县级供电企业调度员培训手册 / 国网河南省电力公司组编 .—北京 : 中国电力出版社，2022.6
ISBN 978-7-5198-6635-8

Ⅰ.①县… Ⅱ.①国… Ⅲ.①供电-县级企业-电力系统调度-技术培训-手册 Ⅳ.①TM73-62

中国版本图书馆CIP数据核字（2022）第050645号

出版发行：中国电力出版社
地　　址：北京市东城区北京站西街19号（邮政编码100005）
网　　址：http://www.cepp.sgcc.com.cn
责任编辑：肖　敏
责任校对：黄　蓓　朱丽芳
装帧设计：郝晓燕
责任印制：石　雷

印　　刷：三河市百盛印装有限公司
版　　次：2022年6月第一版
印　　次：2022年6月北京第一次印刷
开　　本：787毫米×1092毫米　16开本
印　　张：15.75
字　　数：312千字
印　　数：0001—3000册
定　　价：68.00元

《县级供电企业调度员培训手册》
编 委 会

前言

随着社会经济的发展和人民生活水平的提高，人们对电力安全可靠供应的要求越来越高，县级供电企业调度员作为县级电网事故处理的指挥者，其调度理论水平和实际操作技能直接关系到电网安全运行和电力可靠供应。同时，近年来电网形态和技术手段不断变化，配电网有源化趋势明显，县级供电企业调度员亟待加强学习，不断提升自身业务水平，加快适应新型电力系统下调控运行需要，切实提高电网安全运行水平。

为适应新形势要求，满足县级供电企业调度员日常培训需要，帮助其提高业务素质和技能水平，国网河南省电力公司组织编写了本书。本书主要针对县级供电企业调度员的岗位要求，结合调度运行工作实际，从理论知识和实际案例两方面着手，梳理归纳县级供电企业调度员应知应会的内容，分析县级电网调度运行操作案例和各类事故异常处理案例，总结经验做法，提出切实可行的处理原则和方法，有效帮助县级供电企业调度员快速掌握调度业务知识和相关管理规定，提高自身理论水平、操作技能和事故处理能力，满足岗位工作需要。

本书共7章，第1章为电网调度管理概述，第2章为调度技术支持系统，第3章为分布式电源及储能运行管理，第4章为县级电网继电保护及安全自动装置，第5章为县级电网调度运行操作、工作票管理及案例，第6章为县级电网事故处理及案例，第7章为变电站设备监控信息。本书内容丰富、实用，不仅可供县级供电企业调度员、相关专业管理人员及新入职人员学习使用，还可供电网企业培训机构作为培训教材使用。

本书的编写主要由国网河南省电力公司组织，国网三门峡供电公司主要承担，历时10个月，充分收集资料、分析案例、交流讨论、编写及审核，力求内容准确、价值突出。本书的编写工作得到了郑州、洛阳、焦作、新乡、开封等市供电公司的支持，在此表示衷心的感谢。

由于编者水平有限，书中难免出现疏漏和不足之处，恳请各位专家和广大读者批评指正。

编 者

2022年3月

目录

第1章 电网调度管理概述

1.1　电力生产的特点及电网调度机构的任务

1.1.1　电力生产的特点

电力系统是一个电力生产、流通和消费的系统，由发电、供电（输电、变电、配电）、用电设施以及为保证上述设施安全、经济运行所需的继电保护及安全自动装置、电力计量装置、电力通信设施和电网调度自动化设施等组成。

电力生产的特点和内在规律决定了其生产、供应、使用各环节需要同时进行，而且电网的电压和频率的质量，不仅直接影响电力用户终端产品的质量，而且直接关系电网本身的安全和供电可靠性。这就需要对电网进行严密的组织指挥，科学的统一调度，才能保证电网协调一致、安全稳定地运行。电网调度机构是为确保电网安全、优质、经济运行而设立的，它依据有关规定对电网生产运行、电网调度系统及其人员职务活动进行管理。我国《电网调度管理条例》（国务院令 1993 年第 115 号）对电网调度机构的法律含义进行了规定。

1.1.2　电网调度机构的任务

电网调度机构是电网运行的一个重要指挥部门，负责电网内发、输、变、配电设备的运行、操作和事故处理，以保证电网安全、优质、经济运行，向电力用户有计划地供应符合质量标准的电能。电网调度的作用决定了其地位，在我国电网调度机构既是生产运行单位，又是电网管理部门的职能机构，代表本级电网管理部门在电网运行中行使调度权，其任务主要包括以下四个方面。

1. 尽设备最大能力满足负荷的需要

随着经济建设的发展和人民生活水平的不断提高，全社会的用电需求日益增长。这就客观上要求有充足的发、输电设备和足够的可利用的动力资源。发挥现有设备的最大能力，最大限度地满足负荷需要，是电网调度的一项重要任务。

2. 保证电网安全可靠运行和连续供电

电能不易大量储存，电网停止供电将给社会带来巨大损失。电网要对用户连续供电，首先就必须保证电网安全可靠运行。随着电网的不断发展，我国电网整体结构较为坚强，但县级配电网结构还相对薄弱，加之自然力（如刮风、下雨、打雷）的破坏和设备的潜在缺陷，都可能造成电网中断供电。这时，应采取措施，尽量不影响供电；若影响供电，面积不要扩大；即使不可避免地要扩大影响面，也要把影响范围尽可能缩小，并尽早恢复供电。

3. 保证电能质量

电能质量包括频率、电压、谐波分量等，不完全由电网内某个环节决定，而是全网所有发、供、用电设备协同运行的整体性决定，这就需要电网调度机构统一组织、指挥、协调，保证电能指标符合相关国家标准。

4. 经济合理利用能源

经济合理利用能源，就是使整个电网在最大经济效率的方式下运行，以降低每千瓦时电能的一次能源消耗和电能输送过程中的损耗，使供电成本最低。电网调度需要综合考虑发电机组的经济性、自然能源的分布特点以及输电方式等因素，合理安排发电机组的出力和开、停等，使电网在最经济方式下运行，以最大限度利用能源。

根据任务，电网调度有以下五项基本工作。

（1）编制和执行电网调度计划（或运行方式）。调度计划是保证电网安全、优质、经济运行的依据，包括负荷预计并在此基础上编制发电计划、进行能源平衡并统一安排设备检修进度、进行电力系统安全分析并组织落实电网安全稳定措施。

电网的服务对象是电力用户，调度管理的首要任务是充分利用设备能力满足负荷（即用户用电）的需要，因此，编制和执行电网调度计划（或运行方式）是调度管理的一项基本工作。

（2）负责指挥电网设备的运行、操作和事故处理。

1）由于电网的负荷随时都在变化，因此频率和电压也会随时变化，调压、调频是电网调度的主要职责之一，也是一项主要工作。

2）电网是由一系列设备联结成的整体，其操作往往涉及两个或两个以上单位，指挥电网的倒闸操作也是调度管理的一项主要工作。

3）现代社会，电网的事故往往是灾难性的，其波及面广，造成的损失巨大，严重者可能危及人身、设备安全以及造成国民经济的重大损失；因此，必须正确迅速处理，尽快恢复正常供电。事故处理是电网调度责无旁贷的一项工作。

（3）对所辖的电网调度自动化、电力通信设施负责运行管理，负责继电保护及安全自动装置的整定。电网调度自动化和电力通信设施、继电保护及安全自动装置是电网运行的三大支柱，是保障电网安全、优质运行必不可少的技术手段，是电网调度管理的基本任务得以完成的必要基础。对所辖的调度自动化和通信设施实施运行管理，是一项重要基础工作。

（4）经济调度。主要包括两方面：

1）参加拟订各种技术经济指标和改进经济运行的措施；

2）制订和执行经济调度方案。

经济运行中，首先是让太阳能、风能、水能等清洁能源充分利用；其次是调整燃煤机组出力或开停机，让煤耗低的机组多发电、煤耗高的机组少发电；最后是让电网的功率流动趋于合理，减少电力输送过程中的功率损耗。

（5）对电网的规划和设计提出意见，参加电网调度自动化和电力通信规划、设计的编制和审查。

1.2 电网调度范围划分及管理原则

1.2.1 电网调度范围划分

以国家电网有限公司为例，电网调度机构分为五级：国家电力调度控制中心（国调），国家电力调度控制分中心（分中心），省（自治区、直辖市）电力调度控制中心（省调），地市（区、州）电力调度控制中心（地调），县（市、区）电力调度控制中心（配调、县调）。各级电网调度机构的调度范围如图 1-1 所示。

<table>
<tr><td>特高压交直流电网</td><td>国调</td></tr>
<tr><td>750kV交流电网</td><td rowspan="3">分中心</td></tr>
<tr><td>±660kV及以下直流系统</td></tr>
<tr><td>500kV交流电网</td></tr>
<tr><td>330kV交流电网</td><td rowspan="2">省调</td></tr>
<tr><td>220kV交流电网</td></tr>
<tr><td>110(66)kV交流电网</td><td>地调</td></tr>
<tr><td>35kV交流电网</td><td rowspan="2">配调、县调</td></tr>
<tr><td>10kV配电网</td></tr>
</table>

图 1-1 各级电网调度机构调度范围划分

1.2.2 电网调度管理的基本原则

1. 统一调度、分级管理的原则

我国国务院于 1993 年正式颁布了《电网调度管理条例》，并于 2011 年进行了修订，其中第四条明确指出，电网运行实行统一调度、分级管理的原则。统一调度与分级管理是一个有机整体：统一调度以分级管理为基础；分级管理是为了有效地实施统一调度，目的是有效地保证电网安全、可靠、优质、经济运行，确保全社会的有序供电，维护社会的公共利益。

（1）统一调度是指在具体调度业务上，下级调度机构必须服从上级调度机构的指挥。统一组织全网调度计划（或运行方式）编制和执行，其中包括统一平衡全网电力供需和实施全网发电、供电调度计划；统一协调组织和安排全网主要发电、供电设备的检修进度，统一安排全网的主接线方式，统一布置和落实全网安全稳定措施；统一指挥全网的运行操作和事故处理；统一协调和规定全网继电保护及安全自动装置、调度自动化系统和调度通信系统的运行；统一布置和指挥全网的调峰、调频和调压；统一协调水电厂水库的合理运用；按照规章制度统一协调有关电网运行的各种关系。

（2）分级管理是指根据电网分层运行的特点，明确各级调度机构的责任和权限，有效地实施统一调度管理，由各级调度机构在其管辖范围内具体落实电网调度管理的分工安排。

2. 按照调度计划发电、用电的原则

为统筹安排电力供应，合理分配电能资源，最优化全社会整体利益，《电网调度管理条例》第五条指出，任何单位和个人不得超计划分配电力和电量，不得超计划使用电力和电量；遇有特殊情况，需要变更计划的，须经用电计划下达部门批准。

《电网调度管理条例》对调度机构、发电厂、变电站、电力用户提出了明确的发电、用电要求。

（1）调度机构：编制发电、供电调度计划时，应当根据国家下达的计划、有关的供电协议和并网协议、电网的设备能力，并留有备用容量。

（2）发电厂、变电站：必须按照调度机构下达的调度计划和规定的电压变化范围运行，并根据调度指令开、停机、炉，调整功率和电压，不允许以任何借口拒绝或者拖延执行调度指令或者不执行调度指令。

（3）电力用户：必须严格执行用电计划，不得超计划用电。对于超计划用电的用户，调度机构可予以警告；当超计划用电威胁电网安全运行时，调度机构可以部分或者全部暂时停止供电，后果由超计划用电单位和个人负责。

3. 值班调度员履行职责受法律保护的原则

任何单位和个人不得违反《电网调度管理条例》，干预调度系统的值班人员发布或者执行调度指令。调度系统的值班人员依法执行公务，有权利和义务拒绝各种非法干预。

电网管理部门的主管领导发布的一切有关调度业务的指示，应当通过调度机构负责人转达给值班调度员。非上述人员，不得直接要求值班调度人员发布任何调度指令。任何人均不得阻挠值班人员执行上级值班调度员的调度指令。

4. 调度指令具有强制力的原则

调度指令具有强制力，这样才能保证调度指挥的畅通和有效，才能及时处理电网事故，保证电网安全、可靠、优质运行。

调度指令必须执行，当调度系统值班人员在接到上级调度机构值班调度人员发布的调度指令时或者在执行调度指令过程中，认为调度指令不正确，应当立即向发布该调度指令的值班调度人员报告，由发令的值班调度员决定该调度指令的执行或者撤销。如果发令的值班调度员重复该指令时，接令值班人员原则上必须执行，但如执行该指令确将危及人身、设备或者电网安全时，值班人员应当拒绝执行，同时将拒绝执行的理由及改正指令内容的建议报告发令的值班调度员和本单位直接领导人。

电网管理部门的负责人、调度机构负责人以及发电厂、变电站的负责人，对上级调度机构的值班调度人员发布的调度指令有不同意见时，可以向上级电力行政主管部门（或者电网管理部门）或者上级调度机构提出，不得要求所属调度系统值班人员拒绝或者拖延执行调度指令；但是在其未做出答复前，接令的值班人员仍然必须按照上级调度机构值班调度人员发布的调度指令执行。

调度系统的值班人员不执行或者延迟执行上级调度机构值班调度员的调度指令，则未执行调度指令的值班人员以及不允许执行或者允许不执行调度指令的领导人均应当对此负责。

5. 保障电网安全、维护电网整体利益的原则

电网实际运行中，电力企业、电力用户的局部利益要服从电网整体利益，电网调度要维护整体利益，确保电网安全、可靠、优质运行，实现全社会利益最优。

调度机构应根据本级人民政府的生产调度部门的要求、用户的特点和电网安全运行的需要，提出事故及超计划用电的限电序位表，经本级人民政府的生产调度部门审核，报本级人民政府批准后，由调度机构执行。

6. 公开、公平、公正的原则

电力公开、公平、公正调度（简称“三公”调度）是指电力调度机构遵循国家法律法规，在满足电力系统安全、稳定、经济运行的前提下，按照公平、透明的原则，在调度运行管理、信息披露等方面平等对待各市场主体。

“三公”调度应当遵循以下原则：遵守国家有关法律法规，贯彻国家能源政策、环保政策和产业政策，认真执行国家和行业的有关标准、规范；保障电力系统的安全、优质、经济运行，充分发挥系统能力，最大限度地满足社会的电力需求；维护电力生产企业、电网经营企业和电力用户的合法权益；发挥市场调节作用，促进电力资源的优化配置。

1.3　县级电网调度员岗位职责及相关制度

1.3.1　县级电网调度员岗位职责

1. 值长（正值）调度员岗位职责

（1）负责本值全面工作，依据《中华人民共和国电力法》《电网调度管理条例》《电力监管条例》《××配电网调度控制管理规程》等有关法律、规定开展工作，完成各项任

务，是当值电网安全、优质、经济运行、操作、事故处理、值班纪律、环境卫生、调度场所安全等的第一责任人。

（2）贯彻“安全第一、预防为主、综合治理”的安全生产方针，防止因调度机构责任而发生人身伤亡、设备损坏、停电事故。

（3）在“三公”调度的前提下，力求能源资源的优化配置和全网运行成本最低，依法执行与各投资方的购售电合同，遵照有关规定实施节能发电调度。

（4）依法行使生产指挥权，执行调度协议、并网协议，拒绝各种非法干预。

（5）服从上级调度机构的统一调度和指挥。

（6）完成电网各项安全、技术、经济指标。

（7）正确指挥调度管辖范围内的调度操作、事故处理。

（8）及时完成日调度计划的各项任务，并办理相关手续。

（9）遇有电网异常情况，有权修改负荷分配方案，但应遵守有关规定。

（10）正确办理工作票，及时做好相关记录。

（11）随着电网运行方式的变化，及时正确变更继电保护及安全自动装置的投退。新设备投入、继电保护装置（简称保护）改定值后，核对保护定值及投退情况。

（12）培训副值调度员，指导副值调度员的工作，领导副值调度员共同完成生产任务，监督、监护副值调度员履行职责。

（13）分析电网运行情况，及时提出优化调控运行的建议。

（14）按规定完成各类报表的审核、上报工作。

（15）完成上级领导交办的临时性工作任务。

（16）监护副值调度员进行电网调度技术支持系统的遥控操作。

2. 副值调度员岗位职责

（1）协助值长（正值）调度员完成本值工作任务。

（2）控制各发电厂（站）的有功功率、无功功率出力。

（3）协助值长（正值）调度员处理事故，发现问题及时报告值长（正值）调度员，记录时间、电压和潮流的变化，并按规定执行相关汇报制度。

（4）在职责范围内进行拉闸限电、地方电厂联络线的解列操作及系统无功功率调整。

（5）在值长（正值）调度员领导下工作，要互通情况、密切配合；正确填写操作票，并做好调度操作的监护工作。

（6）接受并审查工作票，负责各种记录的填写、打印，负责向相关部门通报电网运行情况。

（7）完成电网调度技术支持系统主站日常运行监视工作。

(8) 接受、执行值长（正值）调度员指令，在正值的监护下，正确完成电网调度技术支持系统的遥控操作，及时完成接线图变更。

(9) 完成重大操作、危险点（源）分析及预控。

(10) 收存保管报表、文件资料、图纸，并做好记录，防止丢失和泄密。

(11) 按规定完成各类报表的编制，并报值长（正值）调度员审核。

(12) 负责调度技术支持系统及办公设施的管理。

(13) 保持调度室及生活间整齐清洁。

(14) 完成上级领导交办的临时性工作任务。

1.3.2 县级电网调度制度

1. 调度员值班制度

(1) 认真贯彻执行《中华人民共和国电力法》《电网调度管理条例》等电力法律法规。加强职业道德素养，遵守合同协议，廉洁自律，依法管网。

(2) 值班期间及上班前4h内不得饮酒，严禁醉酒上班。

(3) 遵守调度纪律，正确、及时执行上级调度机构及有关领导的指示。

(4) 按照排定的轮值表进行值班，不得擅离职守，换班需经班长同意。

(5) 根据系统运行方式，针对薄弱环节做好事故预想。

(6) 发生系统事故时，非值班人员主动离开调度室，但公司领导、调度机构负责人、调度班班长、各相关专责及应邀专业人员可留在调度室，监督事故处理的正确性。上述领导对处理事故的指示，一般情况应通过调度机构负责人传达给调度员。

(7) 处理事故时若发生通信中断，及时通知通信调度，必要时采取其他方式，迅速与事故单位取得联系。

(8) 调度业务联系应使用规范调度术语。

(9) 做好优质服务工作，按有关规定严格执行发、用电计划。

(10) 正确录入各种调度记录，调度相关的标准、规定及有关资料应齐备、完整，各种资料摆放整齐、有序。

(11) 调度值班记录、操作票、命令票至少保存1年，调度录音至少保存3个月。

(12) 值班期间不准会客，非值班人员不得随意进入调度室。当有人员参观时，应派专人负责接待，值班调度员应坚守岗位，并根据要求向参观人员介绍电网有关情况。

(13) 做好文明值班。

1) 严格执行交接班制度，严格履行岗位职责。

2) 上岗必须按规定着装，并持证上岗。

3) 工作严肃认真，保持良好的精神状态，不做与工作无关的事情。

4）调度室要保持清洁卫生，调度台上整齐、干净，不准摆放与值班无关的物品，不准在调度室吸烟。

2. 调度员交接班制度

（1）交班调度员提前做好交班准备工作，结束重要操作，为下一值的操作创造有利条件，核对电子接线图，保持图实相符。

（2）按规定时间交接班，接班调度员应提前15min到岗熟悉系统情况，认真查阅操作记录及日调度计划，掌握线路潮流特点、方式变化、机组出力、设备检修情况、线路检修工作票、主要设备存在问题及当班要完成的工作。

（3）发生以下情况要延迟交接班：

1）重要操作正在进行。

2）事故处理正在进行。

3）接班调度员未到齐。

4）接班调度员的疑问未得到解决。

5）接班调度员接班前饮酒，神志不清者严禁交接班。

（4）交班必须准确到位，接班必须清楚明了，其内容包括：

1）全面介绍日调度计划执行情况及下一值要完成的工作。

2）详细交代线路检修情况，包括检修结束日期、安全措施（简称安措）、工作单位、工作内容、送电时注意事项。

3）各种运行记录，包括运行日志、调度计划、调度方案、工作票、操作票、设备异动单、地线记录、限电记录、保护定值单及收到的文件等。

4）依照接线图交接电网正常和异常方式。

5）系统中事故处理和设备异常、缺陷处理情况。

6）特殊继电保护及安全稳定自动装置投退情况及存在的问题，下一值应注意的问题。

7）机组启停情况。

8）调度技术支持系统及通信设备的运行情况。

9）各种临时工作完成情况。

10）交班调度员详细解答接班调度员所提出的疑问。

（5）正常情况，准时进行交接班签名。接班调度员认为达到接班条件，由接班正值发接班指令，并在值班记录上签名，然后由交班调度员签名，以交班正值调度员签名时间为办完接班手续的时间。

（6）交接班时发生事故，应立即中止交接班，由交班调度员进行事故处理，接班调度员可按交班调度员的要求协助处理。交接班手续办理完毕即发生系统事故，交班调度员应协助接班调度员进行处理，但无权下达指令。

3. 调度员培训制度

（1）调度员岗位晋升：

1）学员应至少培训3个月，方可担任实习副值调度员。

2）实习副值调度员通过至少3个月的实习期，方可转为副值调度员。

3）副值调度员经至少6个月值班后，方可转为实习正值调度员。

4）实习正值调度员经至少3个月的实习期，方可转为正值调度员。

5）正值调度员经至少3个月值班后，方可转为值长。

6）岗位晋升需经考试合格，岗位转正需由调度机构组织面试通过，值长的任命应由公司分管领导批准。

（2）调度员应每年参加《电网调度管理条例》、《国家电网公司电力安全工作规程 线路部分》（Q/GDW 1799.2—2013）、《国家电网公司电力安全工作规程 变电部分》（Q/GDW 1799.1—2013）、《国家电网公司电力安全工作规程（配电部分）（试行）》、《××配电网调度控制管理规程》及有关电力法规的考试。

（3）脱离调度岗位1个月以上，再回岗位值班前，应先跟班实习，熟悉运行状况，掌握系统变更，了解曾发生的重大事故等，必要时由班长或培训员进行讲解、考问。脱离调度岗位3个月以上者，应重新进行上岗考试后方可担任调度员工作。

（4）调度员要积极参加下列活动，完成规定的学习、培训任务：

1）班组安全例会。

2）事故预想、事故分析会、反事故演习。

3）调度知识竞赛。

4）学习并贯彻反事故措施，学习事故通报。

5）参加与调度专业有关的知识讲座、学习班、研讨会。

6）基建、技改、大修、新设备投运，提前学习启动措施，组织赴现场熟悉设备。

7）定期与相关专业开展交流学习活动。

8）实习调度员必须在相应值班调度员的监护下进行调度工作，监护者对实习者工作的正确性负责。

（5）调度员必须熟悉、掌握以下内容：

1）本地区配电网一次接线图及有关参数。

2）厂（站）及线路的地理分布图。

3）配电网调度技术支持系统主站操作方法、高级应用的使用方法。

4）继电保护及安全自动装置配置及原理，保护整定原则及使用规定。

5）本地区配电网月、日、节日用电负荷变化规律，重要用户负荷特性。

6）收报负荷，打印有关报表，变更设备状态。

7）电压事故标准，事故拉闸顺序。

8）月、周生产计划有关部分。

9）《中华人民共和国电力法》、《电网调度管理条例》、《国家电网公司电力安全工作规程 线路部分》（Q/GDW 1799.2—2013）、《国家电网公司电力安全工作规程 变电部分》（Q/GDW 1799.1—2013）、《国家电网公司电力安全工作规程（配电部分）（试行）》、《国家电网有限公司安全事故调查规程》、《国网××省电力公司工作票操作票管理规定》、《××配电网调度控制管理规程》、××省地市电网调控规程、地市电网年度运行方式及有关专业规程、规定、制度。

1.4 县级电网调度相关专业管理

1.4.1 运行方式管理

1. 配电网年度运行方式编制总体原则

配电网年度运行方式编制应以保障电网安全、优质、经济运行为前提，充分考虑电网、用户、电源等多方因素，以方式计算校核结果为数据基础，对上一年度配电网运行情况进行总结，对下一年度配电网运行方式进行分析并提出措施和建议，保证配电网年度运行方式的科学性、合理性、前瞻性。

2. 配电网年度运行方式编制具体要求

（1）提前组织规划、建设、运检、营销等相关部门开展技术收资工作，保证年度方式分析结果准确。

（2）对于具备负荷转供能力的接线方式，应充分考虑配电网发生“$N-1$”故障时的设备承载能力，并满足所属供电区域的供电安全水平和可靠性要求。

（3）核对配电网设备安全电流，确保设备负载不超过规定限额。

（4）短路容量不超过各运行设备规定的限额。

（5）配电网的电能质量应符合相关国家标准的要求。

（6）配电网继电保护及安全自动装置应能按预定的配合要求正确、可靠动作。

（7）做好分布式电源（distributed generation，DG）接入适应性分析。

（8）配电网运行方式应与上级电网运行方式协调配合，具备各层次电网间的负荷转移和相互支援能力。

（9）各电压等级配电网无功功率电压运行应符合相关规定。

（10）配电网年度方式应与主网年度方式同时编制完成并印发，应对上一年配电网年度方式提出的问题、建议和措施进行回顾分析，完成后评估工作。

3. 配电网正常运行方式安排要求

（1）配电网正常运行方式应与上级电网运行方式统筹安排、协同配合。

（2）配电网正常运行方式安排应结合配电自动化系统控制方式，合理利用馈线自动化，使配电网具有一定的自愈能力。

（3）配电网正常运行方式的安排应满足不同等级用户的供电可靠性和电能质量要求，避免造成双电源用户单电源供电，并具备上下级电网协调互济的能力。

（4）根据上级变电站的布点、负荷密度和运行管理需要，划分成若干相对独立的分区配电网，分区配电网供电范围应清晰，相邻分区间应具备适当联络通道，分区的划分应随着电网结构、负荷的变化适时调整。

（5）线路负荷和供电节点均衡：配电网运行方式应根据线路负荷和供电节点均衡性做出及时调整，使各相关联络线路的负荷分配基本平衡，且满足线路安全载流量的要求；线路运行电流应充分考虑转移负荷裕度要求，保证线路供电半径最优。

（6）配电网线路联络断路器（简称联络开关）点的选择：主干线和固定联络开关点原则上由运维单位与调度机构根据配电网一次结构共同确定，固定联络开关点无特殊原因应设置为公司资产的设备；对架空线路，应使用柱上断路器（简称柱上开关），严禁使用单一隔离开关（简称刀闸）作为线路联络点；联络点应优先选择具备遥控功能的断路器（简称开关）。因特殊原因，主干线和固定联络开关点发生变更，调度机构应及时与运维单位重新确定主干线和联络开关点。

（7）配电网转供线路的选择：

1）配电网线路由其他线路转供，如存在多种转供路径，应优先采用转供线路线况好、合环潮流小、便于运行操作、供电可靠性高的方式，方式调整时应考虑相关保护定值调整。

2）配电网线路由其他线路转供，凡涉及合环倒负荷，应确保相序一致，压差、角差在规定范围内。

3）外来电源通过变电站母线转供其他出线时，应考虑电源侧保护定值调整，联络线开关进线保护停用。

（8）备用电源自动投入（简称备自投）方式选择：

1）双母线接线、单母线分段接线方式，两回进线分供母线，母联（分段）开关热备用，备自投可启用母联（分段）备投方式。

2）单母线接线方式，一回进线供母线，其余进线开关热备用，备自投可启用线路备投方式。

3）内（外）桥接线、扩大内桥接线方式，两回进线分供母线，内（外）桥开关热备用，备自投可启用桥备投方式。

4）在一回进线存在危险点（源），可能影响供电可靠性的情况下，其变电站全部负荷可临时调至另一条进线供电，启用线路备自投方式。待危险点（源）消除后，变电站恢复桥（母联、分段）备自投方式。

5）具备条件的开关站（开闭所）、配电室、环网柜，宜设置备自投，提高供电可靠性。

（9）电压与无功功率平衡：

1）系统的运行电压，应考虑电气设备安全运行和电网安全稳定运行的要求；应通过自动电压控制（AVC）等控制手段，确保电压和功率因数在允许范围内。

2）尽量减少配电网不同电压等级间的无功功率流动，避免向主网倒送无功功率。

4. 检修情况下运行方式安排要求

（1）线路检修。

1）为保证供电可靠性，线路检修工作优先考虑带电作业。需停电的工作应尽可能减少停电范围，对于无工作线路段，可通过其他线路通过合解环转供方式转供，检修工作结束后应及时恢复正常方式。

2）不停电线路段由对侧转供时，应考虑对侧线路保护的全线灵敏性，必要时调整保护定值。

3）上级电网中双线供电（高压侧双母线）的变电站，当一段母线停电检修时，在负荷允许的情况下，优先考虑负荷全部由另一段母线供电；遇有一级重要电力用户供电情况，应尽量通过调整变电站低压侧供电方式，满足用户供电要求。

4）进行倒负荷操作应先了解上级电网运行方式后进行，确保合环后潮流的变化不超过继电保护、设备容量等方面的限额，同时应避免带供线路过长、负荷过重造成线路末端电压下降较大的情况。

（2）变电站检修。

1）上级电网中两台及以上主变压器（简称主变）（低压侧为双母线）的变电站，当一台主变检修（一段母线停电检修）时，在负荷允许的情况下，优先考虑负荷全部由另一台主变供电；遇有一级重要电力用户供电情况，应尽量通过调整变电站低压侧供电方式，满足用户供电要求。

2）上级电网中变电站全停检修时，需将该站负荷尽可能通过低压侧转移，如遇负荷转移困难的，可考虑临时供电方案；确需停电的，应在月度计划中明确停电线路名称及范围。

5. 事故情况下运行方式安排要求

（1）上级电网中双线供电（或高压侧双母线）的变电站，当一条线路（或一段母线）故障时，在负荷允许的情况下，优先考虑负荷全部由另一回线路（或另一段母线）

供电，并尽可能兼顾双电源用户的供电可靠性。

（2）上级电网中有两台及以上变压器（或低压侧为双母线）的变电站，当一台变压器故障时，在负荷允许的情况下，优先考虑负荷在站内转移，并尽可能兼顾双电源用户的供电可靠性。

1.4.2 调度计划管理

1. 配电网调度计划管理一般规定

（1）配电网设备检修应服从调度机构的统一安排。配电网调度计划按时间分为年度、月度、周、日计划，按类别分为计划停电、临时停电。

（2）配电网设备因预试、定检、消缺、改造、基建、新设备（含用户接入）等工作需要停、送电，均应纳入调度计划进行统筹管理。上级输变电设备停电需配电网设备配合停电的，即使配电网设备确无相关工作，也应列入配电网调度计划。

（3）配电网调度计划应按照“下级服从上级、局部服从整体”的原则，综合考虑设备运行工况、重要用户用电需求和业扩报装等因素，坚持“一停多用”，主、配电网停电计划协同，合理编制配电网调度计划，减少重复停电。

（4）配电网调度计划应充分考虑设备的运行状况，以降低电网运行风险和缩短用户停电时间为基础，同时考虑设备的检修周期及相关重点工作要求，设备状况不良的优先安排检修。

（5）同一停电范围内的设备检修工作原则上应同时安排，二次设备检修工作应随一次设备检修工作同时进行。

（6）影响用户供电的线路、间隔设备停电作业宜结合用户设备工作同时安排。

（7）检修主要在春季、秋季开展，夏季、冬季高负荷及重要保电期间原则上不安排重要设备停电。在法定节假日、恶劣天气期间，尽量避免安排对安全运行或用户用电影响较大的设备停电检修工作。

（8）严格控制配电网设备的临时停电作业；如确有必要，应有完备的保证安全的技术措施和组织措施，确保人身、电网、设备安全。

（9）配电网调度计划申报单位必须对计划申报的正确性负责。

（10）配电网调度计划时间应包括设备停、送电操作时间及设备检修工作时间。

（11）若因电网特殊情况或保供电任务，调度机构有权取消、推迟已批准的配电网调度计划或终止已开工的工作。

（12）低压配电网（0.4kV电网）停电计划实行备案管理，停电申请单位应按要求提前向相应调度机构进行停电计划备案，未在调度备案的低压配电网停电工作严禁开工。

2. 年度计划管理

（1）各发电厂、设备运维单位（项目管理部门）应于每年 11 月底前向调度机构报送次年配电网停送电计划。调度机构负责汇总、平衡、编制年度计划，并于年底前发布。

（2）按照“主配协同”原则，配电网年度计划应与涉及 10（6）～35kV 母线停电和送电的主网年度计划协同。

（3）年度计划是月度计划安排的依据，年度计划下达后，原则上不进行跨月调整。因客观原因，确需调整的年度计划应提前 1 个月向调度机构说明情况。

（4）基建、运维、营销等相关单位应根据年度计划，提前做好准备工作，包括设备招投标、备品备件采购及人员安排等，确保年度计划工作按期开工、按期完成。

3. 月度计划管理

（1）月度计划每月安排一次，月计划编制流程如图 1-2 所示。

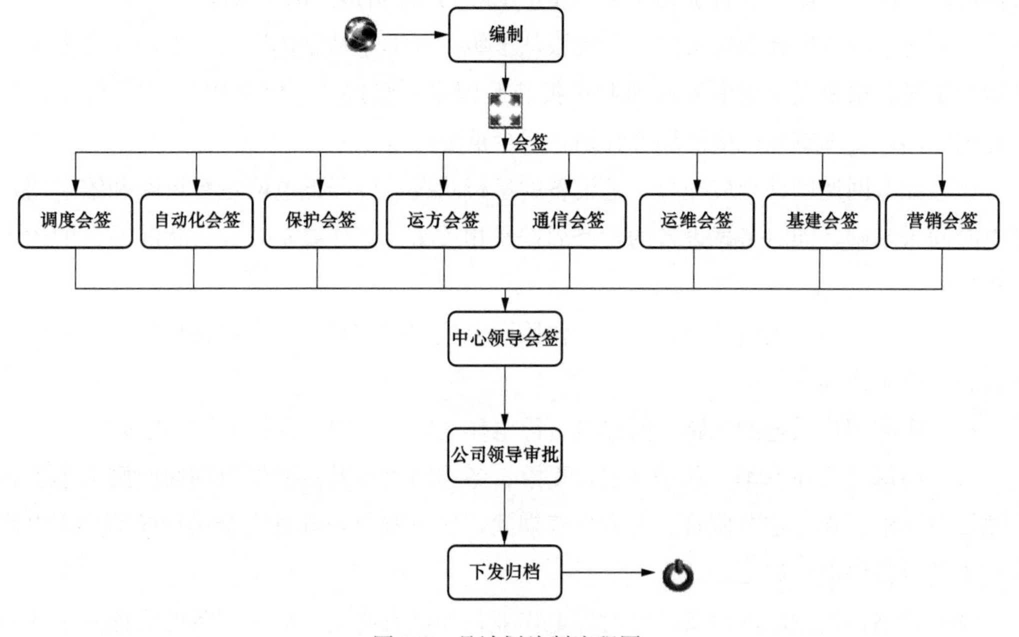

图 1-2　月计划编制流程图

（2）配电网调度计划由项目管理部门汇总、审核后申报。

（3）项目管理单位每月 15 日前（节假日提前至工作日），通过调度管理系统（OMS）向调度机构申报次月配电网设备月度停、送电计划。

（4）每月 18 日前由调度机构组织相关部门召开配电网设备月度计划平衡会，每月 20 日前发布。

（5）不能执行月度计划的部门必须在第一时间向调度机构报送原因，调度机构应对月度计划执行情况提出考核意见。

4. 周计划管理

（1）项目管理单位每周三12时前，通过调度管理系统向调度机构申报下下周计划，周计划编制流程如图1-3所示。调度机构根据月度计划及批准的临时停电编制下下周计划，各相关专业会签后，于每周五发布下下周计划。

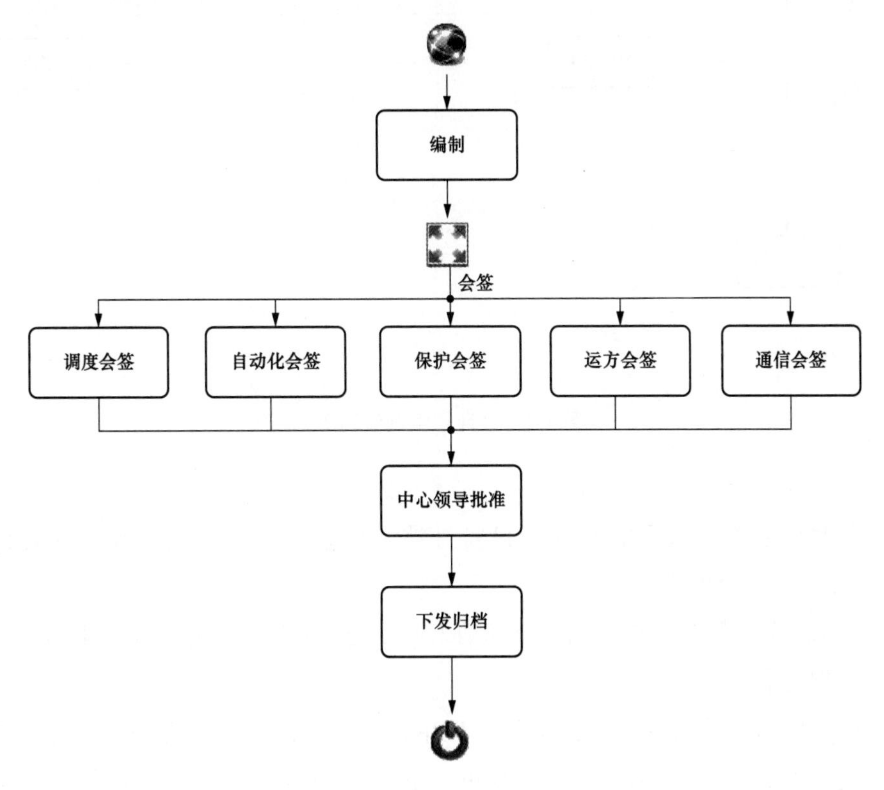

图1-3　周计划编制流程图

（2）周计划申报时，如需间隔通知、设备异动申请单、施工检修方案、新设备送电计划申请单、设备图纸、参数、保护等相关资料，须准备齐全随计划一并申报，资料提供不完整的，不予安排周计划。

5. 日计划管理

（1）项目管理单位应按照周计划安排，在开工前两个工作日，通过调度管理系统申报日停电计划。调度机构于计划执行的前一个工作日发布，日计划编制流程如图1-4所示。

（2）周计划中没有列入的停送电项目，原则上在日计划中不予安排。已列入周计划，但无特殊原因未申报日计划的，本月内不再重复安排。对于涉及对外停电公告的计划，严禁变更时间和工期。

（3）项目管理单位申报日计划时应将设备异动申请单（设备变更单）等相关资料作为附件一并提交，否则不予安排。

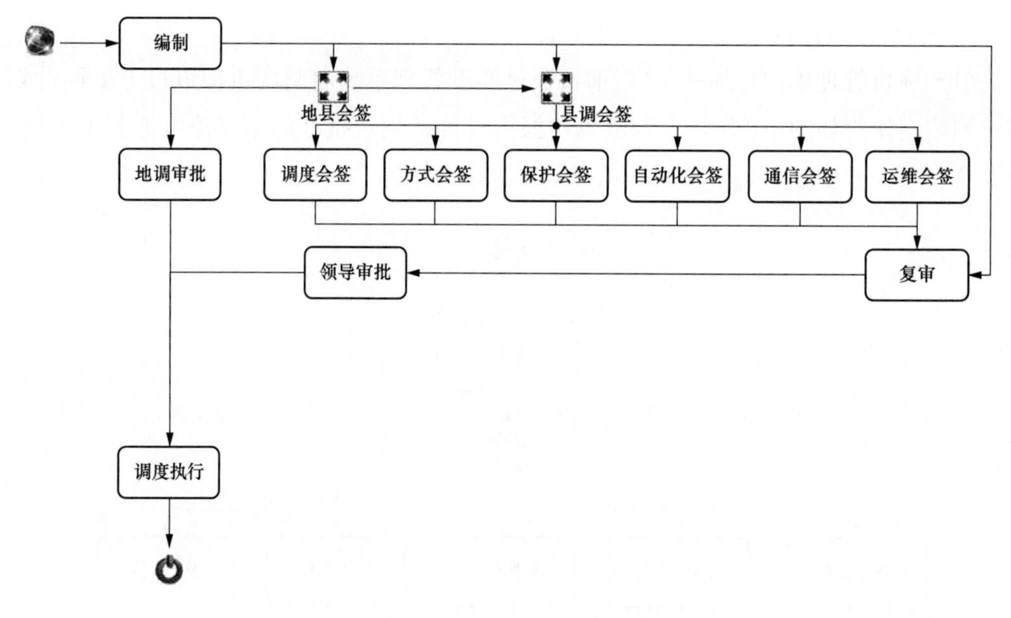

图 1-4　日计划编制流程图

6. 临时计划管理

（1）临时计划停（送）电原则上只安排涉及紧急事项的计划工作。临时计划停（送）电申报手续不全的不予受理。

（2）临时计划停（送）电原则上全部纳入调度周计划管理，停（送）电时间以批准的调度日计划为准。

（3）临时停送电计划的申报由项目管理单位填写书面的临时计划停（送）电申请表，逐级进行审批。如因工作造成设备变更，还应同时提供设备异动申请单。

（4）临时停电的审批手续必须在申报停送电日前 2 个工作日办理完毕。需由设备运维单位、用户管理部门、设备管理部门、调度机构等部门负责人审核，报公司分管领导批准，履行审批手续后送达调度机构存档。

（5）同意安排的临时停电，在开工前 2 个工作日，由申报单位通过调度管理系统进行申报。

（6）调度机构应及时受理并安排业扩报装类配电网停送电计划，对涉及其他用户停电的业扩报装类工作，应至少纳入周计划管理，满足停电公告时间要求。对不涉及其他用户停电的业扩报装类工作，可直接纳入日计划管理。

1.4.3　设备检修管理

1. 设备检修管理一般规定

（1）设备检修按照调度管辖范围实行统一的计划检修管理。

（2）重要设备检修或者出现较复杂的运行方式时，应组织相关人员讨论分析，制订措施，做好事故预想。

（3）设备检修工作到期不能竣工者，申报单位应在批准竣工时间至少1h前向值班调度员提出延期申请，检修申请只能延期一次。

（4）设备检修工作应在预计竣工时间至少1h前向值班调度员预汇报，值班调度员应及时通知相关单位进行送电准备。

（5）设备检修工作由于某种原因开工延迟时，竣工时间仍以原计划为准，如不能按期竣工应办理延期手续。

（6）已批准的设备检修计划，如因天气原因或突发事件确定不能工作时，申报单位应在批准停电时间至少1h前向值班调度员提出取消申请；设备检修计划取消后，值班调度员（当值调度员）应及时通知相关单位。

（7）设备危急类故障抢修可随时向值班调度员提出申请，由调度机构安排停电；涉及用户停电的，值班调度员应及时通知用户管理部门，用户管理部门负责及时通知用户。

（8）公司资产事故跳闸线路或设备，需短时间内恢复的抢修和故障排除工作，可不办理停电工作票，但需在跳闸后24h内申请事故处理，并使用事故应急抢修单；非连续进行的事故修复工作，应办理工作票。

2. 线路检修工作的注意事项

（1）线路停、送电工作由工作负责人直接与值班调度员联系。

（2）值班调度员许可检修开工命令时，应交代停电范围、工作时间、工作内容、安全措施及注意事项等，工作负责人复诵无误后，方可进行工作，未接到许可检修开工的命令，不得私自开工检修。

（3）工作负责人工作终结报告应简明扼要，主要包括下列内容：工作负责人姓名，某线路（设备）上某处（说明起止杆塔号、分支线名称、位置名称、设备双重名称等）工作已经完工，所修项目、试验结果、设备改动情况和存在的问题等，工作班自行装设的接地线已全部拆除，线路（设备）上已无本班组工作人员和遗留物，线路（设备）是否具备送电条件，送电是否需要核对相序。

（4）值班调度员在接到所有工作负责人的终结报告，并确认所有工作已完毕，所有工作人员已撤离，所有工作接地线已拆除，设备具备送电条件，核对无误并做好记录后，方可下令拆除各侧安全措施并恢复送电。

（5）外来施工单位在公司资产设备工作结束后，设备运维单位应向值班调度员汇报验收情况；涉及用户资产设备的检修工作结束后，用户管理部门应向值班调度员汇报验收情况。

（6）线路全线、分段检修停电时，有可能送电至停电设备的各端都应合接地开关（或挂地线）[简称接地刀闸（地线）]；其中，变电站侧接地刀闸（地线）和线路上的接地刀闸（地线）须在检修申请中注明，其他安全措施由施工单位按《国家电网公司电力安全工作规程（配电部分）（试行）》执行，直供用户线路停电工作所需安全措施由用户联系人负责。

（7）用户管理部门负责提前通知用户在设备检修期间做好防止向线路反送电措施。

（8）线路或设备事故跳闸，需短时间内恢复的抢修和故障排除工作，可不办理停电工作票，但需在跳闸后24h内申请事故处理，并使用事故应急抢修单；非连续进行的事故修复工作，应办理工作票。

3. 接入分布式电源设备线路检修管理

（1）接入10（6）～35kV配电网的分布式电源及其互联接口设备检修，应按照电网设备检修有关规定将年度、月度、日前设备检修计划报调度机构，统一纳入调度设备停电计划管理。

（2）系统侧设备消缺、检修优先采用不停电作业方式。系统侧设备停电消缺、检修，提前通知分布式电源企业（用户）。

（3）分布式电源并网线路检修时，线路随时都有来电的可能。检修人员应严格执行有关安全组织措施和技术措施；分布式电源运行值班人员应按要求拉开进线开关、刀闸，确保已与电网隔离，避免向电网反送电。

4. 线路带电作业

（1）无需停用自动重合闸装置（简称重合闸）且不涉及设备变更的带电作业，由工作单位自行办理带电工作票。工作负责人在开工前与值班调度员（当值调度员）联系汇报作业内容及工期（在××线路××杆塔带电作业），经值班调度员（当值调度员）同意后方可工作，工作负责人在工作结束后应及时汇报值班调度员。

（2）需停用重合闸或涉及设备变更的带电作业，由工作负责人提前向值班调度员申请办理带电工作票，并提供变更通知单，履行相关许可手续，工作负责人在工作结束后应及时履行工作终结手续。

（3）带电工作票不得延期，如在工期内工作未进行完，需重新办理带电工作票。

（4）带电作业期间，与作业线路有联系的线路需倒闸操作，值班调度员应征得工作负责人的同意，并待作业人员撤离带电部位后方可进行。

（5）禁止约时停用或恢复重合闸。

5. 设备检修安全措施装设和拆除

（1）线路检修需在厂（站）端做安全措施，由值班调度员负责，厂（站）运行值班人员按调度指令装、拆。若许可开工后，工作中需要变更线路两端的安全措施进行有关试验时，由工作负责人向值班调度员提出申请，值班调度员将安全措施变更后通知工作负责人。

（2）厂（站）内设备检修所需的安全措施，由厂（站）自行调度管理；但是要将调度管辖的线路接地时，应得到值班调度员的许可，工作结束后及时申请拆除。

1.4.4 设备异动管理

1. 设备异动管理一般规定

（1）设备异动是指10(6)～35kV设备新建、改建、大修、业扩、增容、销户、故障抢修等引起的配电网网络、设备参数及命名等发生变化。凡接入10(6)～35kV的配电网设备变化均应纳入设备异动管理。

（2）调度机构负责发布经审核通过的配电网接线图，开展配电网接线图的调度应用工作。

（3）设备运维单位负责发起公用设备变更的异动流程，按要求准确及时录入配电网公用设备基础数据，更新配电网接线图，确保图实一致。

（4）用户管理单位负责发起配电网用户设备变更的异动流程，按要求准确及时录入配电网用户设备基础数据，及时更新配电网接线图，确保图实一致。

（5）调度管辖范围内的设备异动应严格按照异动流程执行，禁止通过直接修改设备台账、后台直接修改数据等行为实现异动数据更新。

2. 设备异动申请

（1）遵循“谁负责实施异动，谁负责办理申请”的原则。项目管理部门提交设备异动申请单（设备变更单）时附上异动图纸和内容说明，异动内容与勘察申请单工作内容描述应保持一致，经设备运维单位审查后，提交调度机构审批。

（2）设备异动申请单（设备变更单）应包括以下资料：异动前、后电气一次接线图；主要配电网设备的技术参数；继电保护及安全自动装置配置及相关资料；资产及运维管理分界点等。

（3）以下情况，设备运维单位须在24h内将设备异动申请单（设备变更单）、配电网接线图以及设备状态等相关信息报送调度机构审核：

1）故障后配电网网络发生变化。

2）设备故障后更换新设备而发生参数、命名变化。

3）临时发现现场设备或接线与配电网接线图不符。

3. 设备异动审核

（1）调度机构计划专业人员负责设备异动申请单（设备变更单）、配电网接线图、停电计划申请或新设备投运申请的一致性审核。但凡出现下列情况，应拒绝批准停电申请或新设备投运申请。

1）审核后发现停电申请或新设备投运申请与配电网接线图不一致的，包括图形、设备调度命名等；

2）涉及配电网接线图发生变化而未及时同步提交设备异动申请单（设备变更单）的；

3）提交的停电申请或新设备投运申请内容与设备异动申请单（设备变更单）内容不一致的。

（2）被退回的设备异动申请应在24h内修改正确后，重新提交至配电网调度机构审核。

（3）自动化运维人员根据异动信息，提前完成调度自动化主站系统接线图、模型及拓扑的更正。调度员提前介入审核预异动，审核过程中发现问题应及时退回修正，确保至少在开工前一天异动流程在待发布环节。

4. 设备异动发布

（1）值班调度员负责在送电前对配电网接线图更新发布，核对正式发布异动后的调度接线图与异动单内容无误后下达送电指令，严禁“先送电、后异动”。

（2）如因系统问题、网络中断、开工后施工方案临时变更以及紧急抢修等特殊情况造成异动无法及时发布、更新，值班调度员应经调度机构领导同意后，方可按照纸质异动接线进行送电并做好记录交接。系统恢复正常或工程结束后24h之内应完成异动流转手续。

5. 新设备启动管理规定

（1）调度管辖范围内，新建、改建、扩建设备接入系统需进行启动试运行的工作，项目管理单位应组织安排验收，并在电力设备加入运行前10个工作日向调度机构报送试运行申请及相关资料。

（2）新设备投运前必须已验收合格，且所需投运审批手续已办理完毕。

（3）因未按时提供资料或资料不全、设备不合格、调度电话不通等原因，调度机构有权拒绝新设备投入系统运行。

（4）新设备投入运行、设备检修改造后，是否需要核相、校验极性等，由申请提报单位在申请中向调度机构提出。

（5）新设备启动报送材料：

1）设备一次系统接线图。

2）继电保护及安全稳定自动装置的原理图、展开图、接线图及装置技术说明书。

3）新设备的性能、标牌参数及实测参数，用户的负荷性质、容量、保安负荷，电动机启动方式等运行资料。

4）架空线路的长度、导线型号、导线排列型式、线路相序、线间距离、杆塔型式、重要交叉跨越情况等。

5）电缆线路长度、电缆型号、敷设方式、接头方式、电缆走径图等。

6）配电网设备异动申请单（设备变更单）。

7）预定试运行日期、施工检修方案。

8）有权接受调度指令人员名单及联系方式。

1.4.5 继电保护及安全稳定自动装置管理

（1）继电保护及安全稳定自动装置是保证电网安全稳定运行，保护电气设备的重要装置。电气设备应按规定配置继电保护及安全稳定自动装置。

（2）各级保护专业人员在整定调度管辖范围分界点设备上的继电保护及安全稳定自动装置定值时，不应超过上级调度机构保护专业规定的限值。原则上局部服从全局，条件允许时全局照顾局部，需要更改时，应经上级调度机构批准。

（3）调度机构按调度管辖设备范围负责继电保护收资、整定，并经地调审核。

（4）保护定值对系统运行方式有特殊要求，应在相应的保护定值通知单中注明。电网出现特殊运行方式，应提前核算有关保护定值。

（5）值班调度员在保护运行方面的职责。

1）按调度管辖范围正确使用保护装置，了解保护功能原理。

2）在事故处理或改变系统运行方式时，应考虑保护装置的相应改变。系统操作时，应包括继电保护及安全稳定自动装置的操作。

3）保护装置更改定值或新保护投入运行前，值班调度员必须与运维值班人员核对定值单，无误后方可下令投入运行，并在保护定值通知单上签字和注明更改定值时间。

4）在系统发生事故或其他异常情况时，值班调度员应根据开关及保护、安全自动装置的动作情况处理事故，并作详细记录，及时通知保护专业人员调取现场事故报告。

（6）设备运维人员在保护运行方面的职责。

1）有关继电保护及二次回路的操作或工作均应执行现场运行规定，经管辖该装置的值班调度员同意方可进行。

2）保护装置更改定值后或新保护装置投入运行前，运维人员必须与值班调度员核对继电保护定值单无误后，方可投入运行。

3）发现保护装置及二次回路存在缺陷或异常情况应作记录，如发现保护装置有明显异常、可能引起误动作时，设备运维人员应作出正确判断，向值班调度员汇报并申请退出。

4）设备运维单位应保证保护的投入率、运行率及正确动作率，采取措施及时消除存在的缺陷，建立管辖范围内继电保护及安全稳定自动装置的消缺工作档案，做好消缺工作记录。

（7）当设备运行方式改变时，继电保护及安全稳定自动装置应随之改变，在现场规程中应明确规定。

（8）继电保护及安全自动装置运行规定。

1）一次设备不得无保护运行，如整个设备的快速保护全部停用，该一次设备宜停运，有特殊规定的除外。

2）在电网一次设备常规操作中，应遵循“二次保护应根据一次设备变化而合理变更”的原则。根据一次设备的状态变化，正确、及时地进行相关保护的操作。

3）调度机构下达的有关继电保护操作的调度指令仅指保护功能的投入、退出或更改运行方式、定值等，不涉及具体的保护压板（连接片）。设备运维人员应根据调度指令，按照现场继电保护运行规程负责操作具体的压板，使相关继电保护装置的功能符合调度机构要求。

4）接收调度机构下达许可操作指令或综合操作指令进行一次设备操作时，仅涉及本站内的继电保护操作，不再单独下达相关继电保护的单项操作命令。工作结束后，现场运维人员应及时将继电保护恢复到许可开工前的状态。

5）新设备试运行的特殊运行方式，需要采取继电保护更改定值、临时接线等措施，设备运维人员应根据调度指令更改。临时方式使用完毕后，及时向调度机构汇报，将所变更的继电保护临时方式恢复为正常方式。

（9）保护通用规定。

1）接有交流电压的继电保护及安全稳定自动装置，当交流电压失去时有可能误动作，因此在倒闸操作过程中不允许继电保护及安全稳定自动装置失去电压。正常运行情况下，若出现电压回路断线信号，设备运维人员应立即处理。

2）多分段母线各有一组电压互感器的，保护装置的电压应取自被保护一次设备所在母线上的电压互感器。

3）对于新投运或二次回路变更的线路、变压器保护，在设备启动或充电时，应将该设备的保护投入使用。

4）对于新投运或二次回路变更的带方向的线路保护、变压器保护，经带负荷校验电流电压回路正确后方可投入使用。

5）开关站（开闭所）、配电室、环网柜保护投退规定：

a. 如果时间级差不能够配合，进线保护可不投，所有出线保护正常投入。

b. 具有线路或母联备自投功能的自动装置正常投入运行（与一次运行方式相适应）。

c. 母联过电流保护仅在对母线充电时投入，时间整定为最小。

6）旁路开关代线路开关运行时，保护按所代线路开关的保护定值整定。

7）保护停用的相关条件：

a. 保护装置本身或辅助装置（回路）出现异常有可能发生误动作或已经发生了误动作时。

b. 检验保护装置时。

c. 在保护装置使用的交流、直流等二次回路工作时。

d. 继电保护人员更改定值时。

e. 其他专用规程中所规定的条件。

（10）微机保护装置运行规定。

1）新型微机保护装置投入运行前，现场应具有相应的运行规程、规定。

2）微机线路保护装置内的不同定值区已分别设置多套定值，设备运维人员应根据调度指令并且按规定的方法切换定值区以使用要求的定值。改定值结束后应打印出新定值清单核对，向值班调度员汇报。以切换定值区方式改定值可不退出保护。

3）设备运维人员应定期对微机保护装置进行采样值检查和时钟校对。

4）微机保护装置动作、开关跳闸后，设备运维人员应做好记录和复归信号，并立即向调度机构汇报动作情况，查阅、复制报告，不得将直流电源断开，以免故障报告丢失。

5）微机保护装置出现异常时，设备运维人员应根据该装置的现场运行规程处理，并向调度机构汇报，同时通知继电保护人员到现场处理。

6）严禁设备运维人员对微机保护装置进行现场运行规程外的其他操作。

7）新型保护装置的压板名称、光（电）信息用词，应为常用术语。

8）继电保护现场工作要严格执行继电保护现场标准化作业指导书，规范现场安全措施，防止继电保护“三误”（误碰、误整定、误接线）事故。

（11）纵联保护运行规定。

1）纵联保护是对全线速动的线路保护的总称，纵联保护由线路各端的保护装置和相关通道构成。对保证电力系统稳定、保护相互配合起重要作用，其可靠运行需要两端装置配合工作，投入与退出的操作由值班调度员统一指挥。纵联保护停运时，应根据需要调整运行方式，消除保护退出对电网的影响。

2）光纤差动保护定检结束后的各端联调工作如需要调度机构配合，值班调度员应配合调整该线路的负载电流达到联调要求的数值。

3）线路充电运行时，纵联保护仍应投入。

4）传送纵联保护信息的媒介是保护的组成部分，其检修或检查工作应依照保护装置工作要求，办理相关手续并得到许可。

5）纵联保护通道中断，设备运维人员应汇报值班调度员，由值班调度员下令退出各端纵联保护。

6）凡出现下列情况时，设备运维人员应立即汇报值班调度员，由值班调度员下令退出线路各端保护：

a. 装置的直流电源中断。

b. 通道设备损坏。

c. 装置的交流回路断线。

d. 装置出现其他异常情况而可能误动作时。

7）当线路一侧开关由旁路开关代替运行，旁路无纵联保护或与对侧保护型号不一致时，线路各端纵联保护应退出。

（12）母联开关过电流保护运行规定。

1）35kV及以下母联开关过电流保护正常不投，定值通知单中的过电流保护定值只在充母线时投入。

2）变电站既有单独设置的母联开关过电流保护，又有备自投装置中内含的过电流保护时，使用时只投单独设置的母联开关过电流保护。变电站没有单独设置的母联开关过电流保护时，使用备自投装置中的过电流保护。

3）新设备试运行时，用母联保护充电前应先对母联保护进行带开关传动，确保母联保护动作的可靠性。

4）充线路或变压器时，应校核当前运行方式下过电流保护的灵敏度，以经过计算后的新过电流保护定值为准。

（13）变压器保护运行规定。

1）变压器的瓦斯保护和差动保护不能相互替代，任一保护长时间停运，宜将该设备停运。

2）变压器瓦斯保护运行规定：

a. 运行中的变压器在进行滤油、注油或打开阀门放气等工作之前，应先将重瓦斯跳闸压板改投信号位置，只有当工作完毕，变压器完全停止排出气泡，才可将重瓦斯保护恢复至跳闸位置。

b. 轻瓦斯保护发出信号时，应鉴定继电器内积聚的气体的性质，重瓦斯保护仍继续运行。当重瓦斯保护动作跳闸后，变压器未经检查试验禁止投入运行。

3）变压器复压过电流保护电压元件失压，应将电压元件短接压板投入；电压元件不能短接时，该保护不退出运行，应采取措施避免保护误动作。

4）变压器停电检修及传动保护时，应退出其联跳母联（分段）开关压板。

5）变压器的重瓦斯保护作用于跳闸，轻瓦斯保护作用于信号。

6）变压器的本体油温度保护、绕组温度保护、压力释放保护均作用于信号。

（14）自动重合闸装置运行规定。

1）全电缆线路重合闸应退出，混合线路根据运行情况确定重合闸投退。

2）电厂、分布式电源采用专线方式接入时，专线线路可不设或停用重合闸。

3）分布式电源公共线路投入自动重合闸时，宜增加重合闸检无压功能；条件不具备时，应校核重合闸时间是否与分布式电源并、离网控制时间配合。

4）重合闸正常投入时，有下列情况时，需退出：

a. 重合闸装置异常；

b. 线路充电试验；

c. 开关遮断容量不足；

d. 线路带电工作需要将重合闸退出时；

e. 线路试运行不投，试运行结束正常后，按规定投入。

（15）备自投及低频减载装置运行规定。

1）备自投装置的投入方式应与一次系统运行方式相适应，短时切换方式时，具备自动识别功能的备自投可不退出。

2）备自投装置的联切功能投退原则：以备用电源线路额定容量及站内线路正常负荷为依据，在避免备用线路过负荷的前提下，保留站内线路重要负荷，超出备用电源容量，部分线路投入联切出口压板。

3）并网运行的电厂应在适当地点装设低频低压解列装置，解列定值由相应的调度机构下达。

1.4.6 调度自动化管理

（1）调度机构负责直调范围内调度自动化系统的运行管理、技术管理，负责本级调度自动化主站的建设、技术改造和运行维护，负责调度范围内调度自动化系统安全运行及电力监控系统网络安全防护工作。

（2）按照《电力调度自动化运行管理规程》（DL/T 516—2017）要求，调度机构负责主站系统自动化设备的运行维护，设备运维单位负责子站系统自动化设备的运行维护。

（3）自动化系统由主站系统、子站系统和数据传输通道构成。

1）主站系统是指省、地、县（配）各级调度机构主站的自动化系统及其备用系统，主要包括：

a. 电网调度控制系统，含基础平台和实时监控与预警、调度计划及安全校核、调度管理等应用；

b. 配电网调度自动化主站系统；

c. 电力调度数据网主站设备；

d. 电力监控系统安全防护主站设备；

e. 主站系统相关辅助设备，通常包括大屏幕设备、时间同步装置、电网频率采集装置、机房空调及不间断电源（UPS）等。

2）子站系统是指变电站（含开关站、牵引站、换流站）、电厂（含火电厂、水电厂、风电场、光伏电站、抽水蓄能电站）以及调相机等各类厂站的自动化、电力调度数据网络及电力监控系统安全防护设备及应用。

a. 自动化设备主要包括厂站监控系统、远动终端设备及与远动信息采集有关的变送器、交流采样测控装置、相应的二次回路，电能量远方终端，相量测量装置（PMU），计划、检修管理终端；时间同步装置，自动发电控制（AGC）子站，自动电压控制子站，风电光伏场站监控子站，水库调度自动化子站，烟气在线监测子站，连接线缆、接口设备及其他自动化相关设备。

b. 电力调度数据网设备主要包括站内涉网的交换机、路由器。

c. 电力监控系统安全防护设备主要包括防火墙、纵向加密、正/反向隔离、网络安全监测、入侵检测。

3）数据传输通道是指自动化系统专用的电力调度数据网通道、无线安全接入等。

（4）调度自动化系统的运行维护管理原则上按设备归属关系进行管理，并照此原则进行职责划分。

（5）主站在进行系统运行维护时，应提前办理工作票。工作如可能影响电网调度或设备监控业务时，应经自动化运行值班人员提前通知值班调度员或监控员，获得准许后方可进行；如可能影响向相关调度机构传送自动化信息时，应提前通知相关调度机构自动化运行值班人员；如可能影响上级调度自动化信息时，须获得上级自动化运行值班人员准许后方可进行。

（6）参与电网自动电压控制调整的变电站，在变电站投运前，应由对其有设备监控权的调度机构组织对站内电压无功功率设备（包括变压器分接头、并联电容器/电抗器、静止无功功率补偿器）进行联合测试，测试合格后方允许投入自动电压控制装置。

（7）值班调度员负责调度自动化系统调度管辖设备的监控，包括变电站实时运行工况、远动通道运行工况；配电网各节点负荷分布情况、管辖终端设备工况、保护动作情况和系统各类预告信号、事故信号等，并在出现异常情况时及时组织处理。

（8）当调度自动化系统出现异常或故障，提供的实时信息出现异常或通道告警时，值班调度员应及时通知相应运行维护管理部门进行处理，并做好处理记录及缺陷记录。

（9）变电站、配电终端经现场检验和传动试验合格后，才能申请投运。新设备调试、验收传动，具备遥信、遥测、遥控（简称“三遥”）功能的设备须采用“全遥信、全遥测、全遥控”传动校验的原则进行传动，严禁采用“抽验传动”方式。

（10）新设备投入前7d，运行维护管理部门维护人员须完成相关图模的绘制、修改、审核、数据核对等工作，并将有关技术资料提供给相应的电力调度控制中心，经相应的电力调度控制中心验收合格后，方可安排投运。

（11）配电终端设备（包括通信设备）因进行计划检修或临时检修工作需要短时停运而影响到值班调度员的运行监控时，工作人员需要提前征得值班调度员同意方可进行。

（12）主站设备和通信主设备因特殊情况需要短时停运而对调度技术支持系统运行监控影响较大时，工作人员应提前进行书面申请（紧急情况下可口头申请），征得值班调度员的许可并经分管领导同意，方能在规定时间内进行工作，并应做好相关事故处理预案。

1.4.7 高压用户管理规定

（1）接入配电网的高压专线、双（多）电源用户，必须服从调度机构的统一调度，执行相关的规程、规章、制度。依据《电网调度管理条例》《电网运行准则》，与电网企业签订调度协议。

（2）签订调度协议的高压用户值班员需有国家权威机构认证的电力行业高压从业资质，并经过相应培训与考核合格，方可进行调度业务联系。

（3）用户值班人员应保证24h值班，不得擅离职守，保持通信畅通。在用户电话不通或无人接电话时，调度机构有权对供电线路做出停电或延迟送电处理，由此引起的后果由用户承担。

（4）用户值班人员对调度管辖的设备未经许可不得私自操作，因私自操作调度管辖设备所造成的一切后果由用户承担。当自调设备的操作对系统有影响时，用户操作前必须向值班调度员讲明操作意图，征得值班调度员同意。

（5）高压双（多）电源用户主进及母联（分段）开关操作前须征得值班调度员同意，合环倒负荷应严格按照调度指令进行，严禁无调度指令私自操作。

（6）属于调度管辖的用户设备故障时，用户值班人员应在设备故障后第一时间向值班调度员及用户管理人员汇报。未获得调度机构指令前，用户不得自行操作，但遇有危及人身、设备及电网安全情况时，用户值班人员应按照调度协议先行处理，处理后立即报告值班调度员。

（7）不属于调度管辖范围内的设备发生异常时，如有可能波及系统或对系统安全运行有较大影响，用户值班人员应及时汇报值班调度员及用户管理人员。如用户设备发生故障，引起线路跳闸（或单相接地），相关单位值班人员应主动及时地向值班调度员如实报告，配合值班调度员尽快恢复线路送电。

(8) 属于调度管辖范围内的用户设备检修及事故处理，一律要办理停送电申请手续，由用户管理人员负责停送电联系，并对用户工作进行必要的督促和指导。

(9) 用户的自备发电机不得与系统并网。

(10) 用户值班人员、用户设备及通信方式的变动应及时向调度机构书面呈报。

(11) 高压双（多）电源用户、高压专线用户应定期检查自身设备，发现问题应立即通知用电检查人员，及时采取相关措施防止事故发生。如未及时汇报或未采取措施而造成的事故，责任由用户自行承担。

(12) 高压双（多）电源用户设备因计划检修、故障处理、消缺等情况可能引发相位变动时需核相。若采用合环倒方式，需重新履行合环试验程序。

(13) 自备应急电源配置及使用要求。

1) 自备应急电源投入切换装置技术方案要符合国家有关标准和所接入电力系统安全要求。

2) 用户不应自行变更自备应急电源接线方式。

3) 用户不应自行拆除自备应急电源的闭锁装置或使其失效。

4) 用户不应擅自将自备应急电源转供其他用户。

第2章 调度技术支持系统

2.1 智能电网调度控制系统

2.1.1 智能电网调度控制系统简介

地县一体化智能电网调度控制系统是以调度自动化技术为基础，能够实现各种调度实用化功能，服务于电力调度领域各项应用技术需求的综合性监视、分析和控制系统，本手册以D5000系统为核心进行功能应用介绍。

智能电网调度控制系统（D5000系统）包括“一个平台、四大类应用”：

(1) 智能电网调度控制系统基础平台是智能电网调度控制系统开发和运行的基础，负责为各类应用的开发、运行和管理提供通用的技术支撑，为整个系统的集成和高效可靠运行提供保障。

(2) 实时监控与预警类应用实现对电力系统运行状态的全景监测、闭环控制、在线分析和安全评估，主要用于支持调度控制系统；多数功能部署在安全Ⅰ区，侧重于提高电力系统的可观测性和安全运行水平。

(3) 调度管理类应用主要实现电力系统运行信息、设备台账、工作流程、业务协作等的规范化、流程化管理，为调度机构日常调度生产管理做支撑；主要部署在安全Ⅲ区，侧重于提高电力系统的运行绩效水平。

(4) 调度计划和安全校核类应用实现电力系统未来运行的需求预测、计划编制、裕度分析、考核结算和申报发布等功能，主要用于支撑调度计划、方式、保护等业务运转；多数部署在安全Ⅱ区，侧重于提高电力系统的可预测性和经济运行水平。

2.1.2 智能电网调度控制系统架构及功能

调控数据采集、数据采集与监视控制（supervisory control and data acquisition，SCADA）、应用分析等软硬件集中部署在地调智能电网调度控制系统，县调端配置地调智能电网调度控制系统远方应用终端、独立的前置采集设备和基本的SCADA功能。县调独立实现调度管辖范围内厂站调控信息的采集和实时监控功能，县调采集的调控实时数据通过远程网络上送至地调调度控制系统进行统一处理，由地调系统提供统一的调控应用支撑，实现地县两级电网调控一体化运行。地县级智能电网调度控制系统典型架构如图2-1所示。

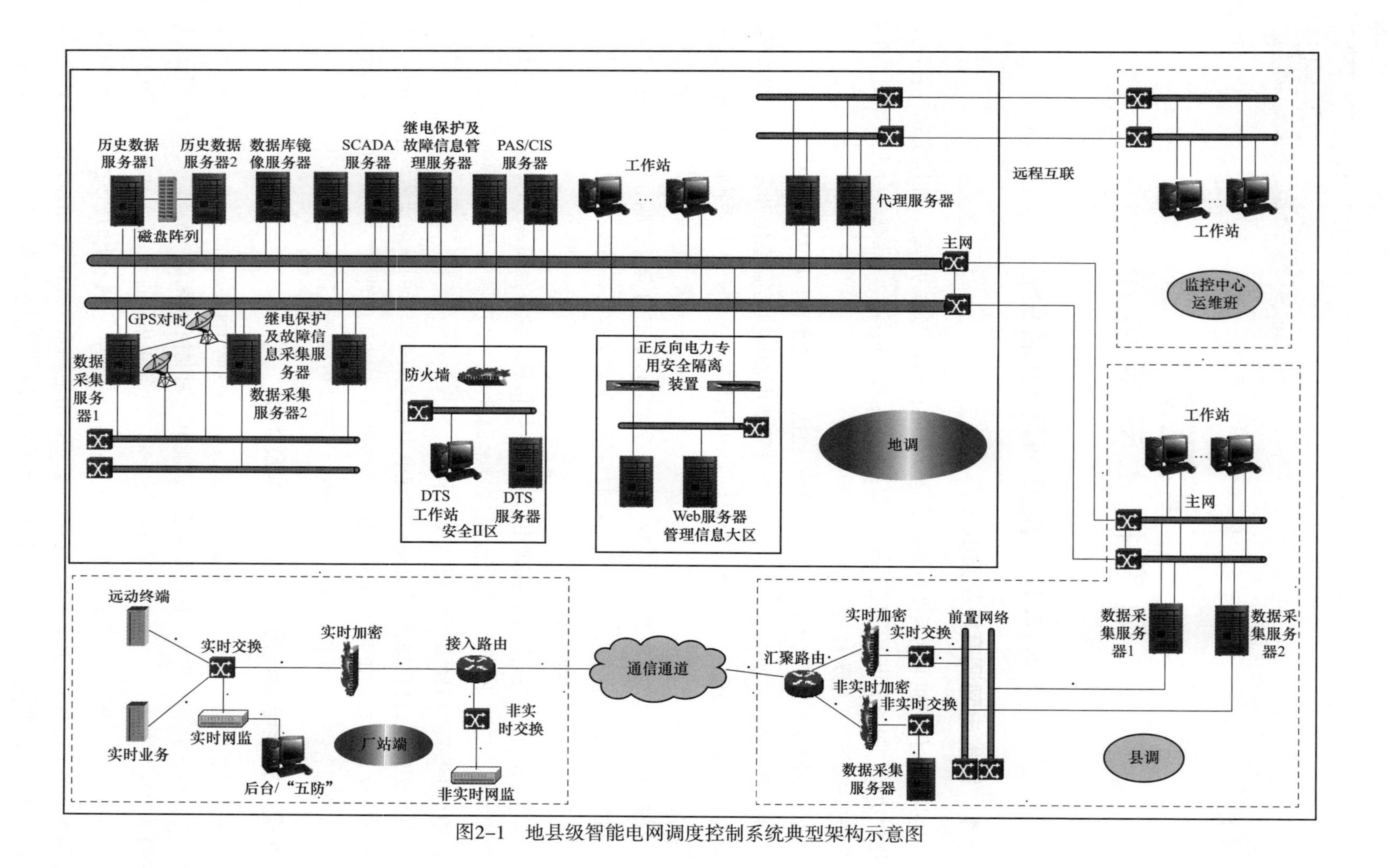

图2-1 地县级智能电网调度控制系统典型架构示意图

1. 电网运行实时监控功能

SCADA 系统是架构于统一支撑平台上的应用子系统，用于实现电网实时运行稳态信息的监视和设备的控制，是智能电网调度控制系统最基本的应用，为其他高级应用软件提供高可靠性的数据服务。其主要实现数据的接收与处理、数据计算与统计考核、控制和调节、网络拓扑、画面操作、潮流监视、事件和报警处理、计划处理、电网调度运行分析、一次设备监视、开关状态检查、事故追忆及事故反演等功能。

2. 变电站集中监控功能

变电站集中监控功能能够实现面向无人值班变电站的集中监视与控制的基本功能，主要实现数据处理、责任区与信息分流、间隔建模与显示、光字牌、操作与控制、防误闭锁及操作预演等功能。

3. 自动电压控制功能

自动电压控制指利用调度自动化系统，根据电网实时运行工况在线计算控制策略，自动闭环控制无功功率和电压调节设备，以实现合理的无功功率和电压分布。

4. 综合智能告警功能

综合智能告警功能实现告警信息在线综合处理、显示与推理，支持汇集和处理各类告警信息，对大量告警信息进行分类管理和综合压缩，对不同需求形成不同的告警显示方案，利用形象直观的方式提供全面综合的告警提示。告警信息主要包括事故信息、异常信息、变位信息、越限信息、告知信息五类。

2.1.3 智能电网调度控制系统应用

2.1.3.1 登录操作

1. D5000 系统启动

（1）自动启动。

（2）手动启动，在终端窗口中输入 sys_ctl start fast。

（3）可在桌面创建启动器，帮助调度员快速启动系统。

2. 总控台启动

（1）手动启动，在终端窗口中输入 sys_console。

（2）可在桌面创建启动器，帮助调度员快速启动系统；脚本执行完后，屏幕左上方出现如图 2-2 所示的总控台。

图 2-2 D5000 系统总控台

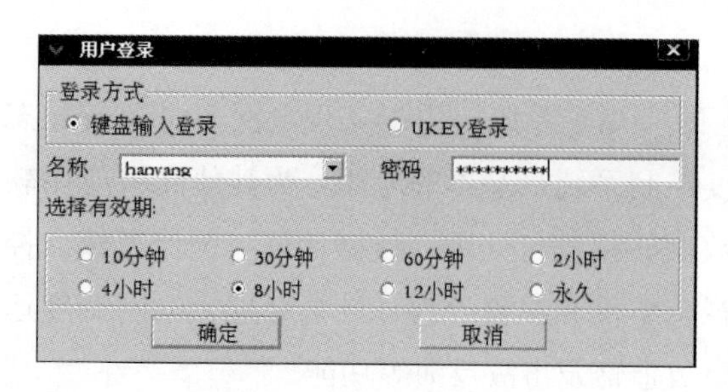

图 2-3　用户登录界面

3. 用户登录

用户登录是调度员通过总控台进入 D5000 系统的第一步，点击总控台用户登录区上的按钮，屏幕上将弹出用户登录界面对话框，如图 2-3 所示。

可选择键盘输入登录或 UKEY 登录，键盘输入登录时，输入用户名称及密码（UKEY 登录时，先将 UKEY 插入工作站 USB 口，键盘输入与 UKEY 匹配的用户名及密码，再输入 UKEY 密码），选择登录有效期（调度员操作时间超出有效期时，系统将自动注销，默认设置为 8h），点击“确定”登录。

4. 注销用户

调度员可以通过注销用户操作退出系统监视及操作。

5. 切换用户

调度员交接班时，也可以通过切换用户直接完成上一班调度员和本班调度员的工作交接，接班调度员可以直接点击总控台用户登录区“切换用户”按钮，进入用户登录界面，输入用户名称、密码及有效期，完成切换操作。该操作完成后，原用户将自动被注销退出系统。

6. 责任区选择

系统管理员通过设定用户权限配置可切换责任区，调度员登录后根据需要选择相应责任区。

完成用户登录后，点击总控台左侧“画面显示”按钮，打开 D5000 系统主界面。

7. 系统异常处理

若 D5000 系统使用过程中出现按钮失效、系统卡顿、鼠标无法移动、死机等现象，可采取以下措施。

方法一：重启 D5000 服务。右键打开终端，对话框中输入 sys_ctl_stop，停止 D5000 服务；按前述启动方式启动 D5000 系统及总控台。

方法二：工作站注销重新登录（工作站注销或重启需提前申请地调网监挂牌后操作）。键盘上同时按下 ctl＋alt＋backspace 键，注销当前工作站；出现工作站登录界面，输入用户名、密码，点击回车重新登录工作站。登录成功后按前述启动方式启动 D5000 系统及总控台。

若以上方法均无效，则联系自动化运维人员，进一步排查原因。

2.1.3.2 应用画面监视与操作

1. 画面监视

画面监视即图形浏览器，是使用最频繁的工具，常用的主要包括以下类型。

(1) SCADA 类：厂站接线图、地理接线图、潮流图、负荷曲线、电压棒图、光字牌图等，主要用于反映电网实时数据及设备状态、人工操作等。

(2) FES 类：实时数据、规约报文、厂站（通道）工况等用于前置数据查看及工况查看。

(3) AVC 类：AVC 控制状态及统计查询工具等。

2. 通用菜单操作

在厂站接线图或 SCADA 应用的其他图形中鼠标右键点击空白区域，即弹出 SCADA 应用的右键菜单，如图 2-4 所示。在厂站接线图上鼠标右键点击“开关”，即弹出开关的右键菜单，如图 2-5 所示。

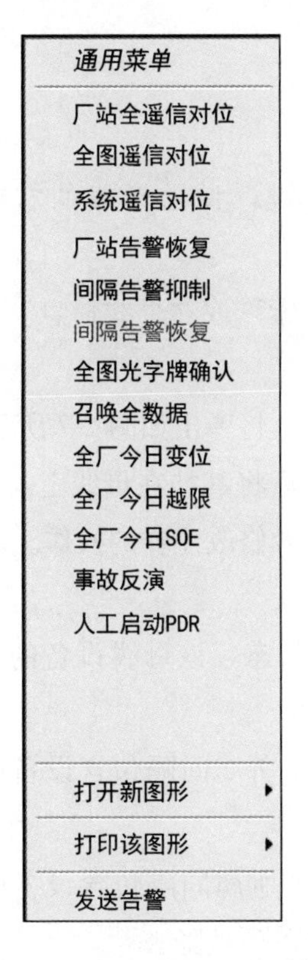

图 2-4 SCADA 应用的右键菜单

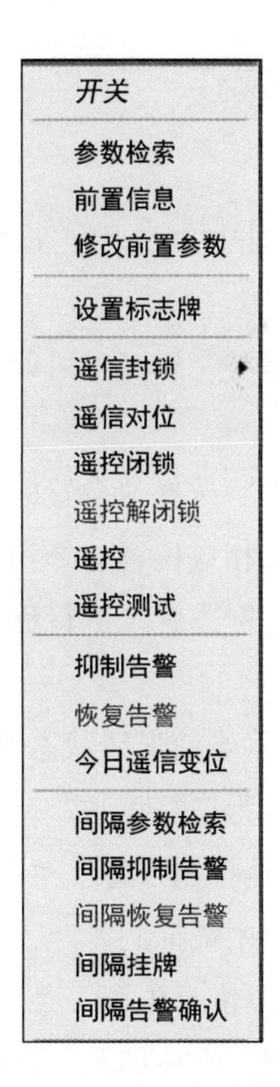

图 2-5 开关的右键菜单

(1) 遥信对位。开关、刀闸变位后，厂站图上变位的开关、刀闸将闪烁显示，用以提示变位信息，遥信对位为停闪操作。

注：厂站全遥信对位即在当前厂站中进行全部遥信对位确认停闪操作；全图遥信对位即在当前画面所有遥信进行对位操作；系统全遥信对位即对全系统所有厂站进行遥信对位确认停闪操作，恢复系统中所有厂站遥信的正常显示，同时告警窗会同步进行告警确认（此操作慎用）。

（2）抑制告警（恢复告警）。点击“抑制告警”后，厂站进入抑制告警的状态，厂站实时数据正常刷新，该厂站的全部运行告警信息（包括变位信息、越限信息等，不包括操作信息、模型修改等信息）不再上告警窗，但会进行告警保存；点击“恢复告警”后，被抑制告警的厂站恢复告警。

（3）光字牌全图确认。点击该菜单项后，该图上所有未确认的光字牌会同时被确认，告警窗上光字牌的变位信息也会同时确认。

（4）召唤全数据。选择该菜单项，向前置子系统召唤全数据，刷新数据。

（5）查询类：全厂今日变位、全厂今日越限、全厂今日 SOE。选择该类菜单项，弹出该厂今日查询结果窗口；若无弹出，则告警内容为空。

2.1.3.3 设备操作

1. 母线

在厂站接线图中，选中“母线”，点击右键，弹出母线的右键菜单，如图 2-6 所示。

（1）信息查看类。调度员可以通过“参数检索”或“母线信息”菜单项查看母线相关信息。

（2）标志牌类。选择“设置标志牌”菜单项，将弹出如图 2-7 所示标志牌菜单窗口，调度员根据需求在相应位置选择相应标志牌，然后将其挂在母线上。对挂好的标志牌可以通过右键点击“标志牌”进行移动、删除和查看修改注释的操作。

（3）告警类。

1）抑制告警将当前母线状态置为告警抑制状态，该母线设备的告警将被抑制，不能告警。恢复告警为恢复正常。

2）选择“间隔抑制告警”菜单项后，该设备所属间隔包含设备以及设备量测的告警信息将在告警窗中被抑制。

3）选择“间隔恢复告警”菜单项后，该设备所属间隔包含设备以及设备量测的告警信息将解除抑制。未被抑制告警的间隔，该菜单项被隐去。

2. 开关

在厂站接线图中，选中“开关”，点击右键，弹出开关的右键菜单，如图 2-5 所示。

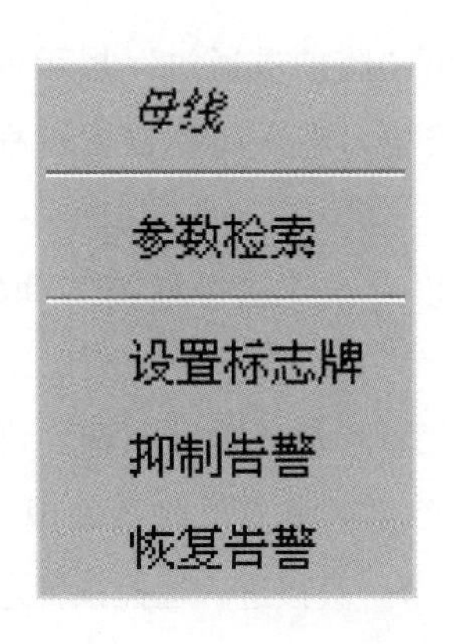

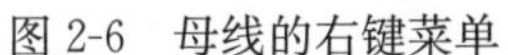

图 2-6　母线的右键菜单

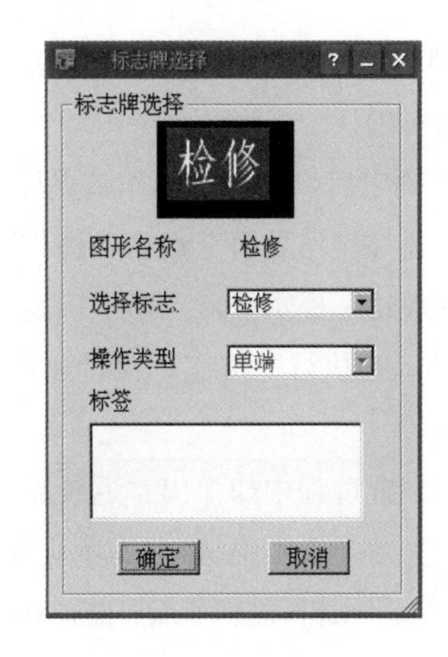

图 2-7　标志牌菜单

（1）信息查看类。调度员可以通过“参数检索”“前置信息”“间隔参数检索”菜单项查看开关或所属间隔设备相关信息。

（2）标志牌类。选择“设置标志牌”“间隔挂牌”菜单项，将弹出标志牌窗口。选择该菜单项可以对所选开关挂标志牌。具体操作方式同母线设置标志牌操作方式。

注：选择“间隔挂牌”操作项，即对该开关所属间隔进行挂标志牌操作，与“设置标志牌”操作区别在于挂牌结果是将该间隔中所有设备全部挂牌。

（3）操作类。

1）遥信封锁。选择该菜单项可以对开关进行人工置位操作。

a. 遥信封锁/解除封锁：封锁操作后系统将保持该开关人工封锁的状态，不再接受实时的状态，直到遥信解除封锁为止。

b. 遥信置数：置数操作后，在该开关未被新数据刷新之前保持置数状态，当有变化数据或全数据上送后，置数状态即被刷新。

2）遥信对位。单个开关变位后，将闪烁显示，用以提示变位信息。遥信对位操作确认并停止闪烁，恢复开关正常显示，告警窗变位告警会同步确认。

3）遥控闭锁/遥控解闭锁。选择该菜单项后，再对该开关进行遥控操作将提示“遥控闭锁，不可控”。用于闭锁需禁止遥控的开关，遥控解闭锁后，恢复可遥控状态。

4）遥控。选择该菜单项后，将弹出遥控对话窗。

a. 首先输入遥控操作人的用户名和密码，确定后进入遥控操作界面确认遥信名称，输入正确的遥信名称，遥信名称验证通过后，选择需要监护的节点，点击发送。

b. 监护节点弹出监护员登录窗口，验证用户名、密码后在遥控监护窗口中再次输入遥信名称，回车确认。

c. 监护员确定后，在遥控操作节点界面上弹出“监护员通过”提示框，确定后操作员此时可在其遥控操作界面上点击“遥控预置”按钮，进入遥控预置过程；返校成功后会弹出“预置成功”提示框，点击“确定”继续。

d. 点击“遥控执行”按钮，执行遥控。也可以点击“遥控取消”，取消遥控预置和遥控执行。

注：遥控预置过程中如弹出“返校超时”提示多为通道质量问题，可稍后再进行一次；如弹出“失败，否定确认!”提示应及时与自动化运维人员联系处理。

单人遥控过程无选择监护节点、监护登录确认环节，直接进入遥控预置进行下一步操作。

3. 刀闸

在厂站接线图中，选中“刀闸”，点击右键，各菜单项与开关部分基本相同，可参照开关部分，不再赘述。

4. 变压器

在厂站接线图中，选中“变压器”，点击右键，弹出变压器的右键菜单，如图 2-8 所示。

“参数检索”“变压器信息”菜单项查看变压器相关信息；“设置标志牌”菜单参照母线部分。

选择“调挡操作”菜单项可以对变压器进行人工调挡操作，系统弹出调挡操作界面，如图 2-9 所示。操作员选择组名，输入用户名和口令，并回车确认后可以选择升挡、降挡或急停的预置操作，预置成功后可以执行或取消操作。

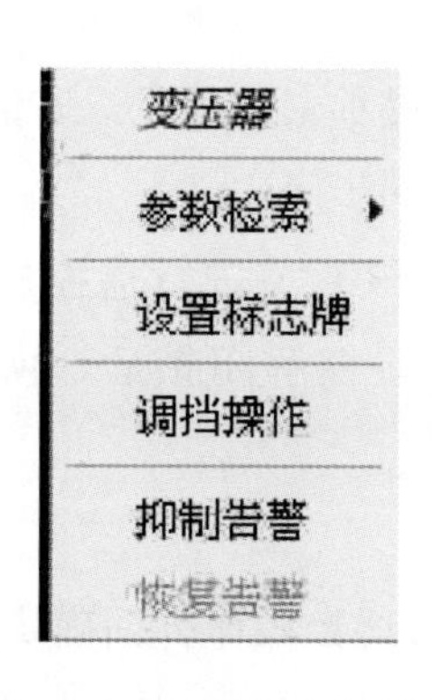

图 2-8　变压器的右键菜单

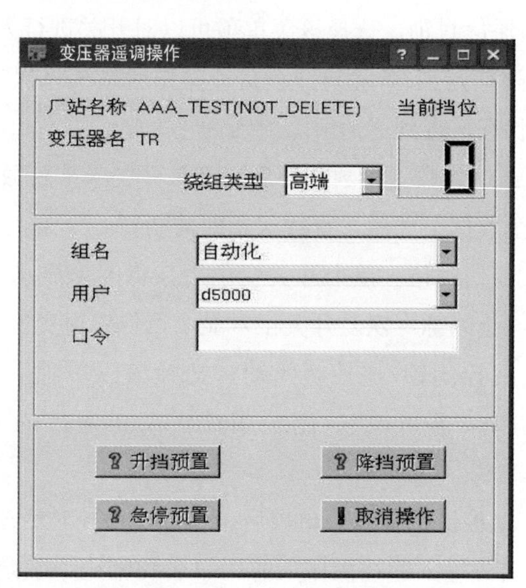

图 2-9　调挡操作界面

5. 遥测量操作

在厂站接线图中，选中“遥测量动态数据”，点击右键，弹出右键菜单。

（1）遥测封锁。在对话框中输入封锁值以及备注（备注部分为可选项，根据调度员习惯，可以空缺），点击“确定”按钮，将当前设备的遥测值固定为输入的封锁值，直到“解除封锁”为止。选择“解除封锁”菜单项，解除当前遥测量的封锁状态；若当前遥测量未被置封锁，则该菜单项被隐去。

（2）遥测置数。在对话框中输入“置入值”，点击“确认”按钮，将当前设备的遥测值设为输入值，当有变化数据或全数据上送后，置数状态及所置数据会被刷新。

（3）限值修改。针对在限值表中定义了越限监视的遥测量，该菜单项激活，点击该菜单项，弹出遥测限值修改窗口，可以进行限值的修改。

2.1.3.4 告警用户端

告警用户端是系统提供给调度人员监视的告警窗口，作为实时监视的主要窗口。

1. 告警窗口的启动

告警窗口的打开一般有两种方式：①在系统成功启动后脚本自动启动告警窗口；②从总控台下拉菜单启动，如图 2-10 所示，点击菜单即可。

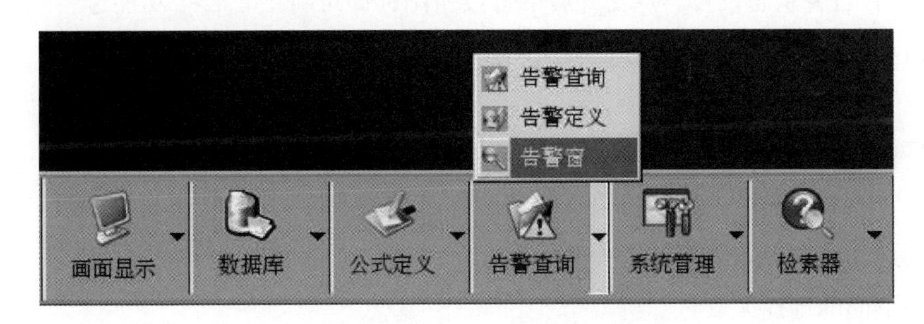

图 2-10 从总控台启动告警窗口

2. 告警窗口介绍

（1）总体介绍。如图 2-11 所示，告警窗口分为三个部分：最上部是操作菜单及操作按钮区域；中间的窗口为未复归告警信息窗口；下面的窗口为全部告警信息窗口。

（2）操作按钮介绍。

1）告警事项确认。点击“√”按钮，即对当前窗口显示处于“未确认”状态的所有事项（需确认的告警事项在告警中定义）进行确认操作，未显示出的部分不确认；如果需要单个确认，只需要用左键单击告警信息即确认此告警。

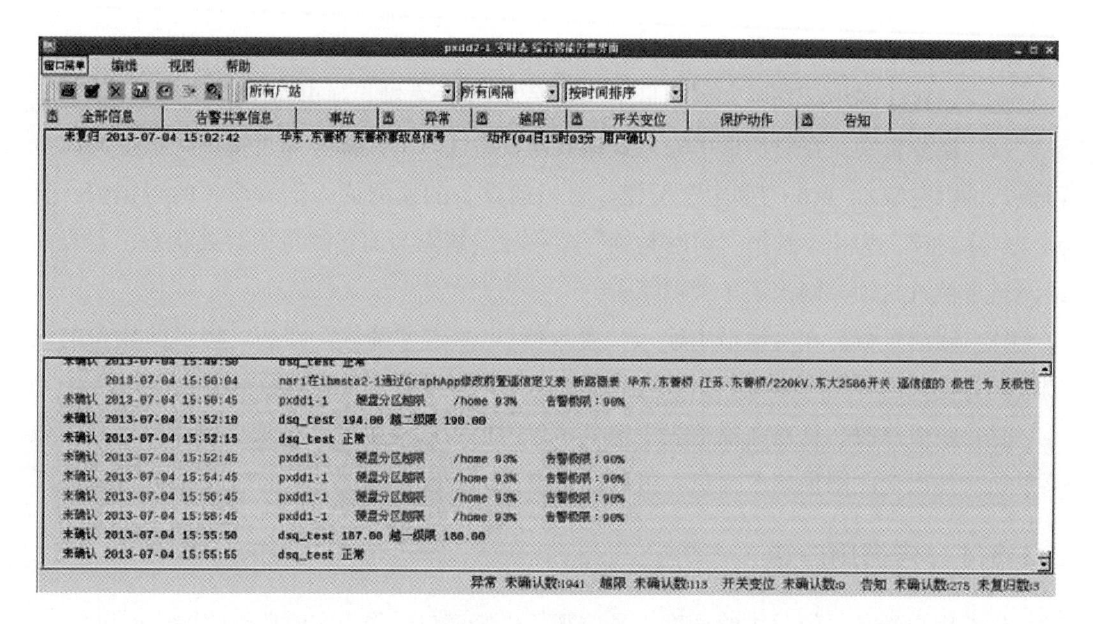

图 2-11　告警窗口

2）已确认告警删除显示。点击“×”按钮可将告警窗口中已确认过的告警事项删除，不再显示，历史告警库中及其他工作站告警窗口中不受影响。

3）语音告警状态设置。点击开启语音按钮图标即可对语音告警功能进行切换设置，若关闭语音告警，则该按钮变为语音关闭按钮图标。

4）厂站及间隔选择显示。点击“所有厂站”中的下拉菜单按钮即可通过该下拉菜单进行厂站选择，告警窗口将显示所选厂站内容。

点击“所有间隔”中的下拉菜单按钮即可通过该下拉菜单进行间隔选择，告警窗口将显示所选间隔内容，间隔的选择操作需在厂站选择确定后方可正确进行，在“所有厂站”状态下间隔选择无效。

5）排序方式选择。点击“按时间排序”中的下拉菜单按钮即可通过该下拉菜单进行显示内容的排序方式选择，可分为按时间、按告警类型、按厂站、按间隔、按确认状态五种，调度员自行选择，告警窗口中的内容将按照所选排序方式显示。

（3）编辑类菜单介绍。

1）告警全部确认。该项操作即为操作按钮类中的告警全部确认操作，是该功能的菜单操作方式。即告警确认操作既可以直接点击按钮操作，也可以通过编辑类菜单选择操作。

2）可选操作。如该类操作被选中，则在该类操作名前面将显示“√”以示区别，分别介绍如下。

a. 重要告警窗口显示：该项打“√”，即表示告警窗口中的重要告警信息窗口（显示未复归告警内容）需显示。

b. 告警窗口显示：该项打“√”，即表示告警窗口中的全部告警信息窗口需显示。

c. 语音告警状态：该项打“√”，即表示启动语音告警，其操作按钮区域中的语音告警按钮显示为开启语音。

d. 是否固定滚动条：该项打“√”，即表示告警窗口内的告警信息自动滚动。

e. 告警是否抑制：该项打“√”，即表示告警窗口不再显示被告警服务屏蔽掉的告警信息（如告警抑制的信息），否则全部显示。

f. 告警是否最前端：该项打“√”，即表示告警窗口始终在显示工作区的最前面显示。

3）告警类型设置。由于全系统的告警信息类型众多，若调度员想单独看某些告警类型的信息，可以通过告警类型设置过滤条件，告警窗口告警类型设置界面如图 2-12所示。

注：需在文件菜单的保存设置中保存，否则重启后会恢复设置前的效果。

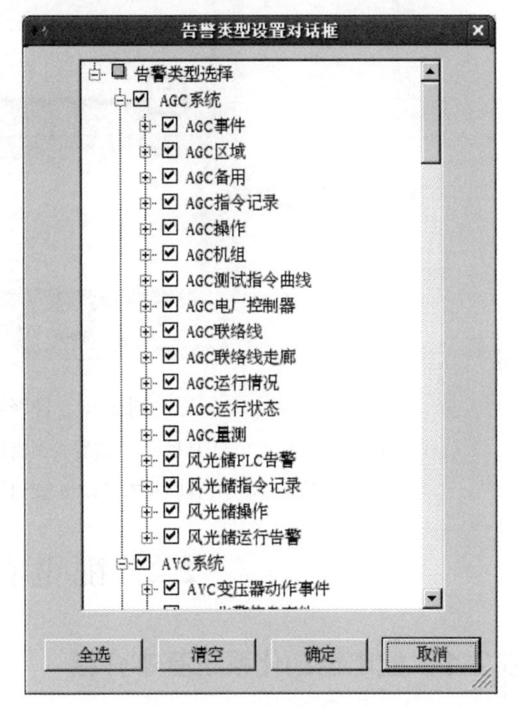

图 2-12　告警窗口告警类型设置界面

2.1.3.5　告警查询

告警查询是查询历史数据库中告警信息的一个界面工具。在告警查询工具中，用户可以自行定义查询条件和查询时间。

1. 启动与退出

告警查询的启动方法有以下两种：①从系统的总控台上选择，用鼠标左键单击“告警查询”图标；②在终端命令窗口直接运行 alarm_query。启动后的告警综合查询（系统默认为综合查询）界面如图 2-13 所示。

2. 综合查询

综合查询的界面在图 2-13 区域 7 中选择需要查询的告警类型（可以多选），然后按下“确认”按钮，区域 9 就弹出检索域的检索条件设置对话框；选中某个检索域，然后单击相应的检索条件，就会弹出一个对话框（或者检索器），设定需要检索的条件，在区域 8 选择需要查询的时间，这样查询条件就算是设定好了；按下工具栏/菜单栏的“查询”按钮，就会弹出查询结果。

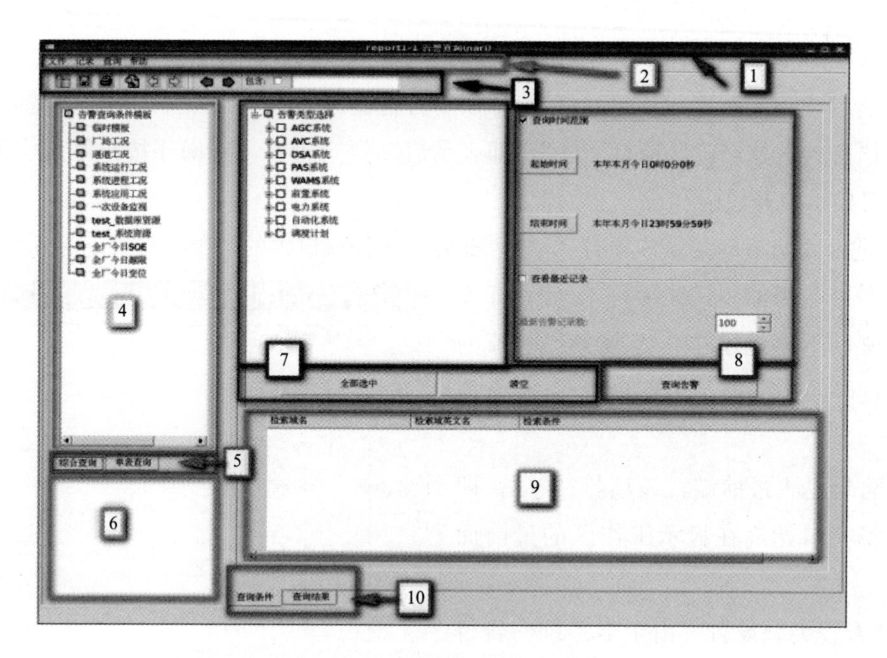

图 2-13　告警综合查询界面

1—标题栏；2—菜单栏；3—工具栏；4—告警查询模板；5—综合查询/单表查询切换；6—信息提示窗口；7—告警类型选择；8—查询时间选择；9—查询条件编辑区；10—查询条件/查询结果页面切换

2.2　配电自动化系统

2.2.1　配电自动化系统基本介绍

1. 基本概念

（1）配电自动化（DA）。配电自动化以一次网架和设备为基础，以配电自动化系统为核心，综合利用多种通信方式，实现对配电网（含分布式电源、微网）的监测与控制，并通过与相关应用系统的信息集成，实现配电网的科学管理。

（2）配电数据采集与监视控制系统（配电 SCADA）。配电 SCADA 通过人机交互，实现配电网的运行监视和远方控制，为配电网的生产指挥和调度提供服务。

（3）配电自动化系统（DAS）。配电自动化系统是实现配电网的运行监视和控制的自动化系统，具备配电 SCADA、馈线自动化、电网分析应用及与相关应用系统互连等功能，主要由配电自动化系统主站、配电终端、配电自动化子站（可选）和通信通道等部分组成。

（4）配电自动化主站（简称主站）。主站主要实现配电网数据采集与监控等基本功能和分析应用等扩展功能，为配电网调度和配电生产服务。

（5）配电自动化子站（简称子站）。子站是主站与配电终端之间的中间层，实现所辖范围内的信息汇集、处理、通信监视等功能。

（6）馈线自动化（FA）。馈线自动化利用自动化装置（系统），监视配电线路（馈线）的运行状况，及时发现线路故障，迅速诊断出故障区域并将故障区域隔离，快速恢复对非故障区域的供电。

（7）配电终端。配电终端是安装于中压配电网现场的各种远方监测、控制单元的总称，主要包括配电开关监控终端（feeder terminal unit，FTU，即馈线终端）、配电变压器监测终端（transformer terminal unit，TTU，即配变终端）、开关站和公用及用户配电所的监控终端（distribution terminal unit，DTU，即站所终端）等。

2. 主站框架及功能

主站主要由计算机硬件、操作系统、支撑平台软件和配电网应用软件组成。其中，支撑平台包括系统信息交换总线和基础服务。配电自动化系统主站拓扑如图 2-14 所示。

配电自动化系统主要包括配电网运行监控与配电网运行状态管控两大类应用，分为基本功能与扩展功能。基本功能是指系统建设时均应配置的功能，扩展功能是指系统建设时可根据自身配电网实际和运行管理需要进行选配的功能。配电自动化系统主要功能模块如图 2-15 所示。

2.2.2 配电自动化系统启动与退出

1. 配电 SCADA 系统启动

配电 SCADA 系统需要在 SCADA 服务器和配调工作站安装构筑完毕后，连接好网络，配置对应的用户名称和权限。SCADA 服务器会自动启动对应的系统进程，待 SCADA 服务器启动完毕，服务器和工作站会自动建立连接，具备启动条件。双击桌面的“dasstart”图标启动系统，启动图标如图 2-16 所示。

2. 配调工作站的退出

配调工作站的特殊用途和性质决定了其工作具有持续性，所以在启动了工作站后，默认不能随便关闭，所以系统界面上不能关闭退出系统。如果要退出系统，可以双击配调工作站桌面上的“dasstop”图标，系统就会关闭。退出图标如图 2-17 所示。

2.2.3 配电自动化系统主界面

配电自动化系统采用的是一机双屏的展现方式，左屏是系统功能菜单，对电网的各种状态进行综合监控，也可选择进入对应的操作界面；右屏是配电系统图，对配电网中的配电设备进行监控，进行配电系统图调阅、停送电、挂牌、倒方式等操作，以及电网的实时拓扑分析。配电自动化系统首页如图 2-18 所示。

1. 电网实时运行界面

电网实时运行界面主要包括电网故障信息、电网线路信息、电网报警信息、电网运

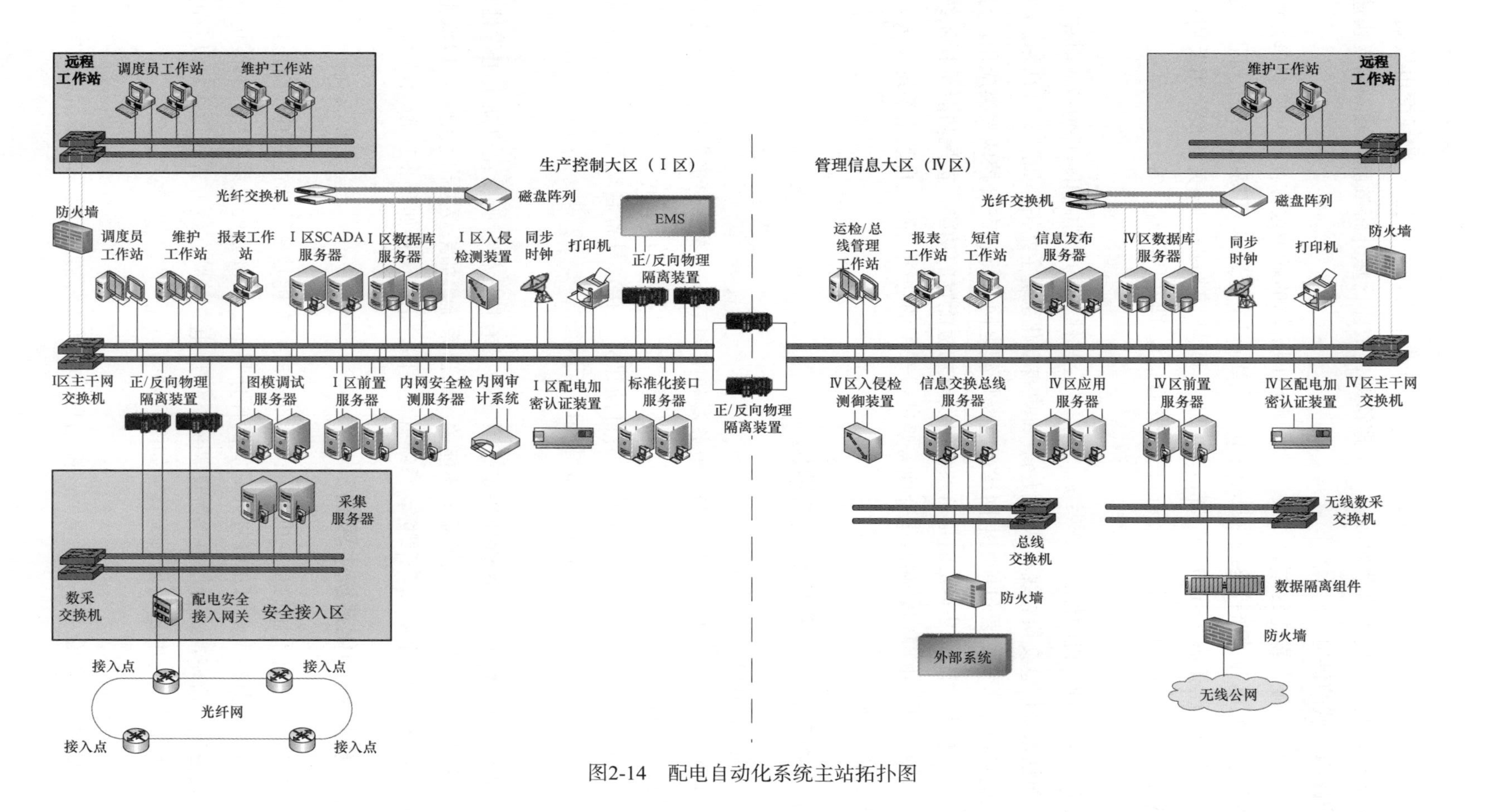

图2-14　配电自动化系统主站拓扑图

行信息，如图 2-19 所示。

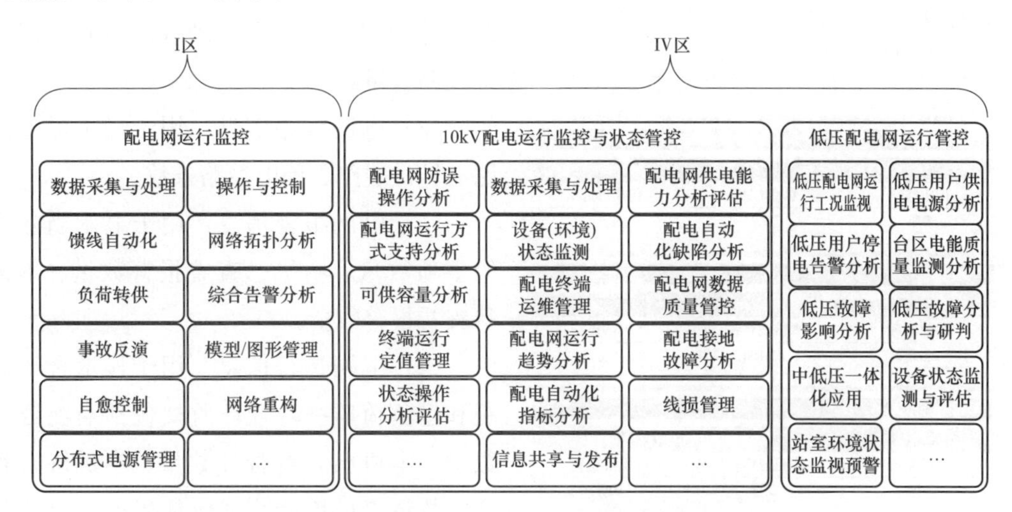

图 2-15　配电自动化系统主要功能模块示意图

图 2-16　启动图标

图 2-17　退出图标

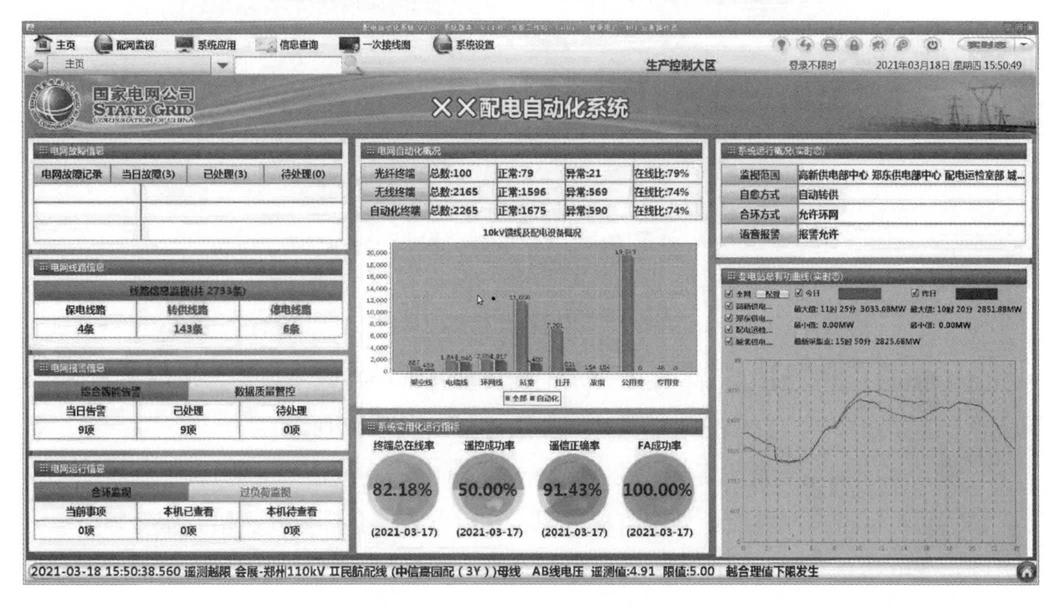

图 2-18　配电自动化系统首页

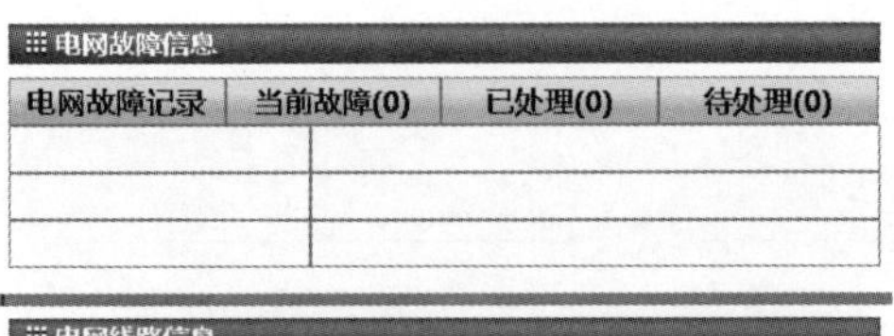

电网线路信息

线路信息监视(共 238条)		
保电线路	转供线路	停电线路
0条	25条	25条

电网报警信息

综合智能告警	数据质量管控	
当前事项	本机已查看	本机待查看
214项	214项	0项

电网运行信息

合环监视	过负荷监视	
当前事项	本机已查看	本机待查看
3项	3项	0项

图 2-19　电网实时运行界面

（1）电网故障信息：用于显示当前馈线故障线路数量、已处理线路数量、待处理线路数量。

（2）电网线路信息：用于显示保电线路、转供线路、停电线路条数。

（3）电网报警信息：用于显示当前报警事项数量、本机已查看报警数量、本机待查看报警数量。

（4）电网运行信息：用于显示合环监视和过负荷监视。合环监视包括当前合环数量、本机已查看合环数量、本机待查看合环数量；过负荷监视包括当前过负荷数量、本机已查看过负荷数量、本机待查看过负荷数量。

2. 系统实用化运行概况及指标界面

（1）电网自动化概况界面：用于显示配电自动化终端总数量、正常数量、异常数量、在线比，如图 2-20 所示。

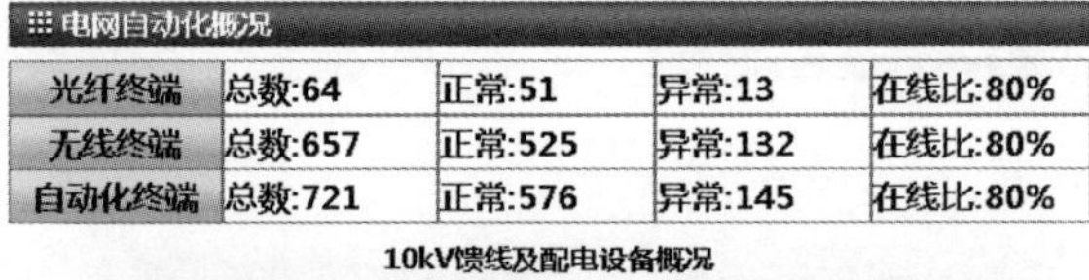
电网自动化概况

光纤终端	总数:64	正常:51	异常:13	在线比:80%
无线终端	总数:657	正常:525	异常:132	在线比:80%
自动化终端	总数:721	正常:576	异常:145	在线比:80%

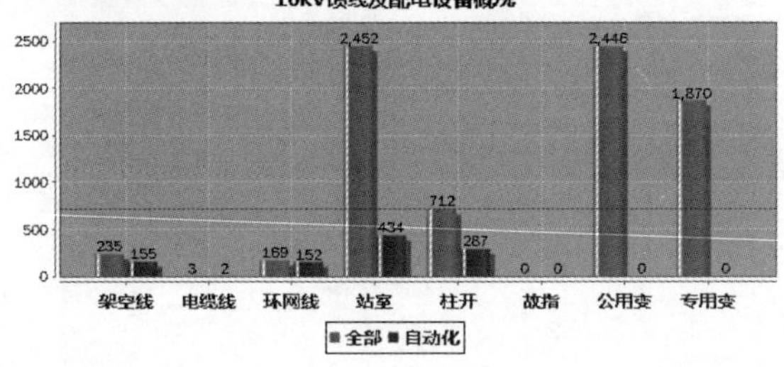

图 2-20　电网自动化概况界面

（2）配电自动化指标界面：用于显示配电自动化终端在线率、遥控成功率、自动化覆盖率、主站在线率，自动化指标及计算方法界面如图 2-21 所示。

3. 系统实用化运行概况界面

（1）系统运行概况界面：显示监视范围、自愈方式、合环方式、语音报警。

（2）变电站总有功功率曲线界面：显示今日、昨日的变电站总有功功率曲线。

系统运行概况及变电站总有功功率曲线界面如图 2-22 所示。

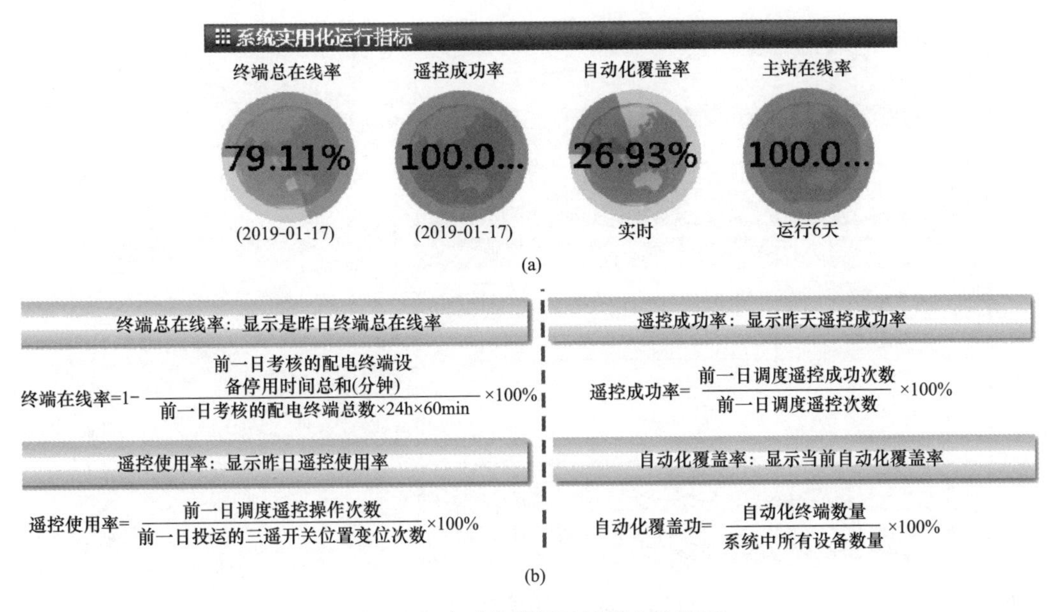

图 2-21　自动化指标及计算方法界面

（a）自动化指标界面；（b）计算方法界面

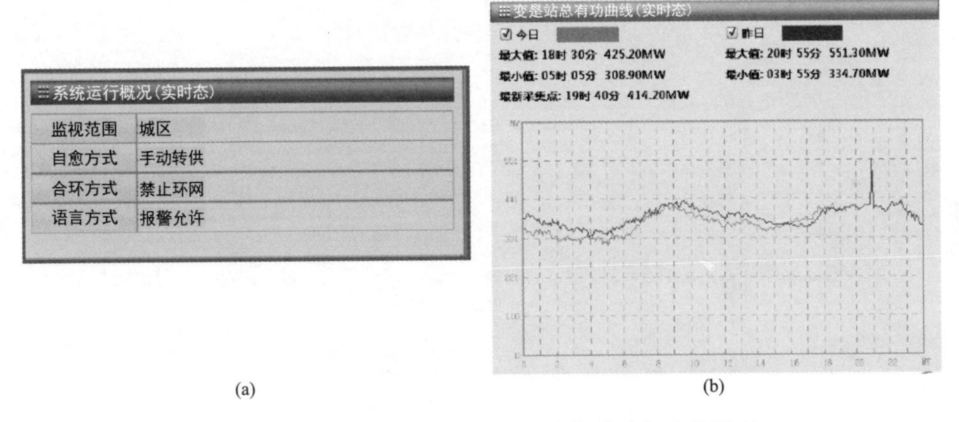

图 2-22　系统运行概况及变电站总有功功率曲线界面

（a）系统运行概况界面；（b）变电站总有功功率曲线界面

2.2.4　电网接线图

配电自动化系统一次接线图界面主要包含变电站接线图、开关站接线图、环网柜接线图、小区配电室接线图、箱式变电站接线图、10kV 线路接线图、自愈线路、自定义接线图等各类接线图。一次接线图界面如图 2-23 所示。

1. 开关站、环网柜等接线图界面

点击“开关站”或“环网柜”，可以看到开关站或环网柜接线图界面，设备名为黑色表示该设备是非自动化设备，设备名为蓝色表示该设备是自动化设备。环网柜接线图界面如图 2-24 所示。

图 2-23　一次接线图界面

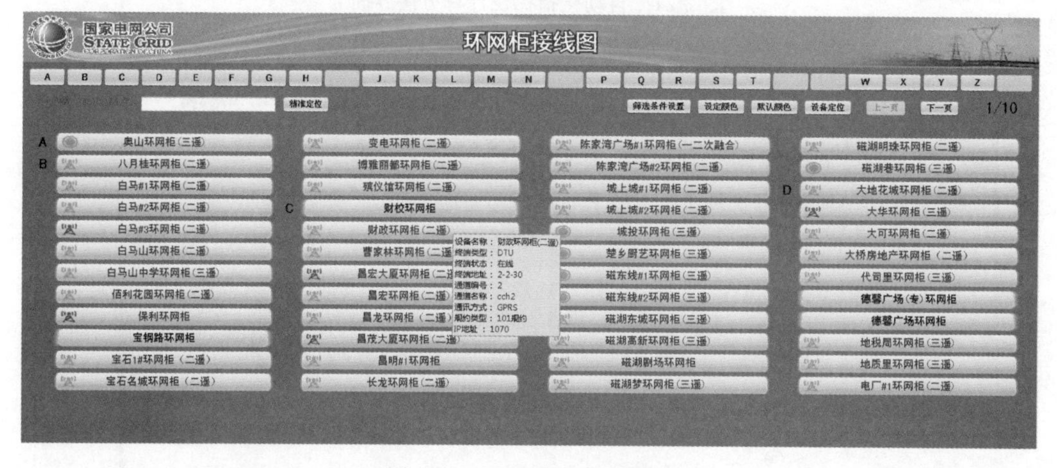

图 2-24　环网柜接线图界面

2. 10kV 线路接线图界面

10kV 线路接线图界面中，蓝色表示该线路是自动化线路，黑色表示非自动化线路。10kV 接线图界面如图 2-25 所示。

系统可以实时监视配电设备的各类运行参数、遥信、遥测信息、配电设备负荷曲线和负荷统计，点击接线图中线路上的自动化开关，可以查阅设备的运行参数和测量信息。画面中也会显示出联络线路，点击线路名热点，可以直接跳转到联络对侧线路。设备信息展示如图 2-26 所示。

3. 线路颜色定义

红色，带电状态；绿色，停电状态；黄色，线路故障；紫色，转供线路；蓝色，合环线路。

图 2-25　10kV 接线图界面

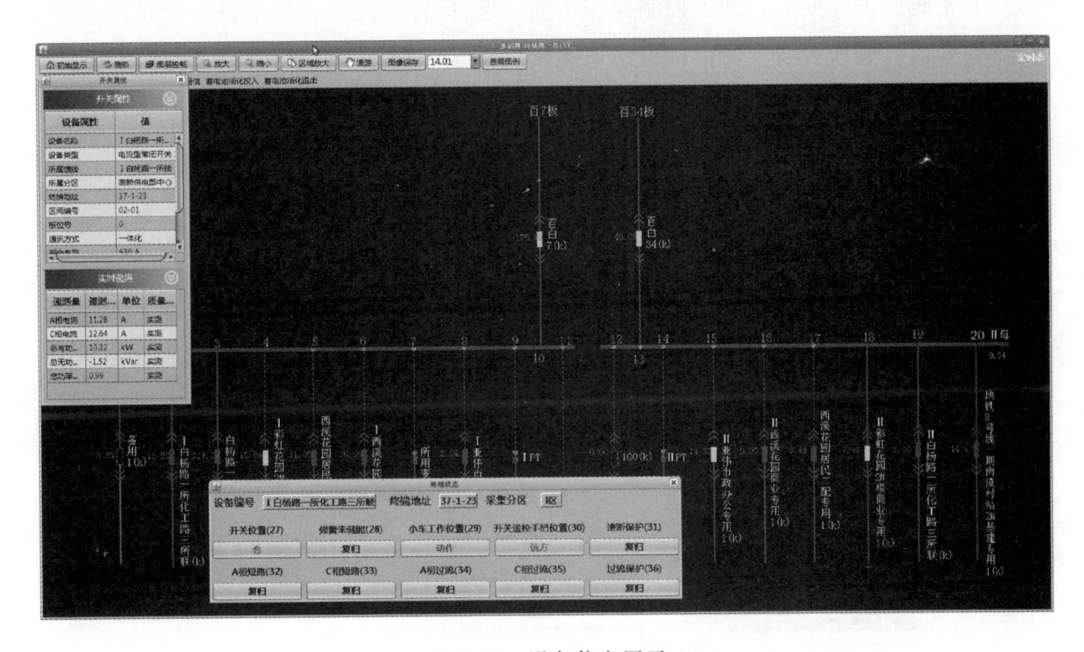

图 2-26　设备信息展示

2.2.5　控制操作

对于具备遥控条件的自动化开关，可以实现遥控操作。进行控制操作前，需要确认设备状态。确认开关手把位置界面如图 2-27 所示。

（1）确认遥信列表中开关远方位置信息，开关为远方位置才能进行遥控操作。

（2）检查开关属性中遥控权限状态，值是“允许”时，才能进行遥控操作。

1. 遥控操作

（1）右键选择需要进行遥控的设备，点击“控制操作”。

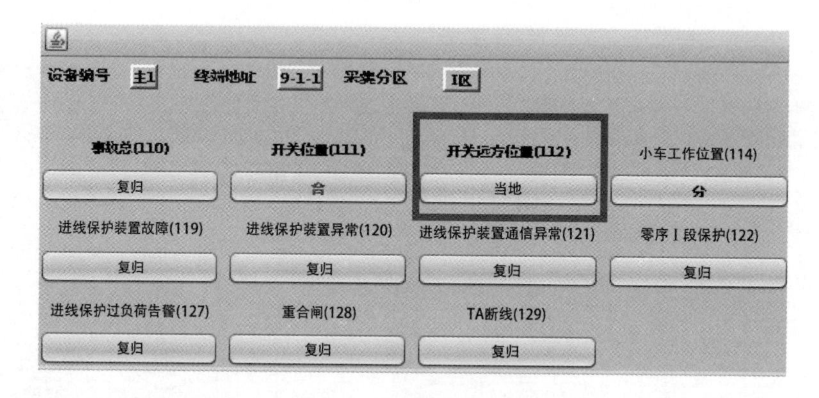

图 2-27　确认开关手把位置界面

（2）弹出操作员、监护员认证界面，可以选择单席认证或者双席认证。

（3）密码验证完成后，弹出控制操作页面，选择合/分操作，点击设定快捷。

（4）弹出“操作警告”窗口，点击“继续操作”，弹出预置执行窗口，操作界面。遥控验证和遥控操作执行分别如图 2-28 和图 2-29 所示。

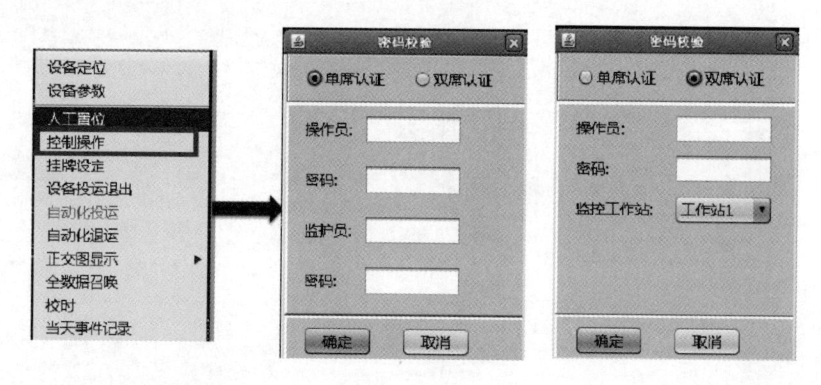

图 2-28　遥控验证

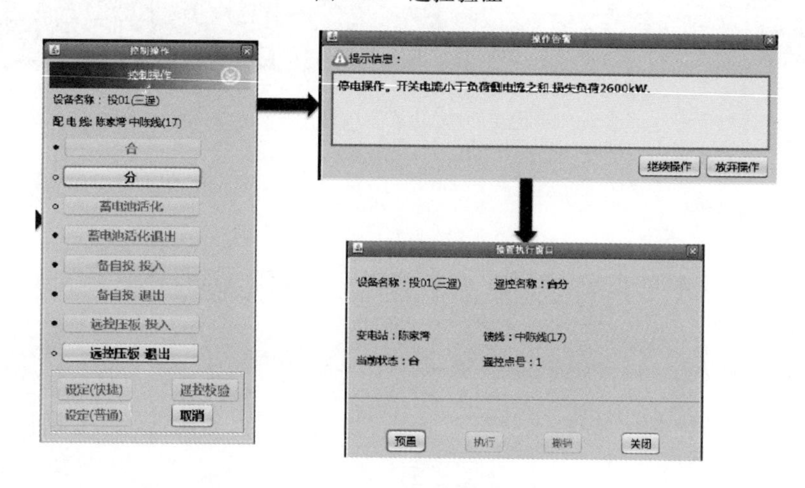

图 2-29　遥控操作执行

2. 置数操作

置数包括人工置位和遥测置数，如图 2-30所示。

（1）人工置位：对各种不具备遥信信号采集或者通信中断的开关，可以对其进行开关合分位置的设定，使其与现场运行状态一致。人工置位时，一旦设备的通信恢复正常，设备将显示实时信息，人工设定的置位信息将被实时信息替换掉。

（2）遥测置数：对系统可以采集的各种模拟量，在通信异常时或无通信时，为了保持与现场状态一致，可以对各种模拟量设定参数，作为参考应用的参数。系统可以对站内、站外各种遥测量进行设定。

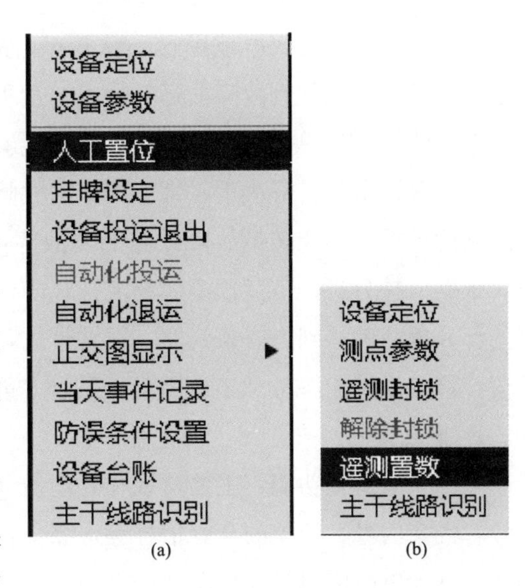

图 2-30　人工置位和遥测置数

（a）人工置位；（b）遥测置数

3. 挂牌操作

当需要对某个设备或者线路进行挂牌操作时，使用鼠标右键点选“挂牌设定”，进入密码校验界面；密码校验通过后显示挂牌设定界面，显示各种可以选择的挂牌信息，根据挂牌要求，完成相应挂牌。同样，可以对所挂指示牌根据需要解除挂牌，即摘牌操作。挂牌设定如图 2-31 所示。

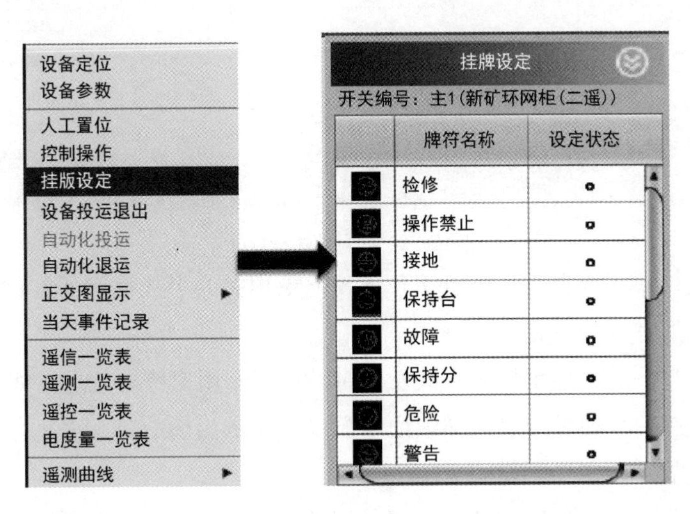

图 2-31　挂牌设定

2.2.6　事故处理

事故处理是指系统在发生配电线路故障时，系统自动判定事故、自动或半自动的方式隔离故障区间，使停电范围最小，并对由故障造成的非事故停电区间进行负荷转供，以及事故解除后恢复到故障前运行方式的过程。

系统能够处理单一线路故障，同时也能够处理多重线路故障。系统在进行负荷转供时，支持多级负荷转移决策，即：配电网故障发生后，系统执行故障处理程序，当转供线路负荷较重，不能转带故障线路的非故障区间负荷时，启动多级负荷转移决策程序，系统根据拓扑分析、负荷预测、潮流计算的计算结果和电压降等约束条件，先将转供线路的部分负荷转移到另一条线路，再转带故障线路的非故障区间负荷，进行链球式多级负荷转移。系统能够考虑多重因素，采取多重措施，确保配电网的稳定运行。

1. 事故监视

电网事故监视功能，主要监视和处理各个配电自动化开关控制器上送到主站的保护信号、告警信号、开关的合分信号等，综合判定事故区间，开展故障隔离，恢复非事故区间供电。事故监视界面如图 2-32 所示，其中部分右键菜单功能介绍如下。

图 2-32　事故监视界面

（1）事故定位：系统自动显示出该条事故记录相关的事故区间所在的电气一次接线图以及事故区间所在地理位置。

（2）停电用户一览：显示该条事故发生时，造成的用户停电信息，如图 2-33 所示。

（3）故障监视：界面弹出事故详细记录窗口，显示当前故障相关的故障详细记录和故障关键记录，故障监视界面如图 2-34 所示。

（4）事故处理程序：详细反映某一条事故记录相关的事故处理信息表，如图 2-35 所示。

2. 事故处理流程

在事故处理阶段，系统主要完成故障区间研判、故障区间隔离、非故障区间负荷转供三大操作步骤。

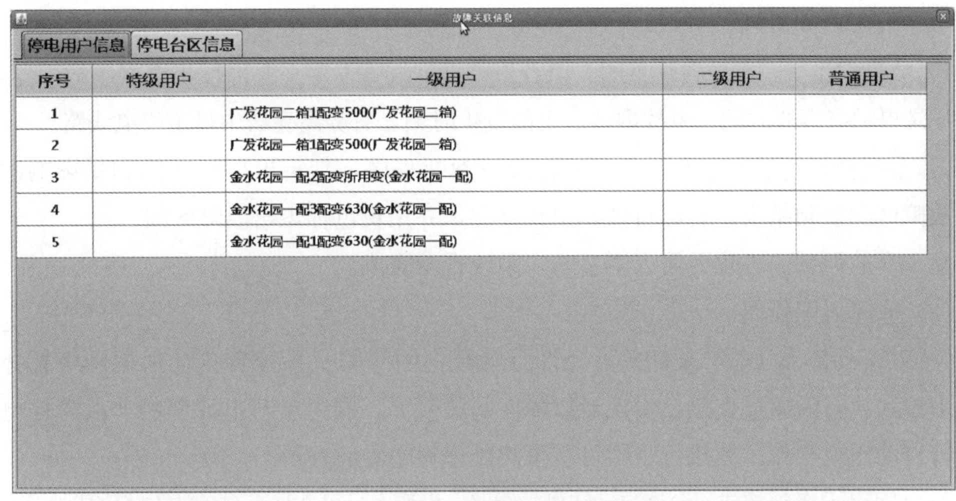

故障关联信息

停电用户信息 | 停电台区信息

序号	特级用户	一级用户	二级用户	普通用户
1		广发花园二箱1配变500(广发花园二箱)		
2		广发花园一箱1配变500(广发花园一箱)		
3		金水花园一配2配变所用变(金水花园一配)		
4		金水花园一配3配变630(金水花园一配)		
5		金水花园一配1配变630(金水花园一配)		

图 2-33　停电用户一览

图 2-34　故障监视界面

故障详细记录

所有记录 | 故障关键记录

序号	标志	事项时间	事项类型	事项内容
1		21/12/24 21:04:03.037	状变	燕凤-郑州110kV 燕36跳闸
2		21/12/24 21:04:03.370	合分状态变化	燕凤-郑州110kV Ⅱ清华城一配线 燕36断路器开关故障总信号动作
3		21/12/24 21:04:03.370	保护状态变化	燕凤-郑州110kV故障总信号动作
4		21/12/24 21:04:03.370	合分状态变化	燕凤-郑州110kV Ⅱ清华城一配线 燕36断路器开关位置分
5		21/12/24 21:04:09.050	故障信息	燕凤-郑州110kV Ⅱ清华城一配线 燕36断路器故障总故障发生
6		21/12/24 21:04:34.050	故障区间	燕凤-郑州110kV Ⅱ清华城一配线 燕36开关负荷侧 燕36,燕清36(清华城一配（3Y))之间故障区间设定
7		21/12/24 21:04:35.420	故障信息	燕凤-郑州110kV Ⅱ清华城一配线(燕36)故障区间隔离开始
8		21/12/24 21:04:35.430	故障操作	燕凤-郑州110kV Ⅱ清华城一配线 (清华城一配（3Y))燕清36开关分预置下发[操作员]FA[监控员]FA
9		21/12/24 21:04:43.060	故障操作	燕凤-郑州110kV Ⅱ清华城一配线 (清华城一配（3Y))燕清36开关分执行下发[操作员]FA[监控员]FA
10		21/12/24 21:04:43.060	故障操作	燕凤-郑州110kV Ⅱ清华城一配线 (清华城一配（3Y))燕清36开关分预置成功[操作员]FA[监控员]FA
11		21/12/24 21:04:52.990	故障操作	燕凤-郑州110kV Ⅱ清华城一配线 (清华城一配（3Y))燕清36开关分执行成功[操作员]FA[监控员]FA
12		21/12/24 21:04:52.990	自动转供	燕凤-郑州110kV Ⅱ清华城一配线 (清华城一配（3Y))燕清36开关远方分成功[操作员]FA[监控员]FA
13		21/12/24 21:04:53.260	故障信息	燕凤-郑州110kV Ⅱ清华城一配线(燕36)自动负荷转供开始
14		21/12/24 21:04:53.280	故障操作	燕凤-郑州110kV Ⅰ清华城一配线 (清华城一配（3Y))100母联开关合预置下发[操作员]FA[监控员]FA
15		21/12/24 21:05:01.230	故障操作	燕凤-郑州110kV Ⅰ清华城一配线 (清华城一配（3Y))100母联开关合执行下发[操作员]FA[监控员]FA
16		21/12/24 21:05:01.230	故障操作	燕凤-郑州110kV Ⅰ清华城一配线 (清华城一配（3Y))100母联开关合预置成功[操作员]FA[监控员]FA
17		21/12/24 21:05:09.320	自动转供	燕凤-郑州110kV Ⅰ清华城一配线 (清华城一配（3Y))100母联开关远方合成功[操作员]FA[监控员]FA
18		21/12/24 21:05:09.320	故障操作	燕凤-郑州110kV Ⅰ清华城一配线 (清华城一配（3Y))100母联开关合执行成功[操作员]FA[监控员]FA
19		21/12/24 21:41:06.790	合分状态变化	燕凤-郑州110kV Ⅱ清华城一配线 燕36断路器开关故障总信号复归
20		21/12/24 21:41:06.790	保护状态变化	燕凤-郑州110kV故障总信号复归
21		21/12/25 18:30:49.690	合分状态变化	燕凤-郑州110kV Ⅱ清华城一配线 燕36断路器开关位置合

图 2-35　故障详细记录

（1）故障区间研判。

1）故障发生后，系统自动推图、语音告警提示故障发生。左屏推出电网事故一览表，事件记录提示有事故时间、事故内容、事故发生时刻，右屏高亮居中显示停电线路。

2）系统根据终端上送的信息，结合故障判断程序，判定出事故区间和受影响的用户。故障区间研判结束，右屏自动弹出正交图，并用黄色标识出故障区间。

整个事故研判的过程无需人工参与，系统自动完成。

（2）故障区间隔离。

1）对于具备“三遥”条件并且允许自动转供的线路：系统会自动根据网络拓扑分析、编制和执行隔离操作票，实现对故障区间的隔离，同时会对电源侧的非故障停电区间进行自动送电操作。其执行步骤可在事故处理程序界面查看。

2）对于不具备遥控或不允许自动转供的线路：操作人员可选择半自动的方式完成故障区间隔离，操作人员可选择“自动编制程序”，系统自动生成操作步骤，然后手动执行操作步骤，进行故障区间的隔离；也可以用“手动编辑操作票”功能编制操作步骤，完成故障区间的隔离。

（3）非故障区间负荷转供。

1）对于具备“三遥”条件并且允许自动转供的线路：系统会自动编制和执行对负荷侧非事故停电区间送电的转供操作票。负荷转供完成后，可右键点选“事件记录”，选择“事故处理程序”查看故障隔离、负荷转供的操作步骤。

2）对于不具备遥控或不允许自动转供的线路：操作人员可选择半自动的方式完成负荷转供。

（4）事故结束。待现场事故处理完毕后，系统主要进行事故区间的解除和事故前运行方式的恢复两步工作。

1）事故区间的解除：现场的故障抢修完成后，操作人员可点击“解除故障区间”按钮，系统图的颜色由故障状态的颜色变为正常的停电颜色，此时对故障区间的送电操作闭锁功能解除，即可完成对原故障区间的操作，进行“故障恢复”操作。

2）事故前运行方式的恢复：对于具备遥控条件并且允许自动转供的线路，在执行对事故区间的送电操作票之后，系统会自动在“事故处理程序表”中生成恢复操作票（恢复到故障前的供电状态）；操作人员确认无误后，即可执行此操作票，如需进行调整，可使用“手动编辑操作票”功能进行调整。对于不具备遥控或不允许自动转供的线路，操作人员选择可半自动的方式完成故障恢复。

（5）故障分析报告。系统全自动生成故障分析报告，包括故障发生时间、变电站、馈线、受影响用户、线路环网图、保护装置动作信息、线路遥测和遥信信息、系统判断结论、遥控输出与执行等，以图文结合的方式给出故障前、故障后、故障识别与定位、故障隔离、非故障区段恢复供电处理的全过程及综述性处理结论。故障分析报告示例如图 2-36 所示。

故障分析报告

故障分析报告						编号	FA20211128-003
故障发生时间	2021-11-28 14:06:01	变电站	池北-郑州110kV	配电线名	Ⅰ落樱街一所线	出线开关编号	池5
保护动作	事故总	故障处理类型	集中型	联络有无	有	线路所属分区	高新供电部中心
故障启动	是	是否瞬时故障	否	是否相继故障	否	故障定位情况	第1区间故障
影响公变数量	16	影响专变数量	0	停电公变数量	0	停电专变数量	0
是否自愈线路	是	是否具备自愈条件	是	是否自愈成功	是	自愈结束时间	2021-11-28 14:07:53
系统重合闸属性	一次重合闸	最高用户等级	一级用户	最高用户数量	16	故障恢复时间	2021-11-29 15:38:04
故障区间描述	1. 2021/11/28 14:06:32 池北-郑州110kV Ⅰ落樱街一所线(池5) 故障区间为池5,池落5(落樱街一所(3Y))之间						

线路主要设备台账

编号	设备名称	开关类型	故障/闭锁信号	漏送信号	频繁动作抑制信号	误送信号	在线状态	合分状态
1	Ⅰ郭村安置房商业专用1(落樱街一所(3Y))	电流型开关	无	否	否	否	正常	合
2	Ⅰ落樱街二所三所联(落樱街二所(3Y))	电流型开关	无	否	否	否	正常	合
3	Ⅰ落樱街二所一所联(落樱街二所(3Y))	电流型开关	无	否	否	否	正常	合
4	Ⅰ落樱街三所二所联(落樱街三所(3Y))	电流型开关	无	否	否	否	当地、无应答	合
5	Ⅰ落樱街一所二所联(落樱街一所(3Y))	电流型开关	无	否	否	否	正常	合
6	Ⅰ庄王社区公用设施专用1(落樱街二所(3Y))	电流型开关	无	否	否	否	正常	合
7	池5	出线开关	有	否	否	否	正常	分
8	池落5(落樱街一所(3Y))	电流型开关	无	否	否	否	正常	合
9	郭村安置房1#居民专用1(落樱街一所(3Y))	电流型开关	无	否	否	否	正常	合
10	落樱街二所庄王社区一配联(落樱街二所(3Y))	电流型开关	无	否	否	否	保持合	合
11	落樱街三所庄王社区二配联(落樱街三所(3Y))	电流型开关	无	否	否	否	当地、无应答	合

故障处理详细记录

故障启动及区间判定阶段

1. 21/11/28 14:06:01.001 状变 池北-郑州110kV 池5..................................跳闸
2. 21/11/28 14:06:01.010 保护状态变化 池北-郑州110kV..故障总信号 动作
3. 21/11/28 14:06:01.010 故障信息 池北-郑州110kV Ⅰ落樱街一所线 池5断路器................故障总 故障发生
4. 21/11/28 14:06:01.010 合分状态变化 池北-郑州110kV Ⅰ落樱街一所线 池5断路器................开关位置 分
5. 21/11/28 14:06:05.260 保护状态变化 池北-郑州110kV..故障总信号 复归
6. 21/11/28 14:06:32.050 故障区间 池北-郑州110kV Ⅰ落樱街一所线 池5开关负荷侧 池5,池落5(落樱街一所(3Y))之间 故障区间设定
7. 21/11/28 14:06:37.500 故障操作 池北-郑州110kV Ⅰ落樱街一所线 (落樱街二所(3Y))Ⅰ落樱街二所一所联开关 分 预置下发
8. 21/11/28 14:06:42.790 故障操作 池北-郑州110kV Ⅰ落樱街一所线 (落樱街二所(3Y))Ⅰ落樱街二所一所联开关 分 预置成功
9. 21/11/28 14:06:42.800 故障操作 池北-郑州110kV Ⅰ落樱街一所线 (落樱街二所(3Y))Ⅰ落樱街二所一所联开关 分 执行下发
10. 21/11/28 14:06:52.690 自动转供 池北-郑州110kV Ⅰ落樱街一所线 (落樱街二所(3Y))Ⅰ落樱街二所一所联开关 远方分 成功
11. 21/11/28 14:06:52.690 故障操作 池北-郑州110kV Ⅰ落樱街一所线 (落樱街二所(3Y))Ⅰ落樱街二所一所联开关 分 执行成功

负荷转供阶段

1. 21/11/28 14:06:52.930 故障信息 池北-郑州110kV Ⅰ落樱街一所线(池5)....................自动负荷转供 开始
2. 21/11/28 14:06:52.960 故障操作 池北-郑州110kV Ⅰ落樱街一所线 (落樱街二所(3Y))100母联开关 合 预置下发
3. 21/11/28 14:06:58.780 故障操作 池北-郑州110kV Ⅰ落樱街一所线 (落樱街二所(3Y))100母联开关 合 预置成功
4. 21/11/28 14:06:58.790 故障操作 池北-郑州110kV Ⅰ落樱街一所线 (落樱街二所(3Y))100母联开关 合 执行下发
5. 21/11/28 14:07:09.030 自动转供 池北-郑州110kV Ⅰ落樱街一所线 (落樱街二所(3Y))100母联开关 远方合 成功
6. 21/11/28 14:07:09.030 故障操作 池北-郑州110kV Ⅰ落樱街一所线 (落樱街二所(3Y))100母联开关 合 执行成功

故障区间隔离阶段

1. 21/11/28 14:07:14.100 故障信息 池北-郑州110kV Ⅰ落樱街一所线(池5)....................故障区间隔离 开始
2. 21/11/28 14:07:14.120 故障操作 池北-郑州110kV Ⅰ落樱街一所线 (落樱街一所(3Y))池落5开关 分 预置下发
3. 21/11/28 14:07:20.710 故障操作 池北-郑州110kV Ⅰ落樱街一所线 (落樱街一所(3Y))池落5开关 分 执行下发
4. 21/11/28 14:07:20.710 故障操作 池北-郑州110kV Ⅰ落樱街一所线 (落樱街一所(3Y))池落5开关 分 预置成功
5. 21/11/28 14:07:28.790 自动转供 池北-郑州110kV Ⅰ落樱街一所线 (落樱街一所(3Y))池落5开关 远方分 成功
6. 21/11/28 14:07:28.790 故障操作 池北-郑州110kV Ⅰ落樱街一所线 (落樱街一所(3Y))池落5开关 分 执行成功
7. 21/11/28 14:07:28.990 故障操作 池北-郑州110kV Ⅰ落樱街一所线 (落樱街一所(3Y))100母联开关 合 预置下发
8 21/11/28 14:07:35 000 故障操作 池北-郑州110kV Ⅰ落樱街一所线 (落樱街一所(3Y))100母联开关 合 预置成功

故障处理过程记录

故障启动阶段

1. 2021-11-28 14:06:01 池北-郑州110kV Ⅰ落樱街一所线 Ⅰ落樱街一所线 池5...出线断路器跳闸
2. 2021-11-28 14:06:52 池北-郑州110kV Ⅰ落樱街一所线 Ⅰ落樱街二所一所联(落樱街二所(3Y)) 分 负荷转供操作
3. 2021-11-28 14:07:08 池北-郑州110kV Ⅰ落樱街一所线 100(落樱街二所(3Y)).合 送电操作 负荷侧恢复供电操作

负荷转供阶段

4. 2021-11-28 14:07:28 池北-郑州110kV Ⅰ落樱街一所线 池落5(落樱街一所(3Y)) 分 负荷侧隔离操作

转供策略详细描述

最终转供策略

1. Ⅰ落樱街一所线池落5(落樱街一所(3Y)),远方分,隔离事故区间。
2. Ⅰ落樱街一所线100(落樱街一所(3Y)),远方合,送电操作,池北-郑州110kVⅡ落樱街一所线配电线电流为51A。

转供策略分析

1. 转供路径为"池北-郑州110kV Ⅱ落樱街一所线 100(落樱街二所(3Y))",联络开关为"可遥控开关"开关;
   线路最小预备力设备为"出线开关 池38",当前电流为18.00A,预备力为510A;
   备用7(落樱街三所(3Y)),庄王小学专用1(落樱街三所(3Y)),区域负荷为37A;该路径为最终转供路径。
2. 转供路径为"池北-郑州110kV Ⅱ落樱街一所线 100(落樱街一所(3Y))",联络开关为"可遥控开关"开关;
   线路最小预备力设备为"出线开关 池38",当前电流为18.00A,预备力为510A;
   备用7(落樱街三所(3Y)),庄王小学专用1(落樱街三所(3Y)),区域负荷为37A;该路径为最终转供路径。
3 转供路径为"池北 郑州110kV Ⅱ落樱街 所线 100(落樱街三所(3Y))" 由于"联络开关属性为非自动化开关"原因而排除

不能转供区域描述

故障区间判定时线路运行图

略

负荷转供结束后线路运行图

略

故障恢复后线路运行图

略

现场故障分析

故障原因	
故障影响	
暴露的问题	
整改措施	
其他	

填报人: 审核人:

日 期:

图 2-36 故障分析报告示例

2.3 调度管理系统

2.3.1 调度管理系统调度记录填写一般规定

（1）依据调度管理系统模块统一格式填写。

（2）记录内容要符合实际，按相关规定填写，用词简练得当，不许编造和弄虚作假，不得任意涂改。

（3）记录按要求每值打印，月底装订成册，按规定时间保存。

2.3.2 电网调度各项记录及填写规范

以下以陕州供电公司为例，具体介绍电网调度各项记录及填写规范。

1. 调度运行日志

调度运行日志分为闭环日志和非闭环日志两大类：闭环日志有跳闸记录、异常记录、接地记录、拉闸限电、保电日志、远切投退、保护投退、有载调压、工作票等；非闭环日志有电网操作、领导指令、运行记事等。

调度运行日志是调度日常记录中最重要的记录，要求它能完整、系统、准确、及时地反映电力系统当前的运行方式、设备检修、保护、通信及自动化状况，因此要求认真填写、语言通顺、内容全面。

（1）日志内容一般应由当值副值调度员填写，当值正值调度员审核，也可由当值正值调度员填写。

（2）凡是与本值调度工作有关联的计划工作、跳闸、异常、缺陷、安全措施、电网操作、拉闸限电、保护投退、远切投退、有载调压、无功功率调压、主变投退、保电、工作票、新设备启动、停电通知、运行方式变更、操作票等相关内容应填写在相关记录本内，保存后按发生的时间顺序将体现在调度运行日志中。

（3）当值调度员对本值内的计算机、自动化、通信、事故异常及处理均应记入调度运行日志中的运行记事记录内。

（4）有关文件、图纸资料的接收、外借，均应填写在调度运行日志中的运行记事记录内，并应将时间、单位、姓名等详细记录。

（5）单一的操作应填写在运行记事记录内，然后生成调度运行日志。

（6）交接班遵循“先交后接”原则，先由交班人员整理完交接班记录，打印并在交接班记录上签名后，接班人员审查交接班记录、运行方式、模拟图板、调度自动化系统及其他注意事项，双方确认后，在交接班记录上签名。

（7）接班时间：应为交班正值调度员填写。

登录人员进入系统后，点击“调度控制管理”—“县调值班管理”—“值班日志”—“运行日志”进入调度运行日志界面，如图 2-37 所示。

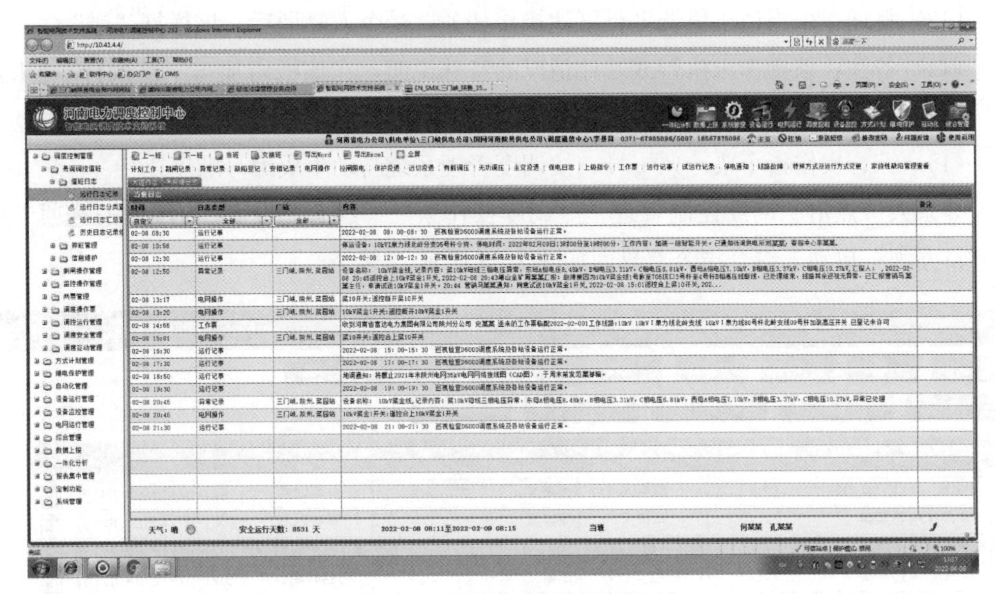

图 2-37 调度运行日志界面

2. 调度综合指令票

综合指令是值班调度员向受令人发布的不涉及其他厂（站）配合的综合操作任务的调度指令，其具体的逐项操作步骤、内容以及安全措施，均由受令人自行按相关规程拟订。

（1）综合指令票由当值副值调度员填写，正值审核并下达操作指令，受令单位要按现场规定填写操作票，并将执行情况向调度汇报。

（2）编号：调度管理系统根据倒闸操作类型自动生成格式为××省××县××票××年××月第××份的指令票编号，如国网河南陕县供电公司 2021 年 7 月第一份调度综合指令票，编号为 HN-SX-ZHP-2021-07-001。

（3）发令人：发布该项指令的当值正值调度员姓名。

（4）受令人：接受该项指令的变电站（集控站）正值值班员或值班长、发电厂值长的姓名。

（5）监护人：监护的当班副值调度员姓名。

（6）拟票人：拟写该指令票的当值副值调度员姓名。

（7）审核人：审查该指令票并下达操作任务的当班正值调度员姓名。

（8）归档人：将执行完的指令票归档的当值正值调度员姓名。

（9）注意事项：须提醒操作人员注意的事项，包括接地线位置、继电保护和安全自动装置投退情况等。

（10）操作任务：向操作单位下达的具体操作内容。操作任务必须按调度术语填写。

（11）操作开始时间：以调度员向受令人下达操作任务时间为准。

（12）操作结束时间：以受令人操作完毕后，向当值调度员汇报的时间为准。

（13）复诵：由当值正值调度员下达操作任务，受令人复诵后，该栏打“√”。

（14）备注：该操作未执行或其他情况的特殊说明，在该栏内加盖“已执行”“未执行”或“作废”印章。

（15）综合操作指令票一票一号，按调度管理系统自动生成编号顺序执行。

登录人员点击“调度控制管理”—“调度操作票”—“综合指令票”，再点击选项卡中的“待办项”启动。综合指令票界面如图 2-38 所示。

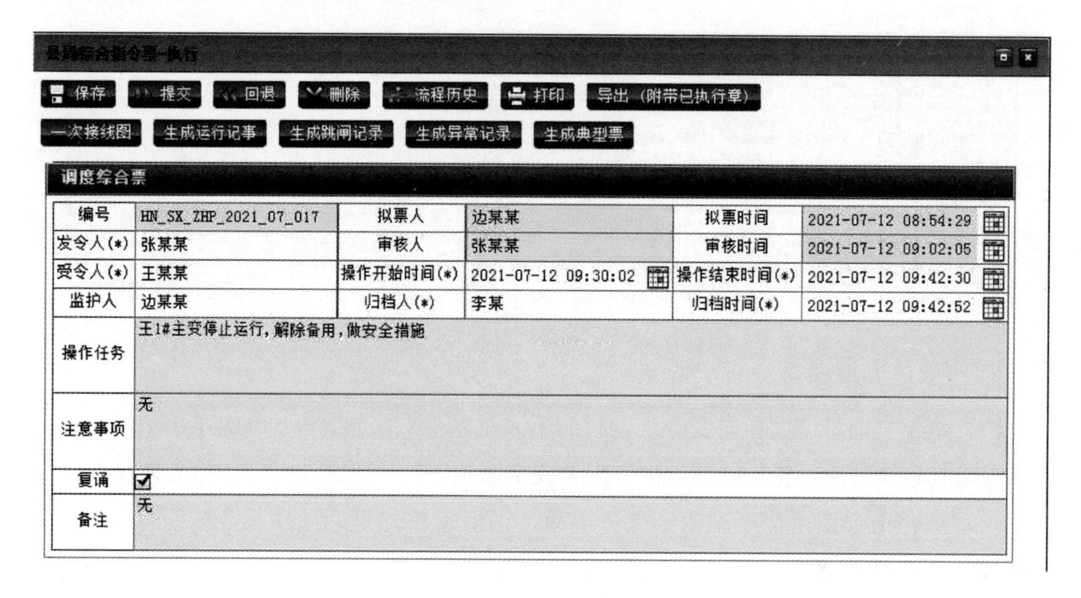

保存　提交　回退　删除　流程历史　打印　导出（附带已执行章）

一次接线图　生成运行记事　生成跳闸记录　生成异常记录　生成典型票

调度综合票

编号	HN_SX_ZHP_2021_07_017	拟票人	边某某	拟票时间	2021-07-12 08:54:29
发令人(*)	张某某	审核人	张某某	审核时间	2021-07-12 09:02:05
受令人(*)	王某某	操作开始时间(*)	2021-07-12 09:30:02	操作结束时间(*)	2021-07-12 09:42:30
监护人	边某某	归档人(*)	李某	归档时间(*)	2021-07-12 09:42:52
操作任务	王1#主变停止运行，解除备用，做安全措施				
注意事项	无				
复诵	☑				
备注	无				

图 2-38　综合指令票界面

3. 调度逐项指令操作票

逐项指令操作是值班调度员按项目顺序逐项下达操作指令，受令人按照单项指令的内容执行一项操作或一连串操作。受令人完成该操作指令后立即汇报，下一步操作需再次得到调度操作指令后方可进行。逐项指令中可包含综合指令。

（1）逐项指令操作票由当值副值调度员填写，正值审核并下达操作指令，受令单位要按现场规定填写操作指令，并将执行情况向调度汇报。

（2）编号：调度管理系统自动生成编号格式为××省××县××票××年××月第××份的指令票编号，如国网河南陕县供电公司 2021 年 7 月第一份调度逐项指令票，编号为 HN-SX-ZXP-2021-07-001。

（3）发令人：发布该项指令的当值正值调度员姓名。

（4）受令人：接受该项指令的变电站（操作班）正值值班员或值班长，发电厂值长的姓名。

（5）监护人：监护的当班副值调度员姓名。

（6）拟票人：拟写该指令票的当值副值调度员姓名。

（7）审核人：审查该指令票并下达操作任务的当班正值调度员姓名。

（8）归档人：将执行完的指令票归档的当值正值调度员姓名。

（9）操作任务：向操作单位下达的操作内容。操作任务必须按调度术语填写。

（10）操作项目：向操作单位下达的具体操作内容。

（11）发令时间：以调度员向受令人下达操作任务时间为准。

（12）汇报时间：以受令人操作完毕后，向当值调度员汇报的时间为准。

（13）复诵：由当值正值调度员下达操作任务，受令人复诵后，该栏打“√”。

（14）序号：根据操作任务编写的操作顺序。逐项操作票的操作顺序，只有当某一个序号内的所有操作全部进行完毕后，方可进行下一个序号内的操作项目；每个操作序号内的操作执行完毕后，在其执行框内打“√”。

（15）备注：该操作未执行或其他情况的特殊说明，在该栏内加盖“已执行”“未执行”或“作废”印章。

（16）逐项指令操作票一票一号，按调度管理系统自动生成编号顺序执行。

登录人员点击“调度控制管理”—“调度操作票”—“逐项指令票”，再点击选项卡中的“待办项”启动。逐项操作票界面如图 2-39 所示。

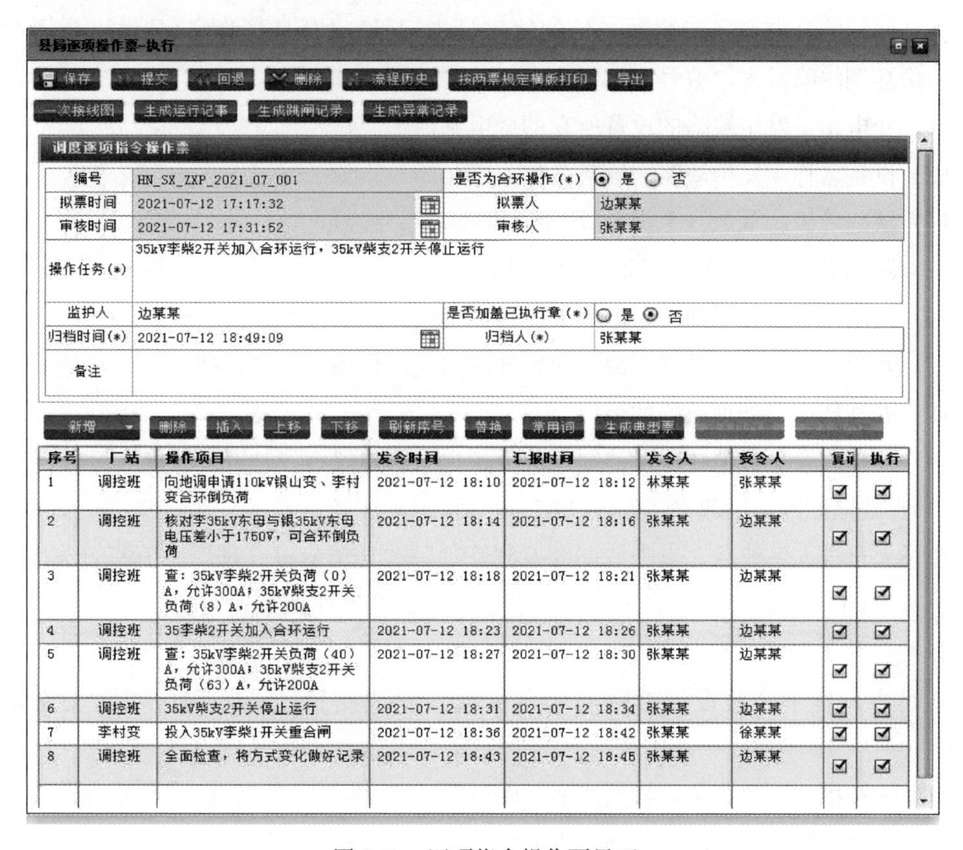

县局逐项操作票-执行

保存 提交 回退 删除 流程历史 按两票规定横版打印 导出

一次接线图 生成运行记事 生成跳闸记录 生成异常记录

调度逐项指令操作票

编号	HN_SX_ZXP_2021_07_001	是否为合环操作(*)	⦿ 是 ◯ 否
拟票时间	2021-07-12 17:17:32	拟票人	边某某
审核时间	2021-07-12 17:31:52	审核人	张某某
操作任务(*)	35kV李柴2开关加入合环运行，35kV柴支2开关停止运行		
监护人	边某某	是否加盖已执行章(*)	◯ 是 ⦿ 否
归档时间(*)	2021-07-12 18:49:09	归档人(*)	张某某
备注			

新增 删除 插入 上移 下移 刷新序号 替换 常用词 生成典型票

序号	厂站	操作项目	发令时间	汇报时间	发令人	受令人	复诵	执行
1	调控班	向地调申请110kV银山变、李村变合环倒负荷	2021-07-12 18:10	2021-07-12 18:12	林某某	张某某	☑	☑
2	调控班	核对李35kV东母与银35kV东母电压差小于1750V，可合环倒负荷	2021-07-12 18:14	2021-07-12 18:16	张某某	边某某	☑	☑
3	调控班	查：35kV李柴2开关负荷（0）A，允许300A；35kV柴支2开关负荷（8）A，允许200A	2021-07-12 18:18	2021-07-12 18:21	张某某	边某某	☑	☑
4	调控班	35李柴2开关加入合环运行	2021-07-12 18:23	2021-07-12 18:26	张某某	边某某	☑	☑
5	调控班	查：35kV李柴2开关负荷（40）A，允许300A；35kV柴支2开关负荷（63）A，允许200A	2021-07-12 18:27	2021-07-12 18:30	张某某	边某某	☑	☑
6	调控班	35kV柴支2开关停止运行	2021-07-12 18:31	2021-07-12 18:34	张某某	边某某	☑	☑
7	李村变	投入35kV李柴1开关重合闸	2021-07-12 18:36	2021-07-12 18:42	张某某	徐某某	☑	☑
8	调控班	全面检查，将方式变化做好记录	2021-07-12 18:43	2021-07-12 18:45	张某某	边某某	☑	☑

图 2-39　逐项指令操作票界面

4. 异常及跳闸记录

县调调度的所有发供电设备出现事故异常均应填写异常及跳闸记录，用户设备出现事故异常，可能对县调设备造成影响的也应填写该记录。

(1) 发生时间：调度员发现事故异常的时间。

(2) 设备类型：变压器、避雷器、电容器、电压互感器等。

(3) 内容：发现设备异常情况。

(4) 备注：可填写汇报到的有关领导。

(5) 明细：调度员发现事故异常进行有关处理的时间、步骤，按照事件的先后顺序填写。

登录人员进入系统后，点击"调度控制管理"—"县调值班管理"—"值班日志"—"运行日志"，点击"异常记录"或"事故跳闸"启动。异常及跳闸记录界面如图 2-40 所示。

5. 缺陷登记

县调调度的所有设备出现缺陷应及时汇报有关单位处理，并填写缺陷登记。

(1) 缺陷编号：调度管理系统根据缺陷登记时间顺序自动生成编号，格式为××省××县县调缺陷日志××年第××份的缺陷日志记录，如国网河南陕县供电公司 2020 年第一份县调缺陷日志，编号为 HN-SX-XDQXRZ-202000001。

(2) 变电站：发生缺陷的设备所在的变电站。

(3) 设备名称：发生缺陷的设备名称。

(4) 缺陷等级：危急（Ⅰ类)、严重（Ⅱ类)、一般（Ⅲ类)。

(5) 缺陷类型：D5000、通道、变电站。

(6) 缺陷内容：应详细填写电压等级、设备名称、具体存在何种缺陷。

(7) 发生时间：调度员发现缺陷或发现缺陷人汇报调度员的日期。

(8) 处理部门：处理缺陷的部门。

(9) 处缺人意见：消缺人对消缺后的设备提出的建议，如是否可以投入运行。

(10) 缺陷原因：引起设备发生缺陷的原因。

登录人员进入系统后，点击"调度控制管理"—"县调值班管理"—"值班日志"—"运行日志"，点击"缺陷登记"启动。缺陷登记界面如图 2-41 所示。

6. 安全措施记录（接地线装拆记录）

凡是由调度下令装设、拆除的变电接地线和线路接地线，均应填入安全措施记录。

(1) 安全措施位置：装设接地线的实际位置。

(2) 增加（拆除）时间：该项装设或拆除接地线操作结束汇报时间。

异常记录

历史记录

设备名称	时间

记录修改

打 印　取 消

发生时间	2020-09-03 20:28		
厂站（*）	三门峡.城村站	电压等级	10
设备名称（*）	城灵线	设备类型（*）	
汇报人	监控 薛某某	记录人（*）	员某某
内容（*）	城10kV西母接地A相：12.21kV，B相：10.98kV ，C相：4.51kV		
是否处理结束	⊙是 ○否		
结束时间（*）	2020-09-04 11:34	结束记录人（*）	李某某
备注			

明细　新增　删除　插入　上移　下移

时间	步骤	备注
2020-09-03 20:35	令城村运维操作站尤某某断开10kV城企1开关，接地象征不消失，合上；断开10kV城辛1开关，接地象征不消失，合上；断开10kVⅡ城配1开关，接地象征不消失，合上；断开10kV城灵1开关接地象征消失。	
2020-09-03 20:40	通知城村运维操作站尤某某检查站内设备，湖滨分局韩辉按事故巡线不能登杆。	
2020-09-03 20:48	城村运维操作站尤某某汇报：检查城灵1间隔无异常。	
2020-09-04 08:52	湖滨分局韩某汇报：城灵线36#杆C相电缆头连接处烧断，需办事故应急抢修单处理；	

(a)

跳闸记录

历史记录

设备名称	时间

记录修改　常用词

打 印　取 消

跳闸时间（*）	2020-08-11 13:29:47		
厂站（*）	原店变	电压等级	10
跳闸类型（*）	线路跳闸	设备名称（*）	III原农1
重合闸情况	动作已成功		
汇报人		记录人（*）	张某某
内容（*）	III原农线过流1段保护动作跳闸		
是否处理结束	⊙是 ○否	结束汇报人（*）	任某某
结束时间（*）	2020-08-11 14:09:20	结束记录人（*）	张某某
备注			

新增　上移　下移　删除记录

□	时间	步骤	备注
□	2020-08-11 13:32	通知原店供电所杨某某按事故巡线，不能登杆。五原集控站任某某检查站内设备.	
□	2020-08-11 13:50	原店供电所康某某汇报；断开III原农线79#杆开关刀闸，巡视前端线路无异常，人员已撤离，1-79#杆之间线路具备送电条件。	
□	2020-08-11 13:57	五原集控任某某：检查III原农间隔设备无异常，故障电流A相13A，C相2.25A	
□	2020-08-11 14:01	令五原集控站任某某：10kVIII原农1开关加入运行。（14：09汇报操作完毕）	

(b)

图 2-40　异常及跳闸记录界面

（a）异常记录界面；（b）跳闸记录界面

缺陷登记

历史记录

厂站	时间

缺陷登记　　取 消

启动消缺流程	☐	缺陷编号	HN_SX_XDQXRZ_202000001
变电站（*）	三门峡.城村站	缺陷类型	D5000
设备名称	城开1间隔	设备类型	断路器
发现类型	运维发现	缺陷等级（*）	危急（I类）
记录时间	2020-07-04 15:52:19	记录人	李某某
发生时间（*）	2020-07-04 15:52:19	发现人	王某某
汇报调度员	李某某		
缺陷内容（*）	10kV城开1乙刀闸A相引流线夹发热115.6摄氏度（B相62摄氏度，C相54摄氏度）		
是否处理	⊙是 ○否		
处理部门（*）	市局运维	处理时间（*）	2020-07-04 19:41:36
处缺人	沙某某		
处缺人意见	将引流线氧化层清理，涂抹导电膏，紧固螺丝，可以投入运行		
缺陷原因（*）	10kV城开1乙刀闸A相引流线夹发热115.6摄氏度		
消缺人（*）	沙某某	消缺时间（*）	2020-07-04 19:41:36

图 2-41　缺陷登记界面

登录人员进入系统后，点击“调度控制管理”—“县调值班管理”—“值班日志”—“运行日志”，点击“安措记录”启动。安全措施记录界面如图 2-42 所示。

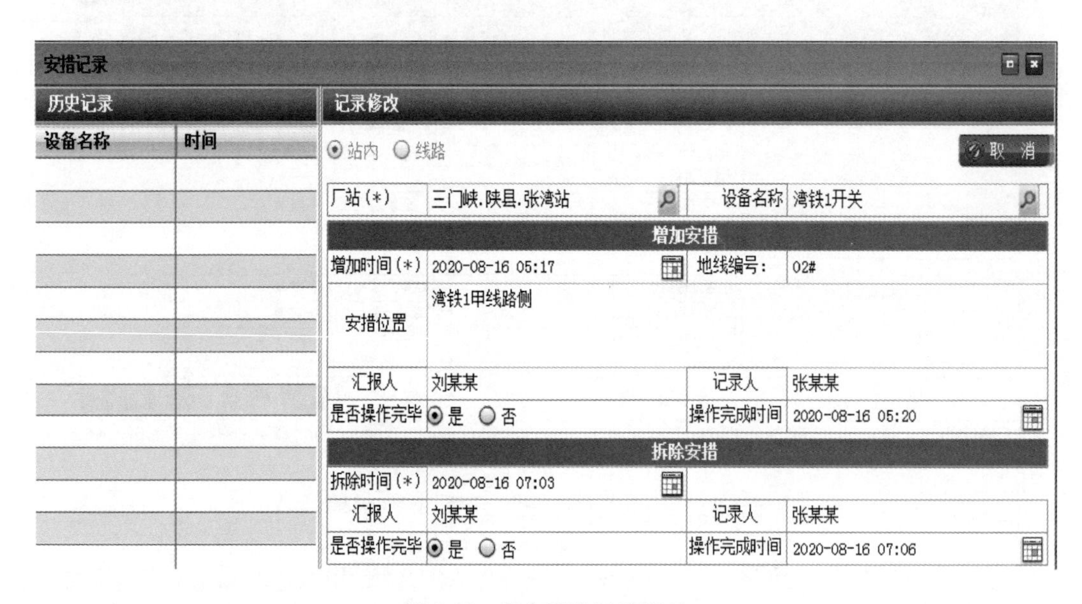

安措记录

历史记录

设备名称	时间

记录修改　　取 消

⊙站内 ○线路

厂站（*）	三门峡.陕县.张湾站	设备名称	湾铁1开关
增加安措			
增加时间（*）	2020-08-16 05:17	地线编号：	02#
安措位置	湾铁1甲线路侧		
汇报人	刘某某	记录人	张某某
是否操作完毕	⊙是 ○否	操作完成时间	2020-08-16 05:20
拆除安措			
拆除时间（*）	2020-08-16 07:03		
汇报人	刘某某	记录人	张某某
是否操作完毕	⊙是 ○否	操作完成时间	2020-08-16 07:06

图 2-42　安全措施记录界面

7. 保电日志

保电申请指对重要活动保证连续供电的申请。保电申请一般包括申请单位、申请保电时间、保电地点，并经主管领导签字。保电申请每月应按时整理、装订，长期保存。

（1）收到通知时间：值班调度员收到保电申请的时间。

（2）通知人：值班的正值调度员或副值调度员。

（3）保电开始时间：重要保电活动的开始时间。

（4）保电结束时间：重要保电活动的结束时间。

（5）保电地点：保电活动的场所。

（6）保电任务：保电的原因，如××学校高考、××宾馆会议等。

（7）已通知：通知与保电活动有关的供电所、营销、用户等。

（8）备注：保电中间发生的其他事项。

登录人员进入系统后，点击“调度控制管理”—“县调值班管理”—“值班日志”—“运行日志记录”，点击“保电日志”启动。保电日志界面如图 2-43 所示。

图 2-43　保电日志界面

8. 工作票

（1）工作票类型：工作票、抢修单或联系单。

（2）工作票编号：对调度权限范围内线路停电工作的合格工作票进行编号。

（3）单位：单位名称。

（4）签发人：该工作票的工作签发人姓名。

（5）工作负责人：该工作票的工作负责人姓名。

（6）停电线路名称：该工作票的停电线路名称。

（7）接收人：收到工作票的正值调度员姓名。

（8）接收时间：收到工作票的时间。

（9）计划开始时间：该工作票的计划开始时间。

（10）计划结束时间：该工作票的计划结束时间。

（11）内容：该工作票的工作任务。

（12）工作许可人：许可开工的调度员的姓名。

（13）工作许可时间：调度员许可该工作票开工时间。

（14）延期至：在工作票的有效期内，由工作负责人向工作许可人申请的延期时间。

（15）预汇报完工时间：预计工作结束时间。

（16）工作结束时间：调度员办理该工作票终结手续的时间。

（17）备注：该工作票执行与否或其他特殊情况说明。

登录人员进入系统后，点击“调度控制管理”—“县调值班管理”—“值班日志”—“运行日志记录”，点击“工作票”启动。工作票界面如图 2-44 所示。

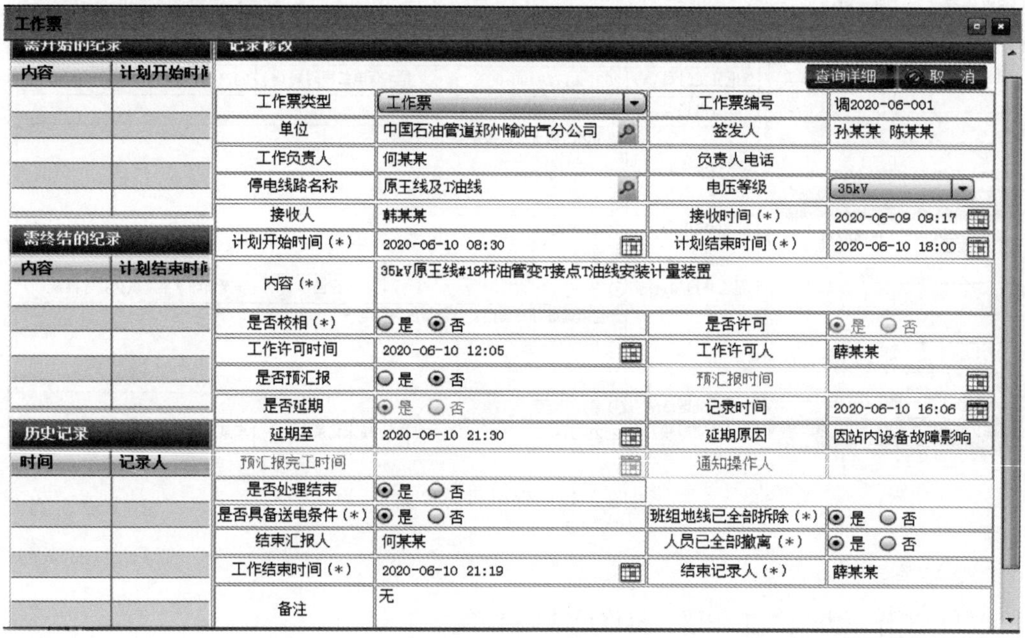

图 2-44　工作票界面

9. 停电通知

调度管辖设备因欠费或其他任何原因造成对用户停电均应通知用户，并填写停电通知。停电性质包括计划或临时停电检修、消缺，事故处理，压负荷、欠费停电等。

（1）通知人：一般为正值调度员或副值调度员。

（2）通知时间：调度员接到停电命令后，通知相关人员的时间。

（3）接收人：与调度签订调度协议的专线用户、供电所、供电服务中心、变电站（集控站）相关人员。

（4）工作内容：填写停电线路名称、停电原因、计划停送电时间、停电范围。

登录人员进入系统后，点击“调度控制管理”—“县调值班管理”—“值班日志”—“运行日志记录”，点击“停电通知”启动。停电通知界面如图 2-45 所示。

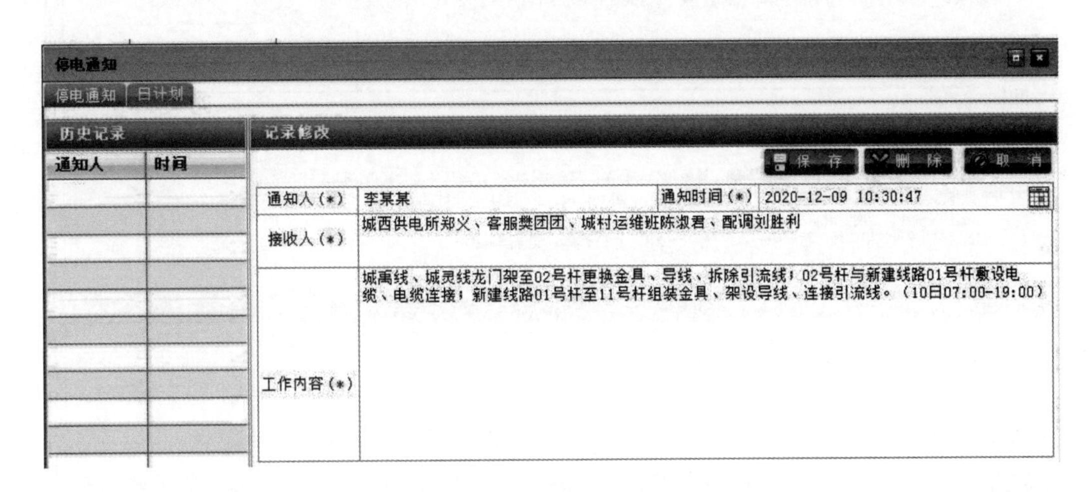

图 2-45　停电通知界面

10. 事故预想管理

（1）事故预想记录统一编号，如国网河南陕县供电公司 2020 年第一份事故预想记录，编号为 HN-SX-SGYX-2020-0001。

（2）预案名称：即事故预想，指每个调度员针对系统运行情况，如新变电站投运、运行方式变化、天气气候变化等可能发生的不安全因素，进行有针对性的预测，并提出相应的对策和处理方法。事故预想必须有一定的深度及针对性。

（3）附件内容（预案内容）：包括事故前运行方式、事故象征（即伴随事故发生的现象，如信号、表计指示、声响、气味、灯光、保护动作情况等）、事故处理步骤。

（4）审核意见：每月调控中心领导对事故预想记录的评价。

登录人员进入系统后，点击“调度控制管理”—“调度安全管理”—“事故预想管理”，再点击选项卡中的“待办项”启动。事故预想管理界面如图 2-46 所示。

11. 反事故演习管理

（1）反事故演习要求全体调度员参加，并指定专人填写。

（2）反事故演习记录统一编号，如国网河南陕县供电公司 2020 年第一份反事故演习记录，编号为 HN-SX-SGYX-2020-0001。

县局事故预想管理-预想

流程历史　打印

编制应急预想

编制单位 国网河南XX供电公司　涉及单位 运维、营销、安质　文档编号 HN-SX-SGYX-2020-0001

预案名称 韩2#主变差动速断保护动作跳闸 韩352开关　韩102开关分 I韩容1开关欠压保护动作分

编制人 薛某某　编制时间 2020-08-17 17:23

附件

附件内容 运行方式：35kV李韩线带韩2#主变运行，韩1#主变停运备用；韩10kV南、北母线运行送10kV韩洼线、韩李线、韩石线、II韩西线、韩燃线、韩观线运行；
事故象征：韩2#主变差动速断保护动作跳闸 韩352开关　韩102开关分 I韩容1开关欠压保护动作分
处理步骤：1、令韩岩运维操作队：检查韩2#主变、韩10kV南、北母线及各出线间隔，保护信号动作情况及所属设备有无异常，并依次断开10kV南、北母线各出线开关。
2、通知观音堂供电所、客服中心。汇报生产局长、运维检修、安保部。

自动化专业审核

自动化专业审核意见

自动化专业审核时间　自动化专业审核人

继电保护专业审核

继电保护专业审核意见 同意

继电保护专业审核时间 2020-08-17 17:32　继电保护专业审核人 张某某

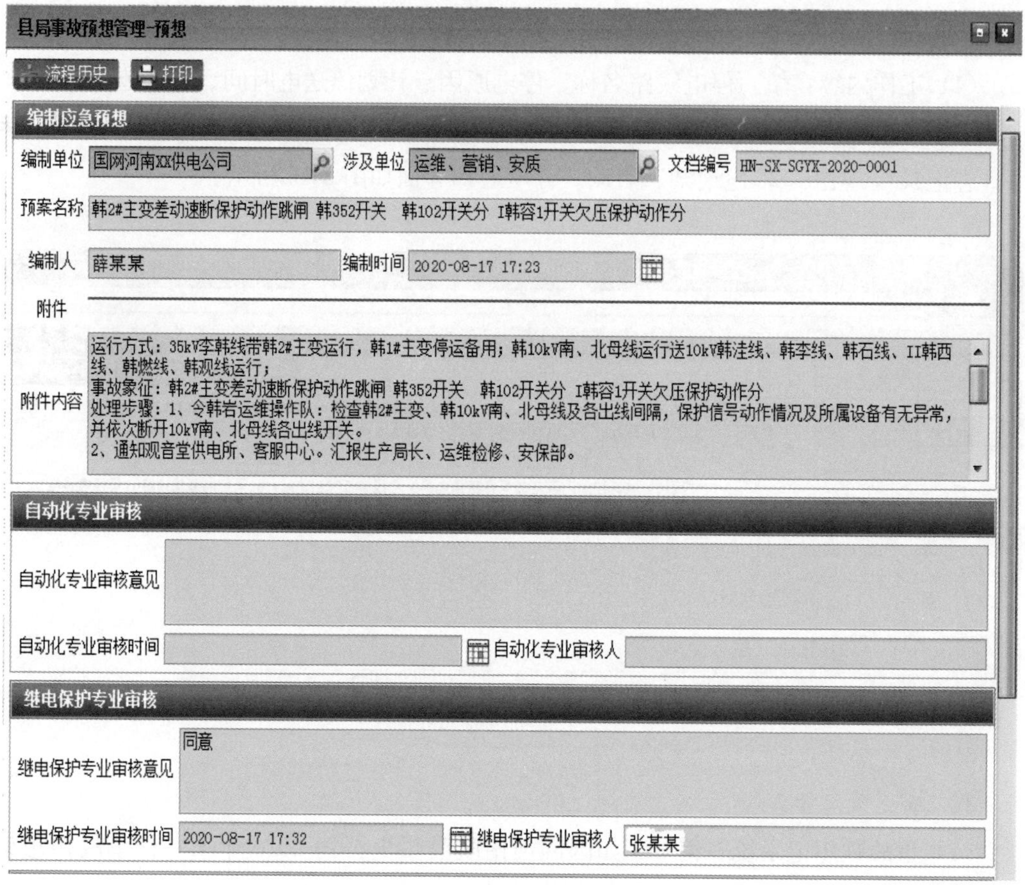

图 2-46　事故预想管理界面

（3）预案名称：由演习组织者根据目前电网运行方式、负荷大小、通信、调度自动化系统等设备运行情况，拟订一个演习题目，组织演习者进行模拟事故处理，检查调度员对电网事故的分析处理能力。

（4）附件内容（预案内容）：包括事故前运行方式、事故象征（即伴随事故发生的现象，如信号、表计指示、声响、气味、灯光、保护动作情况等）、事故处理步骤。

（5）审核意见：每月调控中心领导对反事故演习记录的评价。

登录人员进入系统后，点击“调度控制管理”—“调度安全管理”—“反事故演习”，再点击选项卡中的“待办项”启动。反事故演习管理界面如图 2-47 所示。

12. 技术问答

由培训员根据月度培训计划，对调度员指定相应的培训题目，调度员认真完成。也可以每班值班人员相互出题或中心领导出题考问解答。

（1）出题人：调控中心培训员、中心领导或值班人员。

（2）内容：结合每位调度员业务素质能力，有针对性地出题，提高调度员技能水平。

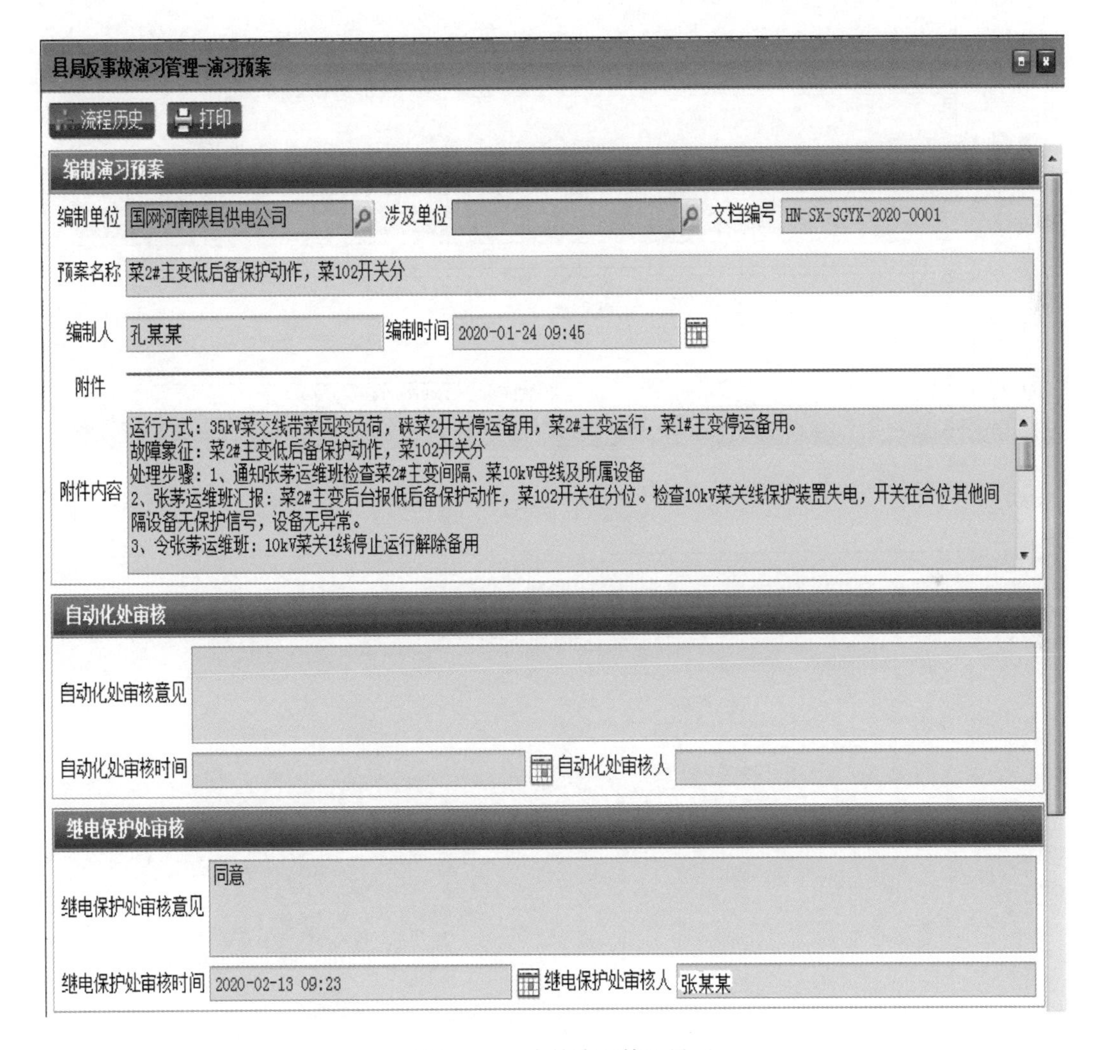

图 2-47　反事故演习管理界面

（3）评议：出题人首先对答题情况进行评价，找出问题并说明采取措施。

（4）审核及反馈意见：调度班长每月对技术问答记录及时审核，并填写反馈意见。

登录人员进入系统后，点击“调度控制管理”—“调度安全管理”—“调度技术问答管理”，再点击选项卡中的“新增”按钮启动。技术问答界面如图 2-48 所示。

技术问答

保存 删除 打印

填报

出题人	张某某	时间	2020-08-13 15:32:29
答题人	韩某某	培训方式	自学
题目	线路停电作业前，应做好哪些安全措施？		
内容	答：1、断开发电厂、变电站、换流站、开闭所、配电站等线路断路器和隔离开关2、断开线路上需要操作的各端断路器、隔离开关熔断器3、断开危及线路停电作业，且不能采取相应安全措施的交叉跨越、平行和同杆架设线路的断路器、隔离开关和熔断器。4、断开可能反送电的低压电源的断路器、隔离开关和熔断器		
评议	正确	评议人	薛某某
问题或措施	无		

审核

分数	100分		
审核意见	答题正确		
审核人	李某某	审核时间	2020-08-16 00:00:00

反馈

反馈意见	无

图 2-48 技术问答界面

第3章 分布式电源及储能运行管理

3.1　分布式电源及储能基本介绍

3.1.1　分布式电源基本介绍

分布式电源是指在用户所在场地或附近建设安装、运行方式以用户侧自发自用为主、多余电量上网，且在配电网系统平衡调节为特征的发电设施或有电力输出的能量综合梯级利用多联供设施，包括太阳能、天然气、生物质能、风能、地热能、海洋能、资源综合利用发电（含煤矿瓦斯发电）等，一般容量为6MW及以下。

1. 光伏发电基本介绍

（1）光伏发电的基本原理。光照能使半导体材料的不同部位之间产生电位差，这种现象被称为光生伏特效应（简称光伏效应）。光伏电站，是指一种利用太阳光能、采用特殊材料诸如晶硅板、逆变器等电子元件组成的发电体系，与电网相连并向电网输送电力的发电系统。光伏发电系统可以分为带蓄电池的独立发电系统和不带蓄电池的并网发电系统。

（2）光伏电站的组成。

1）太阳能电池板：太阳能电池板在光伏电站中起到发电的作用，通常运用的太阳能电池板是多晶硅或薄膜光伏板，能够将光能充分转化成电能，通常每块电池板发电电压为DC12V。

2）电池板支架：通常状况下支架是镀锌方形钢材，主要作用是固定电池板。支架的倾斜角度、高度和打入地里的深度依据当地的具体状况而定。

3）汇流箱：汇流箱的作用是将各个支路的电池板上的直流电能汇集起来，然后一同运送到直流柜中。

4）直流柜：直流柜的作用是将本柜所带的汇流箱输送过来的电能汇集在一起，通常状况下一个直流柜带7个汇流箱。

5）逆变器：逆变器的作用是将直流柜送出的直流电压转化成交流电压，可以反馈回商用输电系统，或是供离网的电网使用。

6）变压器：变压器的作用是将逆变器转换的交流电升压，以便与电力系统并网。

(3) 户用光伏发电系统和分布式光伏。

1) 户用光伏发电系统：指利用太阳能电池板的光伏效应，将太阳辐射能直接转换成电能，并以220V单相接入用户侧电网的发电系统。

2) 分布式光伏：指一般建在楼顶、屋顶、厂房顶和蔬菜大棚等地方的光伏发电系统，可充分利用空间。分布式光伏一般都是380V电压，使用低压脱扣器来并网。

2. 风电基本介绍

(1) 风力发电的基本原理。风力发电的基本原理是将风（空气）中的动能转化成机械能，再将机械能转化为电能输送到电网中。并网型风力发电机组（简称风电机组）由变速传动系统、偏航系统、液压系统、安全系统、控制系统组成。

(2) 风电场的组成。根据在电能生产过程中的整体功能，风电场电气一次系统可以分为风电机组、集电系统、升压变电站及厂用电系统四个主要部分。

1) 风电机组除了风力机和发电机以外，还包括电力电子换流器（有时也称为变频器）和对应的机组升压变压器（或称之为集电变压器，简称升压变）。

2) 集电系统将风电机组生产的电能按组收集起来。分组采用位置就近原则，每组包含的风电机组数目大体相同。每一组的多台机组输出（经过机组升压变升压后）一般可由电缆线路直接并联。

3) 升压变电站的主变将集电系统汇集的电能再次升高。

4) 厂用电包括维持风电场正常运行及安排检修维护等生产用电和风电场运行维护人员在风电场内的生活用电等，也就是风电场内用电的部分。

(3) 分散式风电场：由同一开发商在同一片供电区域内，通过35kV及以下电压等级接入电网的一批风电机组构成的一个统一运行维护的整体。分散式风电场一般位于用户附近，就地消纳为主，并采用多点接入、统一监控的并网方式。

3. 分布式电源并网点

对于通过变压器接入电网的分布式电源，其并网点指变压器电网侧的母线或节点；对于不通过变压器接入电网的分布式电源，其并网点指分布式电源的输出汇总点。

3.1.2 储能基本介绍

1. 储能系统的组成及功能

储能系统包含储能装置和电网接入装置两部分：

(1) 储能装置由储能元件组成，主要实现能量的储存、释放或快速功率交换；

(2) 电网接入装置由电力电子器件组成，实现储能装置与电网之间的能量双向传递与转换，实现电力调峰、能源优化、提高供电可靠性和电力系统稳定性等功能。

2. 常用的储能方式

常用的储能方式主要有物理储能（如抽水蓄能、压缩空气储能、飞轮储能等）、化学储能（如各类蓄电池、可再生燃料电池、液流电池、超级电容器储能等）和电磁储能（如超导电磁储能等）等。

物理储能中最成熟、应用最普遍的是抽水蓄能，主要用于电力系统的调峰、填谷、调频、调相、紧急事故备用等。抽水蓄能的释放时间可以从几个小时到几天，其能量转换效率在70%～85%。抽水蓄能电站的建设周期长且受地形限制，当电站距离用电区域较远时输电损耗较大。早在1978年德国就建成了世界第一座示范性压缩空气储能电站并获得成功，但由于受地形、地质条件制约，压缩空气储能没有得到大规模推广。飞轮储能利用电动机带动飞轮高速旋转，将电能转化为机械能存储起来，在需要时飞轮带动发电机发电。飞轮储能的特点是寿命长、无污染、维护量小，但能量密度较低，可作为蓄电池储能系统的补充。

化学储能中，蓄电池储能是目前最成熟、最可靠的储能技术，根据所使用化学物质的不同，可以分为铅酸电池、镍镉电池、镍氢电池、锂离子电池、钠硫电池等。铅酸电池储能具有技术成熟，可制成大容量存储系统，单位能量成本和系统成本低，安全可靠和再利用性好等特点，也是目前最实用的储能系统，已在小型风力发电、光伏发电系统以及中小型分布式发电系统中获得广泛应用；但因铅是重金属污染源，铅酸电池不是未来的发展趋势。锂离子、钠硫、镍氢电池等先进蓄电池成本较高，大容量储能技术还不成熟，产品的性能目前尚无法满足储能的要求，其经济性也无法实现商业化运营。

我国的能源中心和电力负荷中心距离跨度大，电力系统一直遵循着大电网、大电机的发展方向，按照集中输配电模式运行。随着可再生能源发电的飞速发展和社会对电能质量要求的不断提高，储能技术应用前景广阔。国家电网有限公司确定的智能电网重点投资领域中包括了大量储能应用领域，如发电领域的风力发电和光伏发电应用储能技术项目、配电领域储能技术、电动汽车充放电技术等。

3. 电化学储能电站

电化学储能电站是采用电化学电池作为储能元件，可进行电能存储、转换及释放的电站，由若干个不同或相同类型的电化学储能系统组成。

对于有升压变的电化学储能系统，其并网点指升压变高压侧母线或节点；对于无升压变的电化学储能系统，其并网点指储能系统的输出汇总点。

3.2 分布式电源及电化学储能规定

3.2.1 分布式电源规定

1. 术语和定义

（1）公共连接点（point of common coupling，PCC）：用户接入公用电网的连接处。

（2）非计划性孤岛（unintentional islanding）：非计划、不受控地发生的分布式电源孤岛现象。

注：分布式电源孤岛现象，指由分布式电源、就地负荷及相关保护、监视及控制装置构成的独立于公用电网的自治运行现象。

2. 基本规定

（1）并网分布式电源应具备由相应资质的单位或部门出具的测试报告，测试项目和测试方法应符合《分布式电源接入电网测试技术规范》（NB/T 33011—2014）的规定，测试结果应满足《分布式电源并网技术要求》（GB/T 33593—2017）的要求。

（2）分布式电源接入电网前，其运营管理方电网企业应按照统一调度、分级管理的原则签订并网调度协议和/或发用电合同。

（3）分布式电源并网开断设备应满足《分布式电源并网技术要求》（GB/T 33593—2017）的规定，且在运行过程中，不能随意改变并网开断设备的配置和参数。

（4）接入 380V～35kV 电网的分布式电源，以三相平衡方式接入。分布式电源单相接入 220V 配电网前，应校核接入各相的总容量，不宜出现三相功率不平衡的情况。

（5）分布式电源中性点接地方式应与其所接入电网的接地方式相适应。

（6）分布式电源接入电网运行应根据《电力安全工作规程　发电厂和变电站电气部分》（GB 26860—2011）的规定，结合现场实际，制订相应的现场安全规程和运行维护规程。

（7）接入 10(6)～35kV 电网的分布式电源，其运营管理方宜进行发电预测，向电网调度机构报送次日发电计划。

（8）直接接入公用电网的分布式电源，涉网设备发生故障或出现异常情况时，其运营管理方应收集相关信息并报送电网运营管理部门。接入 10(6)～35kV 电网的分布式电源应有专责负责设备的运行维护。

（9）如遇公用电网检修、故障抢修或其他紧急情况，分布式电源所接入电网运营管理部门可直接限制分布式电源的功率输出直至断开并网开断设备。

（10）已报停运的分布式电源不得自行并网。

3. 并网/离网控制

（1）接入电网的分布式电源，其并网/离网应照并网调度协议等相关协议执行。

（2）分布式电源首次并网以及其主要设备检修或更换后重新并网时，并网调试和验收合格后方可并网。

（3）分布式电源并网时应监测当前配电网频率、电压等电网运行信息，当配电网频率、电压偏差超出《电能质量　公用电网谐波》（GB/T 14549—1993）和《电能质量　供电电压偏差》（GB/T 12325—2008）规定的正常运行范围时，分布式电源不得并网；并网操作时，分布式电源向配电网输送功率的变化率不应超过电网所设定的最大功率变化率，且不应引起分布式电源公共连接点的电压波动、闪变和谐波超过《电能质量　电压波动和闪变》（GB/T 12326—2008）和《电能质量　公用电网谐波》（GB/T 14549—1993）规定的正常值范围。

（4）电网发生故障恢复正常运行后，接入10(6)～35kV电网的分布式电源，在电网调度机构发出指令后方可依次并网；接入220/80V电网的分布式电源，在电网恢复正常运行后应延时并网，并网时延设定值应大于20s。

（5）电网正常运行情况下，分布式电源计划离网时，宜逐级减少发电功率，发电功率变化应符合电网调度机构批准的运行方案。

（6）并网运行过程中，分布式电源出现故障或异常情况时，分布式电源应停运：条件允许的情况下，分布式电源应逐级减少与电网的交换率，直至断开与电网的连接。

（7）电网出现异常情况时，分布式电源的运行控制应满足《分布式电源并网技术要求》（GB/T 33593—2017）的要求。

（8）在非计划孤岛情况下，并网分布式电源离网时间应满足《分布式电源并网技术要求》（GB/T 33593—2017）的要求，其动作时间应小于电网侧重合闸的动作时间。

（9）接入10(6)～35kV电网的分布式电源，检修计划应上报电网调度机构，并应服从电网调度机构的统一安排。

（10）分布式电源停运或涉网设备故障时，应及时记录并通知所接入电网运营管理部门。

4. 涉网性能

（1）有功功率控制。

1）接入10(6)～35kV电网的分布式电源应具备有功功率控制能力，当需要同时调节输出有功功率和无功功率时，在并网点电压差符合《电能质量　供电电压偏差》（GB/T 12325—2008）规定的前提下，宜优先保障有功功率输出。

2）接入10(6)～35kV电网的分布式电源，若不向公用电网输送电量，由分布式电源运营管理方自行控制其有功功率；若向公用电网输送电量，则应具有控制输出有功功率变化的能力，其最大输出功率和最大功率变化率应符合电网调度机构批准的运行方案，同时应具备执行电网调度机构指令的能力，能够通过执行电网调度机构指令进行功率调节。紧急情况下，电网调度机构可直接限制分布式电源向公用电网输送的有功功率。

3）接入380V电网低压母线的分布式电源，若向公用电网输送电量，则应具备接受电网调度指令进行输出有功功率控制的能力。

（2）无功功率电压调节。分布式电源无功功率电压控制宜具备支持定功率因数控制、定无功功率控制、无功功率电压下垂控制等功能。

1）接入380V电网的分布式电源，并网点处功率因数应满足以下要求：

a. 以同步发电机形式接入电网的分布式电源，并网点处功率因数在0.95（超前）～0.95（滞后）范围内应可调。

b. 以感应发电机形式接入电网的分布式电源，并网点处功率因数在0.98（超前）～0.98（滞后）范围内应可调。

c. 经变流器接入电网的分布式电源，并网点处功率因数在0.95（超前）～0.95（滞后）范围内应可调。

2）接入10(6)～35kV电网的分布式电源，应具备无功功率电压调节能力，可以采用调整分布式电源无功功率、调节无功功率补偿设备投入量以及调整电源变压器变比等方式，其配置容量和电压调节方式应符合《分布式电源接入配电网技术规定》（NB/T 32015—2013）的要求。接入10(6)～35kV电网的分布式电源，并网点处功率因数和电压调节能力应满足以下要求：

a. 以同步发电机形式接入电网的分布式电源应具备保证并网点处功率因数在0.95（超前）～0.95（滞后）范围内连续可调的能力，并可参与并网点的电压调节。

b. 以感应发电机形式接入电网的分布式电源，应具备保证并网点处功率因数在0.98（超前）～0.98（滞后）范围内自动调节的能力；有特殊要求时，可做适当调整以稳定电压水平。

c. 经变流器接入电网的分布式电源，应具备保证并网点处功率因数在0.98（超前）～0.98（滞后）范围内连续可调的能力；有特殊要求时，可做适当调整以稳定电压水平。在其无功功率输出范围内，应具备根据并网点电压水平调节无功功率输出、参与电网电压调节的能力，其调节方式和参考电压调差率等参数可由电网调度机构设定。

d. 接入10(6)～35kV用户内部电网且向公用电网输送电能的分布式电源，宜具备无功功率控制功能；分布式电源运营管理方依据无功功率就地平衡和保障电压合格率原则，限制无功功率和并网点电压。

e. 接入10(6)～35kV用户内部电网向公用电网输送电能的分布式电源，宜具备无功功率电压控制功能。分布式电源在满足其无功功率输出范围和公共连接点功率因数限制的条下，进行其并网点功率因数和电压的控制时，宜接受电网调度机构无功功率指令，其调节方式、参考电压、电压调差率、功率因数等参数执行调度协议的规定。

f. 接入10(6)～35kV公用电网的分布式电源，应在其无功功率输出范围内参与电网无功功率电压调节，应具备接受电网调度机构无功功率电压控制指令的功能。在满足分布式电源无功功率输出范围和并网点电压合格的条件下，电网调度机构按照调度协议对分布式电源进行无功功率电压控制。

5. 电网异常响应

（1）通过10(6)kV电压等级直接接入公用电网的分布式电源，以及通过35kV电压等并网的分布式电源，应具备低电压穿越能力，低电压穿越幅值和时间应满足《分布式电源并网技术要求》（GB/T 33593—2017）的要求。

(2) 通过 10(6)kV 电压等级直接接入公用电网的分布式电源，以及通过 35kV 电压等并网的分布式电源，并网点电压 U 在 110%额定电压以上时，应按下列方式运行：

1) $110\%U_N<U<135\%U_N$，分布式电源应在 2s 内断开与电网的连接；

2) $U\geqslant135\%U_N$，分布式电源应在 0.2s 内断开与电网的连接。

(3) 接入 220/380V 电网的分布式电源，以及通过 10(6)kV 电压等级接入用户侧的分布式电源，当并网点电压 U 发生异常时，应按照表 3-1 所列方式运行；三相系统中的任一点电压发生异常，也应按此方式运行。

表 3-1　　电压异常响应要求

并网点电压	要求
$U<50\%U_N$	分布式电源应在 0.2s 内断开与电网的连接
$50\%U_N\leqslant U<85\%U_N$	分布式电源应在 2s 内断开与电网的连接
$85\%U_N\leqslant U\leqslant110\%U_N$	连续运行
$110\%U_N<U<135\%U_N$	分布式电源应在 2s 内断开与电网的连接
$U\geqslant135\%U_N$	分布式电源应在 0.2s 内断开与电网的连接

注　U_N 为分布式电源并网点的额定电压。

(4) 通过 10(6)kV 电压等级直接接入公共电网，以及通过 35kV 电压等级并网的分布式电源，应具备一定的耐受系统频率异常的能力，当电网出现频率异常时，应能按照表 3-2 的规定运行。

表 3-2　　频率异常响应要求

频率范围 (Hz)	要求
$f<48$	变流器类型分布式电源根据变流器允许运行的最低频率或电网调度机构要求而定。同步发电机类型、感应发电机类型分布式电源每次运行时间一般不少于 60s，有特殊要求时，可在满足电网安全稳定运行的前提下做适当调整
$48\leqslant f<49.5$	每次低于 49.5Hz 时要求至少能并网运行 10min
$49.5\leqslant f\leqslant50.2$	连续运行
$50.2<f\leqslant50.5$	频率高于 50.2Hz 时，分布式电源宜具备降低有功功率输出的能力，实际运行可由电网调度机构决定。此时不允许处于停运状态的分布式电源并入电网
$f>50.5$	立刻终止向电网送电，且不允许处于停运状态的分布式电源并网

(5) 接入 220/380V 电网的分布式电源，以及通过 10(6)kV 电压等级接入用户侧的分布式电源，当电网频率超出 49.5～50.2Hz 的范围时，应在 0.2s 内与电网断开连接。

3.2.2 电化学储能规定

1. 术语和定义

(1) 电化学储能电站 (electrochemical energy storage station)：采用电化学电池作为储能元件，可进行电能存储、转换及释放的电站，由若干个不同或相同类型的电化学储能系统组成。除储能系统外，还包括并网、维护和检修等设施。

（2）电化学储能系统（electrochemical energy storage system）：以电化学电池为储能载体，通过储能变流器进行可循环电能存储、释放的系统。一般包含电池系统、储能变流器及相关辅助设施等，对于接入10(6)kV及以上电压等级的电化学储能系统，通常还包括汇集线路、升压变等。

（3）储能变流器（power conversion system，PCS）：连接电池系统与电网（和/或负荷），实现功率双向变换的装置。

（4）并网点（point of interconnection）：对于有升压变的储能系统，指升压变高压侧母线或节点；对于无升压变的储能系统，指储能系统的输出汇总点。

（5）公共连接点（point of common coupling）：储能系统接入公用电网的连接处。

（6）充放电转换时间（transfer time between charge and discharge）：储能电站在充电状态和放电状态之间切换所需要的时间。一般是指从90％额定功率充电状态转换到90％额定功率放电状态与从90％额定功率放电状态转换到90％额定功率充电状态所需时间的平均值。

（7）一次调频死区（dead band of primary frequency regulation）：在额定频率附近，电化学储能系统对频率偏差不执行一次调频控制的频率区间。

2. 基本规定

（1）储能电站的设计、测试和并网技术应符合《电化学储能电站设计规范》（GB/T 51048—2014）、《电化学储能系统接入电网测试规范》（GB/T 36548—2018）和《电化学储能系统接入电网技术规定》（GB/T 36547—2018）的规定。

（2）储能电站应配置监控系统，具备有功功率控制和无功功率控制的功能，系统功能和性能指标应同时满足《电化学储能系统接入电网技术规定》（GB/T 36547—2018）、《电化学储能系统接入配电网运行控制规范》（NB/T 33014—2014）和《电化学储能系统接入配电网技术规定》（NB/T 33015—2014）的要求。

（3）储能电站的并/离网应按照《电化学储能系统接入配电网技术规定》（NB/T 33015—2014）执行。

（4）储能电站无功功率电源包括储能变流器和无功功率补偿装置，应能够满足各种发电出力水平和接入系统各种运行工况下的稳态、暂态、动态过程的无功功率和电压控制要求。储能电站的无功功率动态调整的响应速度应与储能变流器的低电压穿越能力、高电压穿越能力相匹配。

（5）储能电站继电保护、安全稳定控制、调度信息通信、惯量支撑与阻尼控制、仿真建模及参数实测应满足相关标准要求。

3. 涉网性能

（1）有功功率控制。

1）电化学储能系统应遵循分级控制、统一调度的原则，根据电网调度机构指令，控制其充放电功率。

2）电化学储能系统有功功率控制的充电/放电调节时间不应大于 1.5s。

3）电化学储能系统有功功率控制的充电/放电响应时间不应大于 2s。

4）电化学储能系统有功功率控制的充电到放电转换时间、放电到充电转换时间不大于 1s。

5）参与紧急功率支撑的电化学储能系统，当局部配电网发生故障并失去电源时，应依据电网调度机构指令提供系统功率支持，满功率充电/放电运行时间应满足《电化学储能系统接入配电网运行控制规范》（NB/T 33014—2014）的要求。

6）电化学储能系统应具备远方控制模式和就地控制模式，且具备能够自动执行电网调度机构下达的指令的功能。

（2）无功功率电压控制。

1）电化学储能系统无功功率电压控制误差不应大于额定功率的 1%，其无功功率响应时间不大于 1s。

2）电化学储能系统无功功率电压控制功能应具备远方和就地两种模式，应符合下列要求：

a. 在正常接收调度主站下发的无功功率或电压调节控制目标时，能够自动控制储能系统内各种控制对象，实现追随调度主站的控制目标。

b. 当与调度主站通信中断时，能够按照就地闭环的方式，按照预先给定的无功功率或电压调节目标进行控制。

（3）一次调频控制。

1）电化学储能系统应具备一次调频功能和自动发电控制功能。

2）电化学储能系统一次调频死区宜为 0.05Hz，当系统频率偏离额定频率且大于调频死区时，应能够参与电网一次调频，并满足以下要求：

a. 当电网频率下降且超过调频死区时，电化学储能系统应处于放电状态，并根据频率偏差调整其输出功率；一次调频有功功率调节限幅值应为 $100\%P_N$，有功功率调节速率应不小于 $100\%P_N/s$。

b. 当电网频率上升且超过调频死区时，电化学储能系统应处于充电状态，并根据频率偏差调整其输出功率；一次调频有功功率调节限幅值应为 $100\%P_N$，有功功率调节速率应不小于 $100\%P_N/s$。

c. 有功功率调频系数 K_f 应在 20～50 范围内，推荐为 50，一次调频曲线如图 3-1 所示，图中的有功功率变化量 ΔP 满足：

$$\Delta P \approx -K_f \frac{\Delta f}{f_N} P_N \tag{3-1}$$

式中　K_f——电化学储能电站有功功率调频系数；

P_N——电化学储能电站额定容量，kW；

f_N——系统额定频率，Hz；

ΔP——电化学储能电站有功功率变化量，kW；

Δf——电化学储能电站并网点频率变化量，Hz。

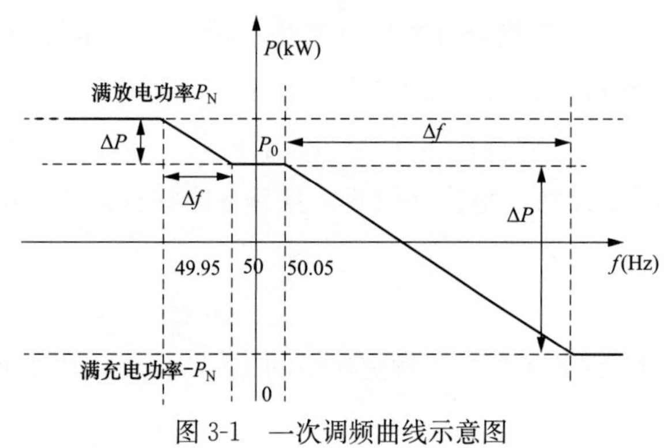

图 3-1　一次调频曲线示意图

P_0—电化学储能电站实际运行功率

d. 电化学储能系统参与一次调频的启动时间应不大于 1s，响应时间应不大于 2s，调节时间应不大于 2s，有功功率调节控制误差不应超过$\pm 2\% P_N$。

(4) 电网异常响应。

1) 电化学储能系统电压运行要求应符合表 3-3 的规定。

表 3-3　　电化学储能系统的电压运行要求

并网点电压	运行要求
$U<85\%U_N$	满足电化学储能系统低电压穿越技术要求
$85\%U_N \leqslant U \leqslant 110\%U_N$	正常运行
$U>110\%U_N$	满足电化学储能系统高电压穿越技术要求

注　U_N 为电化学储能电站并网点电压等级的标称电压。

2) 电化学储能系统应具备如图 3-2 所示的低电压穿越能力（p. u. 表示标幺值）。当并网点电压在图 3-2 中曲线 1 轮廓及以上区域时，电化学储能系统应不脱网连续运行；并网点电压在图 3-2 中曲线 1 轮廓以下区域时，允许电化学储能系统与电网断开连接。对于存在电压失稳风险的电网薄弱地区，电化学储能电站低电压穿越能力所提出的技术要求可根据电网实际需要和电化学储能电站允许运行的最低电压而定。

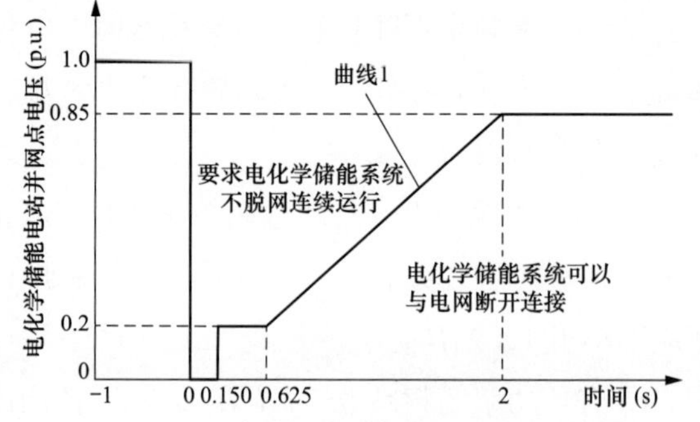

图 3-2　电化学储能系统低电压穿越曲线

3) 电化学储能系统应具备如图 3-3 所示的高电压穿越能力。当并网点电压在图 3-3 中曲线 2 轮廓线下区域时，电化学储能系统应不脱网连续运行；并网点电压在图 3-3 中曲线 2 轮廓以上区域时，允许电化学储能系统与电网断开连接。对于存在过电压风险的电网薄弱地区，电化学储能电站高电压穿越能力所提出的技术要求可根据电网实际需要和电化学储能电站允许运行的最高电压而定。

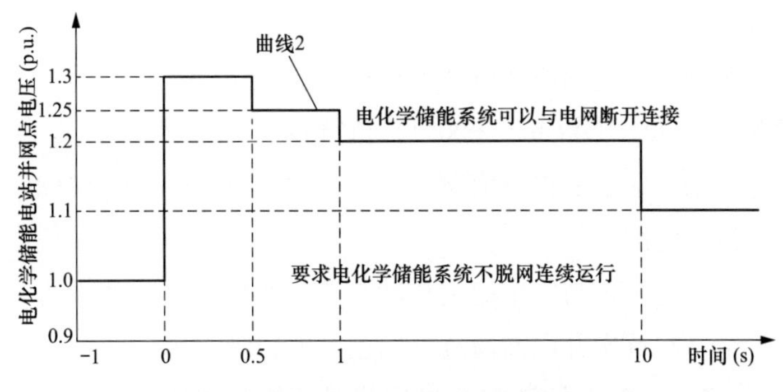

图 3-3 电化学储能系统高电压穿越曲线

4）接入公用电网的电化学储能系统应满足表 3-4 中频率偏差范围的运行能力。对于参与系统安全稳定控制的储能电站，其充放电按照既定的安全稳定控制策略执行。

表 3-4 电化学储能系统的频率运行要求

频率范围（Hz）	运行要求
$f<48$	根据储能变流器允许运行的最低频率而定
$48\leqslant f<49.5$	频率每次低于 49.5Hz，应能至少运行 30min。对于处于充电状态的电化学储能电站，应自动退出充电状态
$49.5\leqslant f\leqslant 50.5$	应正常运行
$50.5<f\leqslant 51.0$	频率每次高于 50.5Hz，应能至少运行 30min。对于处于放电状态的电化学储能电站，应自动退出放电状态
$51.0<f$	根据储能变流器允许运行的最高频率而定

注 f 为电化学储能系统并网点的电网频率。

5）在非计划孤岛情况下，接入公用电网的电化学储能系统应在 2s 内与电网断开。在紧急情况下，电网调度机构可直接控制电化学储能系统的退出。

（5）电能质量监测。

1）储能电站应配置电能质量在线监测装置和自动授时装置。

2）电化学储能系统接入电网后，并网点的电能质量应符合《电化学储能系统接入电网技术规定》（GB/T 36547—2018）的规定，其接口设备应能实时监视和记录并网点电能质量数据。

3）当电化学储能系统公共连接点的电能质量不符合《电化学储能系统接入电网技术规定》（GB/T 36547—2018）的规定时，应产生告警信息并将告警信息自动上传至电网调度机构。

3.3 分布式电源及电化学储能并网管理

3.3.1 分布式电源并网管理

（1）分布式电源接入配电网的运行特性应符合《分布式电源并网运行控制规范》(GB/T

33592—2017）要求。

（2）分布式电源接入配电网应通过并网调试试验，试验项目参照《分布式电源接入配电网测试技术规范》（Q/GDW 666—2011）执行。

（3）分布式电源场站应已取得政府部门的分布式电源场站项目核准（备案）文件，并经电网企业同意接入电网。

（4）分布式电源继电保护与安全稳定自动装置、通信与自动化设备、计量装置应满足电网相关技术规定，在首次并网前通过电网企业现场验收。

1）分布式电源场站继电保护及安全自动装置须符合相关国家标准、行业标准和其他有关规定，按经国家授权机构审定的设计要求安装、调试完毕，经国家规定的基建程序验收合格。

2）分布式电源电力调度通信设施须符合相关国家标准、行业标准和其他有关规定，按经国家授权机构审定的设计要求安装、调试完毕，经国家规定的基建程序验收合格，应与分布式电源场站发电设备同步投运。

3）分布式电源场站调度自动化设施、分布式电源场站运行集中控制系统、并网技术支持系统、分布式电源发电功率预测系统、实时分布式电源监测系统等须符合相关国家标准、行业标准和其他有关规定，按经国家授权机构审定的设计要求安装、调试完毕，经国家规定的基建程序验收合格，应与分布式电源场站发电设备同步投运。

4）分布式电源场站的二次系统应按照《电力监控系统安全防护规定》（国家发展改革委令 2014 年第 14 号）及《电力监控系统安全防护总体方案等安全防护方案和评估规范》（国能安全〔2015〕36 号）等有关规定，实施安全防护措施，并经电力调控机构认可，具备投运条件。

5）分布式电源主要设备检修或更换后，其重新并网也应满足上述基本条件。

（5）新建、改建、扩建的分布式电源设备投入，应提前 1 个月向调控机构提交所需资料，包含且不限于分布式电源并网试验报告、新设备启动申请书、现场运行规程和运维（联系）人员名单等。

（6）调控机构在收到新设备启动申请后应进行下列工作，并在试运行前通知设备运维单位：

1）确定调度管辖范围的划分，对新设备命名和编号。

2）对分布式电源厂（站）值长、电气班长等运维人员进行上岗资格认证考试。

3）拟订新设备启动方案，签订调度协议。

（7）调度协议签订后，调控机构负责组织相关部门开展项目并网验收及并网调试，出具并网验收意见，调试通过后方可并网运行。

（8）调控机构应在分布式电源并网前做好配电网调度技术支持系统异动管理，在项目并网前需校验现场接线与异动信息，并网后即更新设备运行状态。

（9）接入分布式电源应能够实时采集并网运行信息，主要包括并网点开关状态、并网点电压及电流、分布式电源输送有功功率及无功功率、分布式电源发电量等，并上传至相关调控机构。配置遥控装置的分布式电源，应能接收执行调度端远方控制启停、发电功率和并解列的指令。

（10）因未按时提供资料或资料不全、设备验收调试不合格、自动化信息不完整、调度电话不通等原因，调控机构有权拒绝新设备投入运行。新设备投入运行的指令由所属的调控机构发布。

（11）分布式电源主要设备检修或更换后重新并网时，应经并网验收和调试合格后方可加入运行。

3.3.2 电化学储能并网管理

（1）电化学储能电站接入电网运行特性应符合《电化学储能电站并网运行与控制技术规范》（DL/T 2246 系列标准）的要求。

（2）电化学储能系统接入电网应通过并网调试试验，试验项目参照《电化学储能系统接入电网测试规范》（GB/T 36548—2018）执行，试验报告应在首次申请并网前向调控机构提交。

（3）电化学储能继电保护与安全稳定自动装置、通信与自动化设备、计量装置应满足电网相关技术规定，在首次并网前通过电网企业现场验收。

（4）电化学储能主要设备检修或更换后，其重新并网也应满足上述基本条件。

（5）电化学储能电站并网运行验收程序中的时间顺序见表 3-5。

表 3-5　　电化学储能电站并网运行验收程序中的时间顺序

并网日前最少天数（d）	应完成的工作
75	电网调度机构在收到拟并网方提出的厂站命名申请及站址正式资料的 15d 内，下发场站的命名
90	新建、改建、扩建的电化学储能电站在首次并网日 90d 前，拟并网方应向电网调度机构提出一次设备命名、编号申请，提交正式资料
60	电网调度机构在收到申请和正式资料的 30d 内，以书面方式通报拟并网方将要安装的一次设备的接线图、编号及命名
55	电网调度机构应在收到并网申请书后 35d 内予以书面确认。如不符合规定要求，电网调度机构有权不予确认，但应书面通知不确认的理由
50	拟并网方在收到一次设备的接线图、编号及命名通报后如有异议，应于 10d 内以书面形式回复电网调度机构，否则被认为确认
35	拟并网方在收到并网确认通知后 20d 内，应按电网调度机构的要求编写并网报告，并与电网调度机构商定首次并网运行验收的具体时间和工作程序

续表

并网日前最少天数（d）	应完成的工作
30	电网调度机构在首次并网日30d前，向拟并网方提交并网启动调试的有关技术要求
	电网调度机构在首次并网日30d前，向拟并网方提供通信电路运行方式单，双方共同完成通信电路的联调和开通工作
	在不违背相关法律及法规的前提下，首次并网日30d前，电网使用者可从电网调度机构获得相关数据
20	电网调度机构应在首次并网日前20d内，对拟并网方的并网报告予以书面确认
7	在首次并网日7d前，双方共同完成调度自动化系统的联调
	需进行系统联合调试的，拟并网方应提前7d向电网调度机构提出书面申请，电网调度机构应于系统调试前一日批复
5	电网调度机构（拟并网方）在首次并网日（或倒送电）5d前向拟并网方（电网调度机构）提供继电保护定值单；涉及实测参数时，则在收到实测参数5d后，提供继电保护定值单
	首次并网日5d前，电网调度机构应组织认定满足3.3.2规定的拟并网方并网技术条件。当拟并网方不具备并网条件时，电网调度机构应拒绝其并网运行，并发出整改通知书，向其书面说明不能并网的理由。拟并网方应按有关规定要求进行整改，符合条件之后方可并网

（6）并网的电化学储能设备应具备与电网调控机构之间进行数据通信的能力，满足继电保护、安全自动装置、调度自动化及调度电话等业务对电力通信的要求。

（7）并网的电化学储能设备与电网调控机构之间通信方式和信息传输由双方协商一致后做出规定，包括遥测、遥信、遥控、遥调信号以及提供信号的方式和实时性要求等。

（8）因未按时提供资料或资料不全、设备不合格、自动化信息不完整、调度电话不通等原因，调控机构有权拒绝新设备投入运行。新设备投入运行的指令由所属的调控机构发布。

3.4 分布式电源及电化学储能运行管理

3.4.1 分布式电源运行管理

（1）分布式电源运行值班人员应严格服从值班调度员的调度指令，不得以任何借口拒绝或者拖延执行，同时应严格执行电力调控机构制订的有关规程和规定。

（2）分布式电源应具备有功功率控制能力，在电力系统事故或紧急情况下，为保障电力系统安全，电力调控机构可以限制分布式电源出力或暂时解列分布式电源。电力系统恢复正常运行后，分布式电源在电力调度机构发出指令后方可恢复出力或并网。

（3）分布式电源因自身原因退出运行，应立即向电力调度部门汇报，再次并网需经电力调控机构同意后方可进行。

（4）分布式电源应纳入地区电网无功功率电压平衡，在满足分布式电源无功功率输出范围和并网点电压合格的条件下，电力调度机构按照调度协议对分布式电源进行无功功率电压控制。

（5）分布式电源应建立功率预测系统，开展中长期（年、月）、短期、超短期发电功率预测，预测精度应满足相关标准要求。

（6）分布式电源应根据发电功率预测结果，编制包括发电功率曲线的日发电计划建议，并按要求报电力调控机构。调控机构根据分布式电源场站上报的功率预测结果，结合相关网架送出能力及系统调峰能力，制订日前发电计划，优先安排风电场和光伏电站发电。

（7）分布式电源场站有义务按照调度指令参与电力系统的调峰、调频、调压等辅助服务。

（8）当发生以下情况时，电网调度机构有权采取调度指令、远方控制等措施调整分布式电源场站出力：

1）常规电源调整能力达到技术限值。

2）电网发生潮流、频率、电压异常，需要分布式电源场站配合调整。

3）分布式电源场站连续多日不提供功率预测。

4）涉网性能不达标，且未按电力调控机构要求整改。

（9）分布式电源场站升压站、集中式运行设备、集中监控系统、功率预测系统等二次设备及通信链路出现异常情况时，分布式电源场站可按照电力系统调度规程的规定向电网调度机构提出检修申请。电网调度机构应根据电力系统调度规程的规定和电网实际情况，履行相关规定的程序后，批复检修申请，并修改相应计划。如设备需紧急停运，电网调度机构应视情况及时答复。分布式电源场站应按照电网调度机构的最终批复执行。

（10）分布式电源场站运行值班人员在运行中应严格服从电网调度机构值班调度员的调度指令，不得以任何借口拒绝或者拖延执行。

1）分布式电源场站必须迅速、准确执行电网调度机构下达的调度指令，不得以任何借口拒绝或者拖延执行。若执行调度指令可能危及人身和设备安全时，分布式电源场站运行值班人员应立即向电网调度机构值班调度员报告并说明理由，由电网调度机构值班调度员决定是否继续执行。

2）属电网调度机构直接调度管辖范围内的设备，分布式电源场站必须严格遵守有关调度操作制度，按照调度指令执行操作；如实告知现场情况，回答电网调度机构值班调度员的询问。

3）属电网调度机构许可范围内的设备，分布式电源场站运行值班人员操作前应报电网调度机构值班调度员，得到同意后方可按照电力系统调度规程及分布式电源场站现场运行规程进行操作。

4）分布式电源场站及发电单元在紧急状态或故障情况下退出运行（或通过安全自动装置切除）后，不得自行并网，须在电网调度机构的安排下有序并网恢复运行。

3.4.2 电化学储能运行管理

1. 调度范围的划分原则

（1）电化学储能电站启停、充电及放电均由电网调度机构调度管理。

（2）电化学储能电站公共连接点开关及其相连设备由电网调度机构调度。

（3）电化学储能电站其余设备调度权应在并网调度协议中明确。

2. 调度规则

（1）电化学储能电站应制订与本部分及相关规程、规范相统一的现场运行规程，并送电网调度机构备案。

（2）电化学储能电站应与电网企业根据平等互利、协商一致和确保电力系统安全运行的原则，签订并网调度协议。

（3）电网调度机构调度值班人员在其值班期间是电网运行、操作和故障处置的指挥人，按照调度管辖范围行使指挥权。调度值班人员必须按照相关规定发布调度指令，并对其发布的调度指令的正确性负责。

（4）电化学储能电站按电网调度机构指令组织储能电站实时生产运行，参与电力系统的调峰、调频、调压和备用。

（5）电网调度机构调度的一、二次设备，未获调度值班人员指令，不得操作。遇有危及人身、电网及设备安全的情况时，运维人员应按现场运行规程处理，并立即报告调度值班人员。

（6）电网调度机构调度设备运行状态的改变对电化学储能电站设备运行有影响时，操作前、后应及时通知电化学储能电站。

3. 电化学储能电站监控系统运行规则

（1）电化学储能电站应按相关标准将各种电气信息、信号、各项数据上传至其监控系统，并由其监控系统传至调度自动化系统。

（2）电化学储能电站运行值班人员负责储能电站控制策略、设备运行状态的确认及监视工作，发现异常应及时汇报电网调度机构。

（3）电化学储能电站运行值班人员按规定接收、转发、执行电网调度机构的调度指令，正确完成电化学储能电站的遥控、遥调等操作。

(4) 电化学储能电站运行值班人员负责与电网调度机构、现场运维人员之间的业务联系。

(5) 电化学储能电站运行值班人员发现储能电站设备异常及故障情况，应及时向电网调度机构汇报，并通知运维人员进行现场事故及异常检查，按调度指令进行事故及异常处理。

4. 操作管理

(1) 电网调度机构负责指挥调度范围内电化学储能电站设备的操作，按照批准的调度范围行使指挥权。

(2) 电网调度机构调度管辖设备的正常操作，应按调度值班人员的指令或得到调度值班人员的许可方可进行，并做好记录。

(3) 电化学储能电站的运行值班人员应迅速、准确执行调度值班人员下达的调度指令，参与电网的调峰、调频、调压等工作。若执行该调度指令可能危及人身、电网和设备安全时，应立即向调度值班人员报告并说明理由，由调度值班人员决定是否继续执行。

(4) 调度业务联系应使用普通话及调控术语，互报单位、姓名，执行下令、复诵、录音、记录和汇报制度。

3.5 分布式电源及电化学储能继电保护及安全自动装置管理

3.5.1 分布式电源继电保护及安全自动装置管理

(1) 接入配电网的分布式电源，其保护配置应满足《分布式电源接入电网技术规定》(Q/GDW 1480—2015)、《分布式电源涉网保护技术规范》(Q/GDW 11198—2014) 和《分布式电源继电保护和安全自动装置通用技术条件》(Q/GDW 11199—2014) 的规定。

(2) 分布式电源应根据技术规程、电网运行情况、设备技术条件及电网调度机构要求进行继电保护及安全自动装置定值整定、校核涉网保护定值，并根据电网调度机构的要求，对所辖设备的整定值进行定期校核工作。当电网结构、线路参数和短路电流水平发生变化时，应及时审定涉网保护配置并校核定值。

(3) 接入配电网的分布式电源，应具备防孤岛保护功能，具有监测孤岛并快速与配电网断开的能力。防孤岛保护动作时间应与电网侧备自投、重合闸动作时间配合。

(4) 接入 10(6)～35kV 配电网的分布式电源，其运营管理方应遵循继电保护及安全自动装置技术规程和调度运营管理要求，设专人负责对分布式电源继电保护及安全自动装置进行管理和运行维护；接入 220/380V 配电网的分布式电源，其继电保护装置应进行定期校验。

(5) 接入10(6)～35kV配电网的分布式电源，应将保护定期检验结果上报电网调度机构。

(6) 接入10(6)～35kV配电网的分布式电源，涉网保护定值应在电网调度机构备案，备案内容应包括但不限于以下内容：

1) 并网点开断设备技术参数。

2) 保护功能配置。

3) 过/欠电压保护定值。

4) 过/欠频保护定值。

5) 阶段式电流保护定值。

6) 逆变器防孤岛保护定值。

(7) 接入电网的分布式电源发生涉网故障或异常时，分布式电源运营管理方应配合电网做好有关保护信息的收集和报送工作。继电保护及安全自动装置发生不正确动作时，应调查不正确动作原因，提出改进措施并报送电网调度机构。

(8) 分布式电源运营管理方应及时针对各类保护不正确动作情况，制订继电保护反事故措施，并应取得所接入电网运营管理部门的认可。

3.5.2 电化学储能继电保护及安全自动装置管理

1. 总体要求

(1) 电化学储能电站继电保护及安全自动装置应按规定正常投入。

(2) 对于不按相关标准、制度装设及投入相应保护的电化学储能电站，电网调度机构可停止其并网运行。

2. 定值计算与管理

(1) 电化学储能电站定值整定应按局部服从整体、低压电网服从高压电网、下级电网服从上级电网的原则进行。

(2) 电化学储能电站应根据调控机构提供的系统侧定值参数，对自行整定的保护装置定值进行计算、校核及批准。电化学储能电站自行整定的保护装置定值应在规定时间内向电网调度机构备案。

(3) 电化学储能电站因电网结构变化等情况需要重新核算定值时，应按照《3kV～110kV电网继电保护装置运行整定规程》(DL/T 584—2017) 所规定的原则进行整定。

(4) 电化学储能电站继电保护和安全自动装置的定值单，由储能电站运行值班员与调度值班人员核对后执行，执行完毕后及时反馈归档。

3. 继电保护配置及运行管理

(1) 电化学储能电站保护配置应满足《继电保护和安全自动装置技术规程》(GB/T

14285—2006）、《3kV～110kV电网继电保护装置运行整定规程》（DL/T 584—2017）等标准的要求，并与电网侧保护相适应。

（2）电化学储能电站的保护相关操作应按照所接入电网的调度管理规程和现场运行管理规程执行。

3.6 分布式电源及电化学储能调度自动化及通信管理

3.6.1 分布式电源调度自动化及通信管理

（1）接入配电网的分布式电源，其监控系统功能应满足《分布式电源接入配电网运行控制规范》（Q/GDW 10677—2016）的要求。接入10（6）～35kV配电网的分布式电源，应具备与电网调度机构进行双向通信的能力，能够实现远程监测和控制功能；接入220/380V配电网的分布式电源应具备就地监控功能。

（2）接入10（6）～35kV配电网的分布式电源，其与电网调度机构之间的通信方式和信息传输应满足《分布式电源接入电网技术规定》（Q/GDW 1480—2015）的要求，并应符合电力监控系统安全防护的规定。

（3）接入配电网的分布式电源，当具有遥控、遥调功能时，宜采用专网通信，在有条件时可采用专线通信。

（4）接入10（6）～35kV配电网的分布式电源应配置独立的通信和自动化后备电源，保证在失去外部电源时，其通信和自动化设备能够至少运行2h。

（5）接入10（6）～35kV配电网的分布式电源向电网调度机构提供的基本信息应包括但不限于以下内容。

1）电气模拟量：并网点的电压、电流、有功功率、无功功率、功率因数。

2）状态量：并网点的并网开断设备状态、故障信息、分布式电源远方终端状态信号和通信通道状态等信号。

3）电能量：发电量、上网电量、下网电量。

4）电能质量数据：并网点处谐波、电压波动和闪变、电压偏差、三相不平衡等。

5）其他信息：分布式电源并网点的投入容量等。

（6）接入220/380V配电网的分布式电源，应具备以下信息的存储能力，并至少存储3个月的数据，以备所接入电网运营管理部门现场查阅。

1）电气模拟量：并网点的电压、电流。

2）状态量：并网点的并网开断设备状态、故障信息等信号。

3）电能量：发电量、上网电量、下网电量。

4）其他信息：分布式电源并网点的投入容量等。

（7）接入10（6）～35kV配电网的分布式电源，其并入电力通信光纤传输网的分布式电源通信设备，应纳入电力通信网管系统统一管理。

3.6.2 电化学储能调度自动化及通信管理

1. 总体要求

（1）电化学储能电站应按电网调度机构要求接入电网调度机构调度自动化系统，运行设备实时信息的数量和精度应满足国家有关规定和电网调度机构的运行要求。

（2）电化学储能电站接入电网调度机构调度自动化系统应符合《电力监控系统安全防护规定》（国家发展改革委令2014年第14号）及《电力监控系统安全防护总体方案等安全防护方案和评估规范》（国能安全〔2015〕36号）及其配套文件的规定。

（3）电化学储能电站同电网调度机构调度自动化系统间的通信通道应具备双路独立通信路由，满足“$N-1$”通信不中断的要求。

2. 自动化运行管理

（1）电化学储能电站监控系统的运行管理应纳入现场运行统一管理，由设备运维单位负责。对运行中的自动化设备应设每天24h有人应答的自动化维护值班电话，并报电网调度机构自动化管理部门备案。

（2）电化学储能电站监控系统发生故障，影响到电网正常运行，应立即采取措施防止形成事故或扩大范围，并在故障后72h内书面报告电网调度机构自动化部门。

（3）电化学储能电站应建立完备的自动化设备台账、建立健全自动化设备缺陷的记录、分析、处理、反馈闭环管理机制，把设备分析评价工作纳入常态化管理。

（4）未经电网调度机构同意，不得在自动化设备及其二次回路上工作和操作，不得将相应自动化设备退出运行。

3. 与调度机构信息传输

电化学储能电站与上级调度机构的通信可采用光缆、无线、载波等通信方式，但必须遵守国家相关的安全防护规定。

（1）对于通过110(66) kV及以上电压等级接入公用电网的电化学储能电站，至调度端应具备两路独立的通信通道，其中一路为光缆通道。

（2）电化学储能电站与上级调度机构应采用《远动设备及系统　第5-104部分：传输规约　采用标准传输协议集的IEC 60870-5-101网络访问》（DL/T 634.5104—2009）和《远动设备及系统　第5-101部分：传输规约　基本远动任务配套标准》（DL/T 634.5101—2002）的通信协议。

（3）电化学储能电站向调度机构提供的信息，应包括但不限于以下信息：

1）并网点的频率、电压、注入电网电流、注入电网有功功率和无功功率、功率因数、电能质量数据等；

2）可充/可放电量、上网电量、下网电量等；

3）并网点开断设备状态、充放电状态、荷电状态、故障信息、电化学储能系统远方终端状态信号和通信状态等信号；

4）电化学储能系统的总容量等。

（4）电化学储能电站接收的信息应包括有功功率设定值和无功功率设定值，但不局限于两者信息。

3.7 分布式电源及电化学储能网络安全防护管理

（1）分布式电源及电化学储能电站网络安全防护应符合《电力监控系统安全防护规定》（国家发展改革委令2014年第14号）的要求，坚持“安全分区、网络专用、横向隔离、纵向认证”的原则。

（2）与调度端通信应当采用认证、加密、访问控制等技术措施，实现数据的远方安全传输以及纵向边界的安全防护。

（3）使用无线网络、公用通信网络等通信方式时应当设立安全接入区，并采用安全隔离、访问控制认证及加密等安全措施。

（4）网络边界宜采用安全审计措施，可使用入侵检测对系统网络流量进行统一监控。

（5）网络设备应关闭或限定网络服务，避免使用默认路由，关闭网络边界OSPF路由功能，采用安全增强的SNMPv2及以上版本的网管协议，设置高强度的密码。

（6）应采取各种措施防止系统软、硬件资源和数据被非法利用，严格控制各种计算机病毒的侵入和扩散。

第4章 县级电网继电保护及安全自动装置

4.1 电力系统继电保护及安全自动装置基本要求及相关规定

4.1.1 电力系统继电保护及安全自动装置含义

电力系统继电保护装置，是指当电力系统中的电力元件（如发电机、线路等）或电力系统本身发生了故障或危及其安全运行的事件时，需要向运行人员及时发出警告信号，或者直接向所控制的开关发出跳闸命令，以终止这些事件发展的一种自动化设备。

电力系统安全自动装置，是指在电力网中发生故障或出现异常运行时，为确保电网安全与稳定运行，起控制作用的自动装置。如自动重合闸、备用电源或备用设备自动投入、自动切负荷、低频和低压自动减载、事故减功率、切除发电机（简称切机）、电气制动、水轮发电机自启动和调相改发电、抽水蓄能机组由抽水改发电、自动解列、失步解列及自动调节励磁等。

4.1.2 电力系统对继电保护的基本要求

电网的继电保护应当满足可靠性、选择性、灵敏性和速动性的要求。可靠性由继电保护装置的合理配置、本身的技术性能和质量以及正常的运行维护来保证；速动性由配置的全线速动保护、相间和接地故障的速动段保护以及电流速断保护等来保证；通过继电保护运行整定，实现选择性和灵敏性的要求，并满足运行中对快速切除故障的特殊要求。

1. 继电保护的可靠性

可靠性是指保护该动作时应动作，不该动作时不动作。

3～110kV 电网运行中的电力设备（电力线路、母线、变压器等）不允许无保护运行。运行中的电力设备，一般应有分别作用于不同开关，且整定值满足灵敏系数要求的两套独立的保护装置作为主保护和后备保护。

3～110kV电网继电保护一般遵循远后备原则，即在邻近故障点的开关处装设的继电保护或开关本身拒动时，能由电源侧上一级开关处的继电保护动作切除故障。

2. 继电保护的选择性

选择性是指首先由故障设备或线路本身的保护切除故障，当故障设备或线路本身的保护或开关拒动时，才允许由相邻设备、线路的保护或开关失灵保护切除故障。

为保证选择性，对相邻设备和线路有配合要求的保护和同一保护内有配合要求的两元件（如启动与跳闸元件，闭锁与动作元件），其灵敏系数及动作时间应相互配合。

当重合于本线路故障，或在非全相运行期间健全相又发生故障时，相邻元件的保护应保证选择性。在重合闸后加速的时间内以及单相重合闸过程中发生区外故障时，允许被加速的线路保护无选择性。

在某些条件下必须加速切除短路时，可使保护无选择动作，但必须采取补救措施，例如采用自动重合闸或备自投来补救。

发电机、变压器保护与系统保护有配合要求时，也应满足选择性要求。

3. 继电保护的灵敏性

灵敏性是指在设备或线路的被保护范围内发生故障时，保护装置具有的正确动作能力的裕度，一般以灵敏系数来描述。灵敏系数应根据不利正常（含检修方式）运行方式和不利故障类型（仅考虑金属性短路和接地故障）计算。

4. 继电保护的速动性

速动性是指保护装置应能尽快地切除短路故障，其目的是提高系统稳定性，减轻故障设备和线路损坏程度，缩小故障波及范围，提高自动重合闸和备用电源或备用设备自动投入的效果等。

110kV及以下电网继电保护的整定，无法兼顾速动性、选择性和灵敏性的要求时，应按照下一级电网服从上一级电网、保护电力设备安全和保重要用户供电的原则，合理地进行取舍。继电保护配合的时间级差应综合考虑开关开断时间、整套保护动作返回时间、计时误差等因素，保护配合时间级差宜为0.3s，110kV及以下电网局部时间配合存在困难的，在确保选择性的前提下，微机保护可适当降低时间级差，但应不小于0.2s。

4.1.3 继电保护有关操作规定

1. 一般性规定

（1）保护装置应按规定投入运行。一般情况下，一次设备恢复（退出）热备用，则相应的二次保护要投入（退出）运行。不允许一次设备无保护运行。

（2）对电气设备和线路充电时，必须投入快速保护。

(3) 电压互感器倒闸操作时，必须防止二次侧向一次侧反充电。

(4) 线路及备用设备充电时，应将重合闸及备自投装置临时退出运行。

(5) 新投产保护装置或保护电流、电压回路有变动时，必须要带负荷测试。

(6) 在微机保护装置使用的交流电压、交流电流、开关量输入、开关量输出回路工作，应停用整套微机保护装置。

(7) 继电保护和安全自动装置是保障电力系统安全、稳定运行不可或缺的重要设备。确定电力网络结构、厂站主接线和运行方式，必须与继电保护和安全自动装置的配置统筹考虑、合理安排。

(8) 继电保护和安全自动装置的配置要满足电力网结构和厂站主接线的要求，并考虑电力网和厂站运行方式的灵活性。

(9) 对导致继电保护和安全自动装置不能保证电力系统安全运行的电力网结构形式、厂站主接线形式、变压器接线方式和运行方式，应限制使用。

2. 保护的有关操作规定

(1) 高频装置、通道异常或有工作时，受影响的高频保护应停用。

(2) 交流电流回路故障或在电流互感器一、二次侧有作业时，高频保护应停用。

(3) 当保护通道异常或任一侧纵联保护异常时，线路两侧的该套纵联保护应同时停运。

(4) 母线差动保护（简称母差保护）正常时应投入运行，原则上不允许母线无母差保护运行。

(5) 母线配置有两套母差保护的变电站在正常运行情况下，两套母差保护均应投入运行。

(6) 微机母差保护装置中均配置了充电保护，该保护在母差保护投入运行时，应退出运行，只有在母线充电时启用。

(7) 开关保护回路有工作或开关停运时，应断开该开关失灵保护的启动、跳闸回路压板（跨线）。

(8) 双母线分开运行时应停用母联开关失灵启动保护。

(9) 当某保护屏上的母差保护停用时，该保护屏上的失灵保护也必须停运。

(10) 与母差保护共用出口回路的失灵保护装置，当母差保护停用时，失灵保护也应停用。

(11) 变压器差动保护新安装或二次回路有改变时，应进行带负荷测试正确后方可投运。

4.2 电力变压器保护

电力变压器故障可分为内部故障和外部故障。

(1) 变压器内部故障指的是箱壳内部发生的故障，包括绕组的相间短路、绕组的匝间短路、绕组与铁芯间的短路、变压器绕组引线与外壳发生的单相接地短路，此外，还有绕组的断线故障。

（2）变压器外部故障指的是箱壳外部引出线间的各种相间短路故障和引出线因绝缘套管闪络或破碎通过箱壳发生的单相接地短路。

根据《继电保护和安全自动装置技术规程》（GB/T 14285—2006）的规定，变压器一般应装设以下保护：瓦斯保护、差动保护或电流速断保护、反应相间短路故障的后备保护（如过电流保护、复合电压启动的过电流保护）、反应接地故障的后备保护（如零序电流保护、零序电压保护、中性点间隙零序电流保护）、过载保护、过励磁保护、油温保护、压力释放保护等。

35kV 变压器一般应装设以下保护：瓦斯保护、差动保护或电流速断保护、反应相间短路故障的后备保护（如过电流保护、复合电压启动的过电流保护）、过载保护以及油温保护、压力释放保护等。

4.2.1 瓦斯保护

容量在 0.8MVA 及以上的油浸式变压器和户内 0.4MVA 及以上的变压器应装设瓦斯保护。不仅变压器本体有瓦斯保护，有载调压部分同样设有瓦斯保护。瓦斯保护用来反映变压器的内部故障和漏油造成的油面降低，同时也能反映绕组的开焊故障。瓦斯保护有重瓦斯、轻瓦斯保护之分。即使是匝数很少的短路故障，瓦斯保护同样能可靠反应。

1. 瓦斯保护原理

（1）轻瓦斯保护：变压器内部发生轻微故障时，产生的气体较少且速度缓慢，气体上升后逐渐汇集在气体继电器的上部，迫使继电器内油面下降，接通触点发出轻瓦斯信号，轻瓦斯保护动作于信号。

（2）重瓦斯保护：变压器内部发生严重故障时，油箱内产生大量的气体，强烈的油流冲击气体继电器挡板，当油流速度达到或超过气体继电器整定值时，接通触点，瓦斯保护动作于断开变压器各侧开关，重瓦斯保护动作于跳闸。

瓦斯保护原理接线如图 4-1 所示。

2. 瓦斯保护的特点

瓦斯保护灵敏、快速、接线简单，保护装置对缓慢发展的故障其灵敏性比变压器差动保护优越，能反映变压器油箱内部各种类型的故障及油面降低；但对变压器油箱外部套管引出线上的短路不能反映，对绝缘突然击穿的反应不及

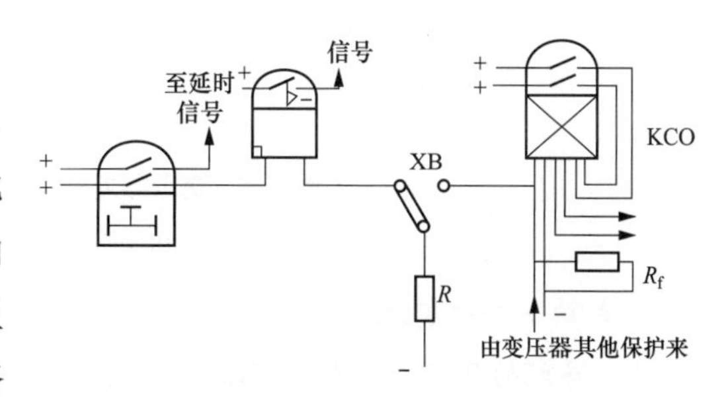

图 4-1　瓦斯保护原理接线示意图

差动保护快，因此必须与差动保护或电流速断保护一起，共同构成变压器的主保护。

3. 瓦斯保护主要元件整定计算原则

（1）轻瓦斯保护：按产生气体的容积整定。

（2）重瓦斯保护：按通过气体继电器的油流流速整定。重瓦斯保护动作值采用油流速度大小标示，流速的整定与变压器的容量、接气体继电器的导管直径、变压器冷却方式、气体继电器的形式有关。

4.2.2 差动保护

10MVA 及以上容量的单独运行变压器、6.3MVA 及以上容量的并联运行变压器或工业企业中的重要变压器，应装设差动保护。

对于 2MVA 及以上容量变压器，当电流速断保护灵敏度不满足要求时，应装设差动保护。

1. 差动保护原理

变压器差动保护是反映被保护元件（或区域）两侧电流差而动作的保护装置。是按循环电流原理构成的，比较被保护元件各侧电流的大小和相位，正常情况下二者的差流为零，即流入变压器的电流等于流出变压器的电流（电流大小相等、方向相反、相位相同）。当被保护设备发生短路故障时二者之间产生差流，即故障时两端电流流向故障点（电流叠加），差动电流大于零，达到差动保护定值启动保护功能出口跳闸，使故障设备断开电源。

变压器的差动保护范围是构成差动保护的电流互感器之间的电气设备，以及连接这些设备的导线。变压器差动保护原理接线如图 4-2 所示。

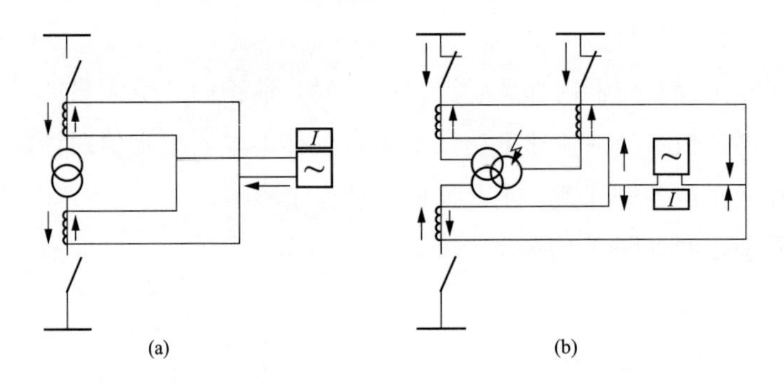

图 4-2　变压器差动保护原理接线示意图

（a）两相变压器；（b）三相变压器

2. 差动保护的特点

（1）外部故障不会动作，不需要和相邻保护在动作值和动作时限上进行配合，可实现保护范围内瞬时切除故障，但不能作为相邻元件的后备保护。

（2）为保证保护动作的选择性，差动继电器动作电流需躲过外部故障时出现的最大不平衡电流。

（3）为提高保护的灵敏度，应减小不平衡电流。

3. 变压器励磁涌流

（1）励磁涌流的特点。

1）偏于时间轴的一侧，即涌流中含有很大的直流分量。

2）波形是间断的，且间断角很大，一般大于60°。

3）在一个周期内正半波与负半波不对称。

4）含有很大的二次谐波分量，若将涌流波形用傅里叶级数展开或用谐波分析仪进行测量分析，绝大多数涌流中二次谐波分量与基波分量的百分比大于15%，有的甚至达50%以上。

5）在同一时刻三相涌流之和近似等于零。

6）励磁涌流是衰减的，衰减的速度与合闸回路及变压器绕组中的时间常数有关。时间常数为电感与电阻的比值，当合闸回路及变压器绕组中的有效电阻及其他有效损耗越小，时间常数越大，励磁涌流衰减得越慢。

（2）躲励磁涌流的措施。励磁涌流的最大值发生在合闸后的很短时间内，在变压器差动保护中，对差电流进行励磁涌流特征的判别。在工程中曾得到应用的有二次谐波含量高、波形不对称和波形间断角比较大三种原理，尤其是前两种应用最为普遍。当识别出是励磁涌流时，将差动保护闭锁来防止差动保护误动。

4. 差动保护应满足的要求

（1）应能躲过励磁涌流和外部短路产生的不平衡电流。

（2）在变压器过励磁时不应误动作。

（3）在电流回路断线时应发出断线信号，电流回路断线允许差动保护动作跳闸。

（4）在正常情况下，差动保护的保护范围应包括变压器套管和引出线；如不能包括引出线时，应采取快速切除故障的辅助措施。在设备检修等特殊情况下，允许差动保护短时利用变压器套管电流互感器，此时套管和引线故障由后备保护动作切除。

4.2.3 零序电流（方向）保护

对于中性点直接接地的变压器，应装设零序电流（方向）保护，零序电流保护反应中性点直接接地电网中主变的外部接地短路，可作为主保护、相邻母线和线路的后备保护。

（1）普通三绕组变压器高压侧、中压侧同时接地运行时，任一侧发生接地短路故障时，高压侧和中压侧都会有零序电流流通，为使两侧变压器的零序电流保护相互配合，有时需要加零序方向元件。对于三绕组自耦变压器，高压侧和中压侧除电的直接联系外，两侧共用一个中性点并接地，自然任一侧发生接地故障时，零序电流可在高压侧和中压侧间流通，同样需要零序电流方向元件以使两侧的变压器的零序电流保护相互配合。

（2）零序电流元件：当 $3I_0$ 电流大于该段零序电流定值时，该段零序过电流元件动作。

（3）零序电流（方向）保护的动作逻辑：零序电流（方向）保护由零序过电流元件与零序方向元件的“与”逻辑构成；如果有些场合不带方向的话，就纯粹是一个零序电流保护。

（4）电压互感器断线对零序电流（方向）保护的影响：电压互感器断线将影响零序方向元件的正确动作，因此当判出电压互感器断线后，在发告警信号的同时，本侧的零序电流方向保护退出零序方向元件，成为纯粹的零序电流保护；这种情况下，发生不是整定方向的接地短路时保护动作是允许的，这样保护装置不再设置“电压互感器断线保护投退原则”控制字来选择保护的投退。

（5）本侧电压互感器退出对零序电流方向保护的影响：当本侧电压互感器检修时，为保证本侧零序电流方向的正确动作，需将本侧的“电压投/退”压板置于退出位置。此时零序电流方向保护退出零序方向元件，成为纯粹的零序电流保护。

（6）零序电流保护分析各侧零序电流大小及方向，当发生接地短路，零序电流达到整定值时，该保护经延时作用于跳闸。

在中性点直接接地的电网中，如变压器中性点直接接地运行，对单相接地引起的变压器过电流，应装设零序过电流保护。保护可由两段组成，其动作电流与相关线路零序过电流保护相配合；每段保护可设两个时限，并以较短时限动作于缩小故障影响范围，或动作于本侧开关，以较长时限动作于断开变压器各侧开关。

4.2.4 变压器中性点间隙保护

1. 问题的提出

对于中性点直接接地的变压器，应装设零序电流（方向）保护，作为接地短路故障的后备保护。对于中性点不接地的半绝缘变压器，装设间隙保护作为接地短路故障的后备保护。

在电力系统运行中，希望每条母线上的零序综合阻抗尽量维持不变，这样零序电流保护的保护范围也比较稳定。因此，接在母线上的几台变压器的中性点采用部分接地。当中性点接地的变压器检修时，中性点不接地的变压器再将中性点接地，保持零序综合阻抗不变。

这样带来了一个新的问题：如果发生单相接地短路时所有中性点接地的变压器都先跳闸，而中性点不接地的变压器还在运行，这时便成了一个小电流接地系统带单相接地短路运行，中性点的电压将升高到相电压，半绝缘变压器中性点的绝缘会被击穿。

在20世纪90年代之前，为确保变压器中性点不被损坏，将变电站（或发电厂）所有变压器零序过电流保护的出口横向联系起来，去启动一个公用出口部件。通常将该出口部件称为零序公用中间；当系统或变压器内部发生接地故障时，中性点接地变压器（简称接地变）的零序电流保护动作，去启动零序公用中间；零序公用中间元件动作后，先去跳中性点不接地的变压器，当故障仍未消失时再跳中性点接地的变压器。

运行实践表明，上述保护方式存在严重缺点，容易造成全站或全厂一次切除多台变压器，甚至使全站或全厂大停电。另外，由于各台变压器零序过电流保护之间有了横向联系，使保护复杂化，且容易造成人为误动作，所以这种方法已不被使用。

为了避免系统发生接地故障时，中性点不接地的变压器由于某种原因中性点电压升高造成中性点绝缘的损坏，在变压器中性点安装一个放电间隙，放电间隙的另一端接地。当中性点电压升高至一定值时，放电间隙击穿接地，保护了变压器中性点的绝缘安全。当放电间隙击穿接地以后，放电间隙处将流过一个电流，该电流由于是在相当于中性点接地的线上流过，利用该电流可以构成间隙零序电流保护。

2. 间隙保护的原理

利用放电间隙击穿以后产生的间隙零序电流和在接地故障时在故障母线电压互感器的开口三角形绕组两端产生的零序电压构成“或”逻辑，组成间隙保护。

3. 提高间隙保护动作可靠性措施

为了提高间隙保护的工作可靠性，正确地整定放电间隙的间隙距离是非常必要的。在计算放电间隙的间隙距离之前，首先要确定危及变压器中性点安全的决定因素。即首先要根据变压器所在系统的正序阻抗及零序阻抗的大小，计算电力系统发生了接地故障又失去中性点接地时是否会危及变压器中性点的绝缘；如果不危及，应根据冲击过电压来选择放电间隙的间隙距离。

放电间隙距离的选择，应根据变压器绝缘等级、中性点能承受的过电压数值及采用的放电间隙类型计算确定。

另外，为提高间隙保护的性能，间隙电流互感器的变比应较小。由于变压器零序保护所用的零序电流互感器变比较大，故间隙电流互感器应单独设置。

4.2.5 变压器后备保护

为了反应变压器外部短路引起的过电流，并作为变压器差动保护、瓦斯保护的后备，变压器还需要装设后备保护。当回路发生故障时，回路上的保护瞬间发出信号断开回路的开关，这个立即动作的保护就是主保护；当主保护因各种原因拒动时，另一个保护短延时后启动并动作，将故障回路跳开，这个保护就是后备保护。主保护反映变压器内部故障，后备保护反映变压器外部故障。后备保护既是变压器主保护的后备保护，又是相邻母线或线路的后备保护。

对外部相间短路引起的变压器过电流，变压器应装设相间短路后备保护。保护带延时跳开相应的开关。相间短路后备保护宜选用过电流保护、复合电压闭锁的（方向）过电流保护。

对于升压变和大容量降压变压器（简称降压变），当采用一般简单的过电流保护灵敏度不够时，为确保动作的选择性要求，在两侧或三侧有电源的三绕组变压器上配置复合电压闭锁的（方向）过电流保护，作为变压器和相邻元件（包括母线）相间短路故障的后备保护。配置原则如下：

（1）35～66kV及以下中小容量的降压变，宜采用过电流保护。

（2）110～500kV降压变、升压变和系统联络变压器（简称联变），相间短路后备保护用过电保护不能满足灵敏性要求时，宜采用复合电压闭锁的（方向）过电流保护。

（3）对降压变、升压变和系统联变，根据各侧接线、连接的系统和电源情况的不同，应配置不同的相间短路后备保护，该保护宜考虑能反应电流互感器与开关之间的故障。

（4）单侧电源双绕组变压器和三绕组变压器，相间短路后备保护宜装于各侧。非电源侧保护带两段或三段时限，用第一时限断开本侧母联或分段断路器（简称分段开关），缩小故障影响范围；用第二时限断开本侧开关；用第三时限断开变压器各侧开关。电源侧保护带一段时限，断开变压器各侧开关。

（5）两侧或三侧有电源的双绕组变压器和三绕组变压器，各侧相间短路后备保护可带两段或三段时限。为满足选择性的要求或为降低后备保护的动作时间，相间短路后备保护可带方向，方向宜指向各侧母线，但断开变压器各侧开关的后备保护不带方向。

（6）低压侧有分支，并接至分开运行母线段的降压变，除在电源侧装设保护外，还应在每个分支装设相间短路后备保护。

（7）如变压器低压侧无专用母线保护，变压器高压侧相间短路后备保护对低压侧母线相间短路灵敏度不够时，为提高切除低压侧母线故障的可靠性，可在变压器低压侧配置两套相间短路后备保护。该两套后备保护接至不同的电流互感器。

4.2.6 变压器过载保护

0.4MVA及以上数台并列运行的变压器和作为其他负荷备用电源的单台运行变压器，根据实际可能出现过负荷情况，应装设过载保护。自耦变压器和多绕组变压器，过载保护应能反应公共绕组及各侧过负荷的情况。过载保护只采用一个电流继电器接于一相电流，并经一定延时作用于信号。对于双绕组升压主变，过载保护装于低压侧；而对于双绕组降压主变，过载保护装于高压侧。

变压器长期过负荷运行，促使绝缘老化，影响绕组绝缘寿命，因此还应装设过载保护。过载保护通过检测变压器所带负载电流、功率大小等来反映变压器过负荷，当过载电流达到整定值时，该保护经延时动作于信号。

4.2.7 接地变保护

接地变宜配置电流速断、过电流、零序过电流保护。零序过电流保护宜接于接地变中性点回路中的零序电流互感器。当接地变安装于变压器本侧引线时，过电流保护跳供电变压器各侧开关，零序过电流保护一时限跳本侧母联开关或分段开关，二时限跳本侧开关，三时限跳各侧开关。当接地变安装于本侧母线时，过电流保护跳接地变和变压器本侧开关，零序过电流保护一时限跳本侧母联开关或分段开关，二时限跳本侧开关和接地变。

4.3 母线保护

母线是发电厂和变电站的重要组成部分之一，是汇集电能及分配电能的重要设备。

4.3.1 母线的故障

在大型发电厂和枢纽变电站，母线连接元件很多，主要连接元件除出线单元之外，还有电压互感器、电容器等。

运行实践表明，在众多的连接元件中，由于绝缘子的老化、污秽引起的闪络接地故障和雷击造成的短路故障次数很多；母线电压和电流互感器的故障；另外，运行人员的误操作，如带负荷拉刀闸、带地线合开关造成的母线短路故障也时有发生。

母线的故障类型主要为单相接地故障和相间短路故障，两相接地短路故障及三相短路故障的概率较小。

当发电厂和变电站母线发生故障时，如不及时切除故障，将会损坏众多电力设备及破坏系统的稳定性，从而造成全厂或全站停电，乃至电力系统瓦解。因此，设置动作可靠、性能良好的母线保护，使之能迅速检测出母线上的故障并及时有选择性地切除故障是非常必要的。

4.3.2 对母线保护的要求

（1）高度的安全性和可靠性。母线保护的拒动和误动将造成严重的后果：保护误动将造成大面积的停电，保护拒动更为严重，可能造成电力设备的损坏及系统的瓦解。

（2）选择性强、动作速度快。母线保护不但要能很好地区分区内故障和外部故障，还要确定哪条或哪段母线故障。由于母线能否安全运行影响到系统的稳定性，尽早发现并切除故障尤为重要。

4.3.3 母线保护的种类

母线保护一般包括母差保护和母联相关的保护（母联失灵保护、母联死区保护、母联过电流保护、母联充电保护等）。

4.3.4 母线保护与其他保护及安全自动装置的配合

由于母线保护关联到母线上的所有出线元件，因此在设计母线保护时，应考虑与其他保护及自动装置相配合。

（1）母线保护动作、失灵保护动作后，对闭锁式保护作用于纵联保护停信，对允许式保护作用于纵联保护发信。

（2）母线保护动作后，应闭锁线路重合闸。

（3）启动开关失灵保护。

4.4 电容器保护

为减少电网无功功率负荷的传递造成的线路损耗，通常在变电站装设并联电容器实现就地补偿。无功功率补偿装置一般按变压器容量的20%～30%配置。

4.4.1 电容器的故障类型

（1）电容器组和开关之间的连接线短路。

（2）电容器组内部故障及其引出线的短路。

（3）电容器的单相接地故障。

（4）故障电容器组切除后，其余电容器电压升高可能超过允许值。

4.4.2 电容器保护主要元件

（1）对3kV及以上的并联补偿电容器组的下列故障及异常运行方式，应按相关规定装设相应的保护：

1）电容器组和开关之间连接线短路；

2）电容器内部故障及其引出线短路；

3）电容器组中，某一故障电容器切除后所引起的剩余电容器的过电压；

4）电容器组的单相接地故障；

5）电容器组过电压；

6）所连接的母线失压；

7）中性点不接地的电容器组，各组对中性点的单相短路。

（2）对电容器组和开关之间连接线的短路，可装设带有短时限的电流速断和过电流保护，动作于跳闸。速断保护的动作电流，按最小运行方式下，电容器端部引线发生两相短路时有足够灵敏系数整定，保护的动作时限应防止在出现电容器充电涌流时误动作。过电流保护的动作电流，按电容器组长期允许的最大工作电流整定。

（3）对电容器内部故障及其引出线的短路，宜对每台电容器分别装设专用的保护熔断器（简称保险），熔丝的额定电流可为电容器额定电流的1.5～2.0倍。

（4）当电容器组中的故障电容器被切除到一定数量后，引起剩余电容器端电压超过110％额定电压时，保护应将整组电容器断开。为此，可采用下列保护之一：

1）中性点不接地单星形接线电容器组，可装设中性点电压不平衡保护；

2）中性点接地单星形接线电容器组，可装设中性点电流不平衡保护；

3）中性点不接地双星形接线电容器组，可装设中性点间电流或电压不平衡保护；

4）中性点接地双星形接线电容器组，可装设反应中性点回路电流差的不平衡保护；

5）电压差动保护；

6）单星形接线的电容器组，可采用开口三角电压保护。

（5）电容器组台数的选择及其保护配置时，应考虑不平衡保护有足够的灵敏度，当切除部分故障电容器后，引起剩余电容器的过电压小于或等于额定电压的105％时，应发出信号，过电压超过额定电压110％时，应动作于跳闸。

（6）对电容器组，应装设过电压保护，带时限动作于信号或跳闸。

（7）电容器应设置失压保护，当母线失压时，带时限切除所有接在母线上的电容器。

（8）高压并联电容器宜装设过载保护，带时限动作于信号或跳闸。

4.5　10～35kV线路保护

4.5.1　三段式电流保护

电流、电压保护装置是反应相间短路基本特征，并接于全电流、全电压的相间短路保护装置。整套保护装置一般由瞬时段、限时段及定时段组成，构成三段式保护阶梯特性。三段式电流保护一般用于35kV及以下电压等级的单电源出线上，对于双电源辐射线可以加装方向元件组成带方向的各段保护。三段式保护的第Ⅰ、Ⅱ段为主保护段，第Ⅲ段为后备保护段。

6～10kV线路保护通常以电流电压保护为主，作为相间短路的保护，一般配置两段式或三段式电流保护，根据具体情况考虑是否再增加方向元件或电压元件。由于小电流接地系统的电气特征，6～10kV 线路发生单相接地故障时，零序过电流保护可投发信或经接地选线装置选线。

下面以 10kV 线路三段式电流保护整定为例进行说明。

1. 瞬时电流速断保护（Ⅰ段电流保护）

反应电流升高而不带时限动作的电流保护，称为电流速断保护。

电流速断保护对线路故障的反应能力，只能用保护范围的大小来衡量。一般需要校核最小保护范围，要求在最小运行方式两相短路时，保护范围应大于线路全长的 15%～20%。

瞬时电流速断保护的特点：不能保护线路全长，保护范围受运行方式的影响，若被保护线路长度较短时，或者运行方式有较大变化时，瞬时电流速断可能没有范围，故此保护不投。

瞬时电流速断保护的整定原则：瞬时电流速断保护按躲过本线路末端最大三相短路电流整定，时间定值整定为 0s。

$$I_{DZ1} \geqslant K_k \times I_{Dmax}^{(3)} \tag{4-1}$$

式中　K_k——可靠系数，取 $K_k \geqslant 1.3$（取 $K_k \geqslant 1.3$ 是在考虑各种误差的基础上进行的，一般可根据线路长度、装置误差等因素酌情考虑）；

$I_{Dmax}^{(3)}$——系统大方式下，本线路末端三相短路时流过本线路的最大短路电流。

保护动作范围要求在常见运行大方式下能有保护范围，即出口短路的灵敏系数，在常见运行大方式下，三相短路的灵敏系数不小于 1 时即可投运。对于很短的线路宜退出Ⅰ段运行，对于保护范围伸入下级线路或设备的情况，为避免停电范围扩大，宜退出Ⅰ段运行。

2. 限时电流速断保护（Ⅱ段电流保护）

瞬时电流速断保护的保护范围不能保护线路全长，在本线路末端附近发生短路时不会动作，因此需要增加另一套保护，用于反映本线路瞬时电流速断的保护范围以外的故障，同时作为瞬时电流速断保护的后备，就是限时电流速断保护。

限时电流速断保护的特点：能保护线路全长，保护范围受系统运行方式变化影响大，并且具备足够的灵敏性。

限时电流速断保护的整定原则：动作电流按保证本线路末端最小方式两相短路故障时有 1.5 倍灵敏度整定。当灵敏系数不能满足要求时，限时电流速断保护可与相邻线路限时电流速断保护配合整定。电流定值应考虑与下一级线路瞬时速断的电流定值相配合，时间定值按配合关系整定，取 $\Delta t = 0.3 \sim 0.5$s。

$$I_{DZ2} \geqslant K_k' \times K_{fmax} \times I_{DZ1} \tag{4-2}$$

式中　K_k'——配合系数，取 $K_k' \geqslant 1.1$；

K_{fmax}——最大分支系数，应考虑在下一级线路末端短路时，流过本线路保护的电流为最大的运行方式；

I_{DZ1}——下一级线路瞬时电流速断保护定值。

计算出的电流定值应校核对本线路末端故障有不小于1.5倍的灵敏系数。如果计算出的灵敏系数达不到规定要求，则可与下一级线路限时电流速断保护配合。时间定值应满足上级变压器同电压等级的后备保护时间定值要求。若上级变压器后备保护时间有限制，则可退出本段保护，只考虑投入瞬时电流速断保护。

3. 定时限过电流保护（Ⅲ段电流保护）

定时限过电流保护是阶段式保护的后备保护，为了实现过电流保护的动作选择性，各保护的动作时间一般按阶梯原则进行整定，与短路电流的大小无关。

定时限过电流保护的特点：动作按躲过最大负荷电流整定，动作电流小，灵敏度高；可保护线路全长，可作为相邻线路的远后备保护，即其保护范围延伸到相邻线路末端。

定时限过电流保护的整定原则：一般按照躲过最大负荷电流进行整定，同时电流定值还应与下一级线路的限时速断或过电流保护取得配合，取二者的最大值，时间按配合关系整定，取 $\Delta t=0.3\sim0.5$s。

$$\begin{cases} I_{DZ3} \geqslant K_k/K_f \times I_{fhmax} \\ I_{DZ3} \geqslant K_k' \times K_{fmax} \times I_{DZ3}' \end{cases} \tag{4-3}$$

式中　K_k——可靠系数，取 $K_k \geqslant 1.2$；

K_f——返回系数，取 0.85～0.95；

I_{fhmax}——本线路的最大负荷电流；

K_k'——配合系数，取 $K_k' \geqslant 1.1$；

K_{fmax}——最大分支系数；

I_{DZ3}'——下一级线路过电流保护定值。

最大负荷电流的计算应考虑常见运行方式下可能出现的最严重的情况，如双回线中一回断开、备用电源自投、由调度运行方式提供的事故过载电流。

4.5.2　光纤纵联差动保护

1. 光纤纵联差动保护原理

光纤纵联差动保护（简称光纤纵差保护）借助于线路光纤通道，实时地向对侧传递采样数据，各侧保护利用本地和对侧电流数据按相进行差动电流计算。保护范围：线路两端电流互感器之间的线路全长。光纤纵差保护原理接线如图4-3所示。

纵差保护是按比较被保护线路首段和末端电流的大小和相位的原理构成。线路两端应装设型号、性能和变比完全相同的电流互感器，将它们的二次侧按环流法连接。线路内部故障时，两侧电流相位相同，动作电流远大于制动电流，保护动作；线路正常运行或区外故障时，两侧电流相位相反，动作电流为零，远小于制动电流，保护不动作。

纵差保护的特点：

（1）不能反应外部故障，需要装设专用的后备保护。

（2）满足全线瞬时切除故障的要求。只有在线路距离短、简单保护不能满足要求时，才考虑采用纵差保护。

2. 光纤纵差保护动作情况

（1）充电运行，区内故障。线路纵差保护充电运行接线如图 4-4 所示，M 侧开关在合位，N 侧开关在跳位，线路充电运行。若发生三相短路故障，故障总电流为 I_k。

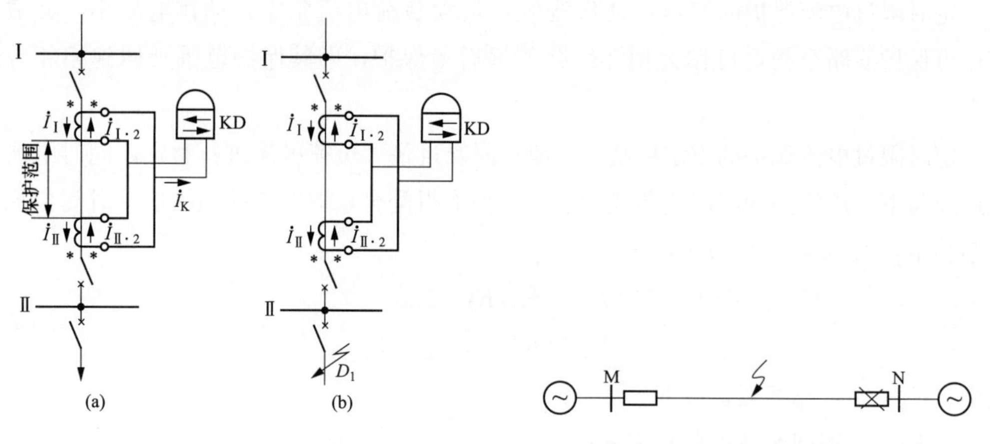

图 4-3　光纤纵差保护原理接线示意图

（a）正常运行；（b）外部故障

图 4-4　线路纵差保护充电运行接线示意图

1）对于 N 侧：①开关在跳位（3 相 TWJ＝1）；②本侧任一相差流元件动作。

满足条件①＋②，向 M 侧发送差动保护动作允许信号；因为本侧启动元件未动，故三相差动不动作。

2）对于 M 侧：①启动元件动作；②A 相差动元件测量到的电流为 $I_A=I_{MA}+I_{NA}=I_{MA}+0=I_{MA}=I_k$，A 相差动元件动作，同时，向 N 侧发送差动保护动作允许信号；③收到 N 侧发送的差动保护动作允许信号；④没有闭锁信号。

满足条件①＋②＋③＋④，A 相差动保护动作。同理，B、C 相差动保护动作。

（2）正常运行，区内故障。线路纵差保护双电源供电区内故障接线如图 4-5 所示，正常运行时，区内三相短路故障，故障总电流为 I_k。

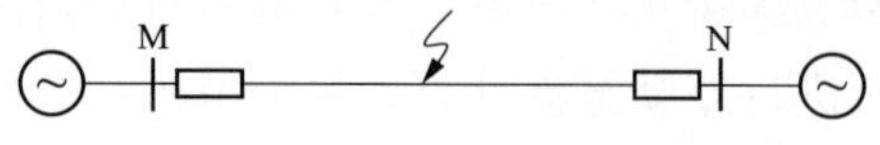

图 4-5　线路纵差保护双电源供电区内故障接线示意图

1）对于 N 侧：①启动元件动作；②A 相差动元件测量到的电流为 $I_A=I_{MA}+I_{NA}=I_k$，A 相差动元件动作；③满足条件①＋②，向 M

侧发送差动保护动作允许信号，收到 M 侧发送的差动保护动作允许信号；④没有闭锁信号。

满足条件①+②+③+④，A 相差动保护动作。同理，B、C 相差动保护动作。

2）对于 M 侧：①启动元件动作；②A 相差动元件测量到的电流为 $I_A = I_{MA} + I_{NA} = I_k$，A 相差动元件动作；③满足条件①+②，向 N 侧发送差动保护动作允许信号，收到 N 侧发送的差动保护动作允许信号；④没有闭锁信号。

满足条件①+②+③+④，A 相差动保护动作。同理，B、C 相差动保护动作。

（3）正常运行，区外故障。线路纵差保护双电源供电区外故障接线如图 4-6 所示。正常运行时，区外三相短路故障，故障总电流为 I_k。

1）对于 N 侧：①启动元件动作；②A 相差动元件测量到的电流为 $I_A = I_{MA} + I_{NA} = 0$，A 相差动元件不动作，不向 M 侧发送差动保护动作允许信号。

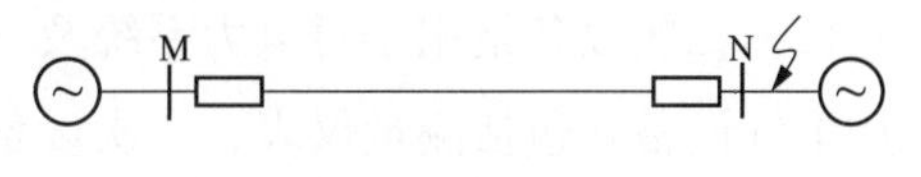

图 4-6 线路纵差保护双电源供电区外故障接线示意图

因为 A 相差动元件不动作、收不到 M 侧发送的差动保护动作允许信号，所以 A 相差动保护不动作。同理，B、C 相差动保护不动作。

2）对于 M 侧：①启动元件动作；②A 相差动元件测量到的电流为 $I_A = I_{MA} + I_{NA} = 0$，A 相差动元件不动作，不向 N 侧发送差动保护动作允许信号。

因为 A 相差动元件不动作、收不到 N 侧发送的差动保护动作允许信号，所以 A 相差动保护不动作。同理，B、C 相差动保护不动作。

（4）馈线运行，区内故障。线路纵差保护单电源供电区内故障接线如图 4-7 所示。两侧开关在合位，线路正常运行，N 侧为负荷侧。若发生三相短路故障，故障总电流为 I_k。

图 4-7 线路纵差保护单电源供电区内故障接线示意图

1）对于 M 侧：①启动元件动作；②A 相差动元件测量到的电流为 $I_A = I_{MA} + I_{NA} = I_k$，A 相差动元件动作；③满足条件①+②，向 N 侧发送差动保护动作允许信号，收到 N 侧发送的差动保护动作允许信号；④没有闭锁信号。

满足条件①+②+③+④，A 相差动保护动作。

同理，B、C 相差动保护动作。

2）对于 N 侧：①对于馈线的无电源侧或弱电源侧，在线路内部故障时启动元件可能不动作。但无电源侧或弱电源侧由于：a. 差流元件动作（该差流元件就是选相用的稳态分相差动继电器）；b. 差流元件动作相或动作相间电压小于 60%额定电压；c. 收到对侧允许信号。满足上述三个条件，低压差流启动元件动作。②A 相差动元件测量到的电流为 $I_A = I_{MA} + I_{NA} = I_k$（$I_{NA}$较小），A 相差动元件动作。③收到 M 侧发送的差动保护动作允许信号，满足条件①+②，向M侧发送差动保护动作允许信号。④没有闭锁信号。

满足条件①+②+③+④，A相差动保护动作。同理，B、C相差动保护动作。

4.6 二次回路

4.6.1 二次回路简介

在电力系统中，通常根据电气设备的作用，将其分为一次设备和二次设备。

（1）一次设备是指直接用于生产、输送、分配电能的电气设备，包括发电机、电力变压器、开关、刀闸、母线、电力电缆和输电线路等，是构成电力系统的主体。

（2）二次设备是用于对电力系统及一次设备的工况进行监测、控制、调节和保护的低压电气设备，包括测量仪表、一次设备的控制、运行情况监视信号以及自动化监控系统、继电保护和安全自动装置、通信设备等。二次设备之间的相互连接的回路统称为二次回路，它是确保电力系统安全生产、经济运行和可靠供电不可缺少的重要组成部分。

二次回路通常包括用以采集一次系统电压、电流信号的交流电压回路、交流电流回路，用以对开关及刀闸等设备进行操作的控制回路，用以对发电机励磁回路、主变分接头进行控制的调节回路，用以反映一、二次设备运行状态、异常及故障情况的信号回路，用以供二次设备工作的电源系统等。

随着计算机、通信技术的发展，电力系统的自动化水平得以较快速度的提高，各种自动化设备的功能不断增强，集成度越来越高；如变电站综合自动化系统、电网安全稳定实时预警及协调防御系统（EACCS）等，将测量、保护及控制等功能，甚至整个或局部电网控制系统连接为一个整体，配置在同一硬件设备之中，使得二次回路大大简化，传统的二次回路间的分界点越来越模糊。

4.6.2 继电保护用电流互感器

电力系统的一次电压很高、电流很大，且运行的额定参数千差万别，用以对一次系统进行测量、控制的仪器仪表及保护装置无法直接接入一次系统。一次系统的大电流需要使用电流互感器进行隔离，使二次的继电保护、自动装置和测量仪表能够安全准确地获取电气一次回路电流信息。电流互感器有电磁式和电子式两种，下面主要介绍电磁式电流互感器。

电流互感器是一个特殊形式的变换器，它的二次电流正比于一次电流。因为其二次回路的负载阻抗很小，一般只有几欧姆，所以二次工作电压也很低。当二次回路阻抗大时二次工作电压$U=IZ$也变大，当二次回路开路时，电压U将上升到危险的幅值；它不但影响电流传变的准确度，而且可能损坏二次回路的绝缘，烧毁电流互感器铁芯。所以，电流互感器的二次回路不能开路。

1. 电流互感器的一次参数

电流互感器的一次参数主要有一次额定电压与一次额定电流。

（1）一次额定电压的选择主要是要满足相应电网电压的要求，其绝缘水平应能够承受电网电压长期运行，并能承受可能出现的雷电过电压、操作过电压及异常运行方式下的电压，如小电流接地方式下的单相接地。

（2）一次额定电流的考虑较为复杂，一般应满足以下要求。

1）应大于所在回路可能出现的最大负载电流，并考虑适当的负荷增长；当最大负荷无法确定时，可以取与开关、刀闸等设备的额定电流一致。

2）应能满足短时热稳定、动稳定电流的要求。一般情况下，电流互感器的一次额定电流越大，所能承受的短时热稳定和动稳定电流值也越大。

3）由于电流互感器的二次额定电流一般为标准的5A或1A，电流互感器的变比基本由一次额定电流的大小决定，所以在选择一次额定电流时要核算正常运行测量仪表要运行在误差最小范围，继电保护用次级又要满足10%误差要求。

4）考虑到母差保护等使用电流互感器的需要，由同一母线引出的各回路，电流互感器的变比应尽量一致。

5）选取的电流互感器一次额定电流值应与《互感器　第2部分：电流互感器的补充技术要求》（GB 20840.2—2014）推荐的一次电流标准值相一致。

2. 电流互感器的二次额定电流

在《互感器　第2部分：电流互感器的补充技术要求》（GB 20840.2—2014）中，规定标准的电流互感器二次电流为1A和5A。

变电站电流互感器的二次电流采用5A还是1A，主要决定于经济技术比较。在相同一次额定电流、相同额定输出容量的情况下，电流互感器二次电流采用5A时，其体积小、价格便宜，但电缆及接入同样阻抗的二次设备时，二次负荷将是1A额定电流时的25倍。所以一般在220kV及以下电压等级变电站中220kV设备数量不多，而10kV～110kV电压等级的设备数量较多、电缆长度较短，电流互感器二次额定电流多采用5A的。在330kV及以上电压等级变电站，220kV及以上电压等级的设备数量较多，电流回路电缆较长，电流互感器二次额定电流多采用1A的。

为了既满足测量、计量在正常使用状态下的精度及读数要求，又能满足故障大电流下保护装置的精确工作电流及电流互感器10%误差曲线要求，二个回路采用同样变比往往难以兼顾，所以常常要求不同次级具有不同变比。要求电流互感器的次级具有不同变比时，除实际变比不同外，最好选择是在二次回路设置抽头，也可以在二次回路增加辅助电流互感器进行调节；但这一方法除了使二次回路接线复杂外，还使回路的综合误差增大，如果辅助电流互感器的特性不好，将增加保护不正确动作的可能性。

电流互感器的变比也是一个重要参数，它等于一次额定电流比二次额定电流。当一次额定电流与二次额定电流确定后，其变比即确定。

3. 电流互感器的额定输出容量

电流互感器的额定输出容量是指在满足一次额定电流、额定变比条件下，在保证所标称的准确度级时，二次回路能够承受的最大负载值，其单位一般用伏安（VA）表示。根据《互感器　第 2 部分：电流互感器的补充技术要求》（GB 20840.2—2014）规定，电流互感器额定输出容量的标准值有 5、10、15、20、25、30、40、50、60、80、100VA。

4. 电流互感器的 10%误差校核

对保护用电流互感器，必须按实际的二次负荷大小及系统可能出现的最大短路电流进行 10%校核。电流互感器的 10%误差是继电保护装置对其的最大允许值，也是各类保护装置整定的依据。所以 10%误差曲线的计算非常重要，特别是对母差保护、变压器及发电机的差动保护，由于这类保护的定值较灵敏，它们的整定依据之一就是躲过各侧电流互感器按 10%误差计算出来的最大综合误差。

5. 电流互感器的其他参数

（1）电流互感器的准确度。为了保证计量、测量的准确性，保证保护装置动作可靠、正确，电流互感器必须达到一定的准确度。在《互感器　第 2 部分：电流互感器的补充技术要求》（GB 20840.2—2014）中，规定测量用电流互感器的准确度等级分为 0.1、0.2、0.5、1、3、5 等六个标准，这是一个相对误差标准。其中，0.1～1 的四个标准其二次负荷应在额定负荷的 25%～100%间，3、5 两个标准其二次负荷应在额定负荷的 50%～100%间，否则准确度不能满足要求。所以，对于负荷范围广、准确度要求高的场合，可以采用经补偿的 0.2S 和 0.5S 电流互感器，该互感器在 1%～120%负荷间均能满足准确度要求。对测量用电流互感器除了幅值准确度要求外，还有角度误差要求。

（2）电流互感器的电流误差。互感器在测量电流时所出现的数值误差称为电流误差或比值误差，它是由于存在励磁电流引起的实际电流比与额定电流比不相等造成的。

电流误差按一次电流的百分比表示如下：

$$\varepsilon_i = (K_n I_s - I_p)100\%/I_p \tag{4-4}$$

式中　K_n——电流比额定值；

I_p——实际一次电流，A；

I_s——测量条件下一次通过 I_p 时的二次电流，A。

（3）电流互感器的相位差。一次电流 I_p 与二次电流 I_s 相量的相位差称为电流互感器的相位差，相量的方向是按理想的电流互感器的相位为零来决定的。按规定的正方向，若二次电流的相量超前一次电流相量时，相位差为正值。相位差的单位通常用分（min）或厘弧度（crad）表示。

（4）电流互感器的复合误差。在有些情况下，电流不是准确的正弦函数，不能用方均根值和相量相位来准确表示其误差；在铁芯中磁通密度接近饱和时，这种情况更为明显。为此，定义复合误差为稳态一次电流瞬时值与 K_n 倍二次电流瞬时值之差的方均根值。

（5）保护用电流互感器的暂态特性。系统发生短路故障时一定伴有电流迅速的、大幅值的变化，其中含有大的直流分量与丰富的各次谐波分量，这种暂态过程在故障初期最为严重。如果电流互感器没有较好的暂态特性，就无法准确进行信号的传变，严重时将发生电流互感器饱和，造成保护装置拒动或误动。

暂态过程的大小与持续时间与系统的时间常数有关，一般 220kV 系统的时间常数不大于 60ms，500kV 系统的时间常数在 80～200ms 之间。系统时间常数增大的结果，将使短路电流非周期分量的衰减时间加长，短路电流的暂态持续时间加长。系统容量越大，短路电流的幅值也越大，暂态过程越严重。所以，针对不同的系统要采用具有不同暂态特性的电流互感器。

一般 P 类保护用电流互感器仅考虑在稳态短路电流情况下保证具有规定的准确性。TP 类保护用电流互感器则要求在规定工作循环的暂态条件下保证规定的准确性。暂态特性良好的电流互感器与普通电流互感器相比，具有良好的抗饱和性能，这在制造中可以通过增加铁芯的截面积、选用高导磁材料或同时在铁芯中加入非磁性间隙等方法来改变磁路特性。改变磁路特性的大小形成了不同等级的暂态型电流互感器。

目前，暂态型电流互感器分为四个等级，分别用 TPS、TPX、TPY、TPZ 表示。

普通保护级（P 级）电流互感器是按稳态条件设计的，暂态性能较弱，但一般能够满足 220kV 以下系统的暂态性能要求。所以，目前 220kV 及以下电力系统保护用电流互感器，在大多数情况下选用普通保护级（P 级）电流互感器即能满足稳态及暂态运行要求。在目前 500kV 线路保护中，一般选用 TPY 级暂态电流互感器。

4.6.3 继电保护用电压互感器

与电流互感器相似，电压互感器是隔离高电压，供继电保护、安全自动装置和测量仪表获取一次电压信息的传感器。电压互感器有电磁式、电容式与电子式三种，下面主要介绍电磁式电压互感器。

电压互感器是一种特殊形式的变换器，不同于电流互感器的是，它的二次电压正比于一次电压。电压互感器的二次负载阻抗一般较大，其二次电流 $I=U/Z$，在二次电压一定的情况下，阻抗越小则电流越大；当电压互感器二次回路短路时，二次回路的阻抗接近为 0，二次电流 I 将变得非常大，如果没有保护措施，将会烧坏电压互感器。所以，电压互感器的二次回路不能短路。

正确地选择和配置电压互感器型号、参数，严格按技术规程与保护原理连接电压互感器二次回路，对降低计量误差、确保继电保护等设备的正常运行、确保电网的安全运行具有重要意义。

1. 电压互感器的一次参数

电压互感器的一次参数主要是额定电压。其一次额定电压的选择主要是满足相应电网电压的要求，其绝缘水平应能够承受电网电压长期运行，并能承受可能出现的雷电过电压、操作过电压及异常运行方式下的电压，如小电流接地方式下的单相接地。

对于三相电压互感器和用于单相系统或三相系统间的单相电压互感器，其额定一次电压应符合《标准电压》（GB/T 156—2017）所规定的某一标称电压，即6、10、15、20、35、60、110、220、330、500kV。对于接在三相系统相与地之间或中性点与地之间的单相电压互感器，其额定一次电压为上述额定电压的$1/\sqrt{3}$。

2. 电压互感器的二次额定电压

对接于三相系统相间电压的单相电压互感器，电压互感器的二次额定电压为100V。对接在三相系统相与地间的单相电压互感器，当其一次额定电压为某一数值除以$\sqrt{3}$时，其额定二次电压必须为$100/\sqrt{3}$V，以保持额定电压比的不变。

接成开口三角的剩余电压绕组额定电压与系统中性点接地方式有关。大电流接地系统的接地电压互感器二次额定电压为100V，小电流接地系统的接地电压互感器二次额定电压为100/3V。

电压互感器的变比也是一个重要参数，它等于一次额定电压比二次额定电压。当一次额定电压与二次额定电压确定后，其变比即确定。

3. 电压互感器的额定输出容量

电压互感器额定的二次绕组及剩余电压绕组容量输出标准值为10、15、25、30、50、75、100、150、200、250、300、400、500VA。对于三相式电压互感器，其额定输出容量是指每相的额定输出。当电压互感器二次承受负载功率因数为0.8（滞后），负载容量不大于额定容量时，互感器能保证幅值与相位的精度。

除额定输出外，电压互感器还有一个极限输出值，其定义是在1.2倍一次额定电压下，互感器各部位温升不超过规定值，二次绕组能连续输出的视在功率（此时互感器的误差通常超过限值）。

在选择电压互感器的二次输出时，首先要进行电压互感器所接的二次负荷统计。计算出各台电压互感器的实际负荷，然后再选出与之相近并大于实际负荷的标准的输出容量，并留有一定的裕度。

4. 电压互感器的误差

电磁式电压互感器由于励磁电流、绕组的电阻及电抗的存在，当电流流过一次及二次绕组时要产生电压降和相位偏移，使电压互感器产生电压比值误差（简称比误差）和相位误差（简称相位差）。

电容式电压互感器，由于电容分压器的分压误差以及电流流过中间变压器，补偿电抗器产生电压降等也会使电压互感器产生比误差和相位差。

5. 电压互感器的形式

电压互感器的形式多种多样，按工作原理分有电磁式电压互感器、电容式电压互感器、新型光电式互感器。其中，电磁式电压互感器在结构上又有三相式和单相式两种，三相式电压互感器又分为三相三柱式和三相五柱式两种。按使用的绝缘介质不同，电压互感器又可分为干式、油浸式及六氟化硫等多种类型。

4.7 直流电源系统

目前，发电厂及中、大型变电站的控制回路、继电保护装置及其出口回路、信号回路，皆采用由直流电源供电，重要发电厂及变电站的事故照明也采用直流供电方式。另外，为确保发电机等主设备的安全，某些动力设备（例如电动油泵等）也由直流电源供电。完成对上述回路、装置及动力设备供电的系统称之为直流系统。

直流系统为变电站的控制、信号、继电保护、安全自动装置及事故照明等提供可靠的直流电源，还为操作系统提供可靠的操作电源。

4.7.1 直流系统的构成及要求

1. 直流系统的构成

发电厂和变电站的直流系统，主要由直流电源、直流母线及直流馈线等组成。直流电源包括蓄电池及其充电设备；直流馈线由主干线及支馈线构成。

2. 对直流系统的基本要求

为确保发电厂及变电站的安全、经济运行，其直流系统应满足以下要求。

（1）正常运行时直流母线电压的变化应保持在±10%额定电压的范围内。若电压过高，容易使长期带电的二次设备（例如继电保护装置及指示灯等）过热而损坏；若电压过低，可能使开关、继电保护装置等设备不能正常工作。

（2）蓄电池的容量应足够大，以保证在浮充设备因故停运而其单独运行时，能维持继电保护装置及控制回路的正常运行。根据《35kV～110kV 变电站设计规范》（GB 50059—2011），要求有人值班变电站全站事故停电蓄电池的放电容量不低于 1h 的放电容量，无人值班变电站全站事故停电蓄电池的放电容量不低于 2h 的放电容量；此外，还应保证事故发生后能可靠切除开关及维持直流动力设备（例如直流油泵等）的正常运行，并有一定的冗余度。

（3）充电设备稳定可靠，能满足各种充电方式的要求，并有一定的冗余度。

(4) 直流系统的接线应力求简单可靠，便于运行及维护，并能满足继电保护装置及控制回路供电可靠性要求。

(5) 具有完善的异常、事故报警系统及直流电源分级保护系统。当直流系统发生异常或运行参数越限时，能发出告警信号；当直流系统某一支路发生短路故障时，能快速而有选择性地切除故障馈线，而不影响其他直流回路的正常运行。

(6) 宜使用具有切断直流负载能力的、不带热保护的小空气开关取代原有的直流保险，小空气开关的额定工作电流应按最大动态负载电流的 1.5～2 倍选用。

(7) 对配置了双重化保护的厂、站，还应要求直流系统的备用冗余配置，宜配置两组蓄电池，各带一段直流母线，每组蓄电池的容量应能带全站负荷；两段直流母线正常时分列运行，事故时可通过合母联开关的方式实现备用，双重化配置的保护各在一个直流段上运行。

4.7.2 直流系统的绝缘监测

如前所述，发电厂及变电站的直流系统分布面广、回路繁多，很容易发生故障或异常，其中最常见的不正常状态是直流系统接地。

1. 直流系统接地的危害

运行实践表明，直流系统一点接地容易致使开关偷跳。此外，当直流系统中发生一点接地之后，若再发生另外一处接地，将可能造成直流系统短路，致使直流电源中断供电，或造成开关误跳或拒跳的事故发生。

当控制回路中发生两点接地时，可能造成开关的拒跳或误跳。开关的简化跳闸回路如图 4-8 所示。

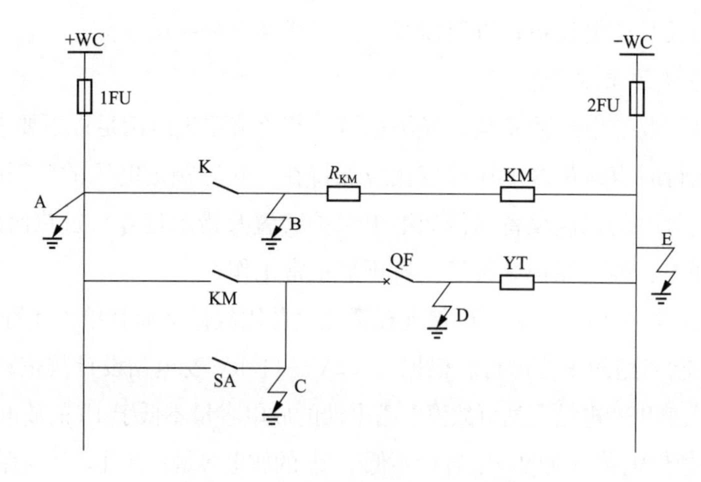

图 4-8　开关的简化跳闸回路示意图

由图 4-8 可以看出，当 A、B 两点接地，或 A、C 两点接地，或 A、D 两点接地时，跳闸线圈 YT 将有电流通过，致使开关跳闸；而当 C、E 两点接地，或 B、E 两点接地，或 D、E 两点接地时，可导致开关拒跳，或由于跳闸中间继电器不能启动而在继电保护动作后，开关不能跳闸现象的发生。

另外，当图 4-8 中的 A、E 两点同时发生接地时，将造成直流电源的正极与负极之间的短路故障，致使保险（或快速开关）1FU、2FU 熔断（或快速跳闸），导致控制回路直流电源消失。

由于开关跳合闸线圈的动作电压较低，当站内直流系统的对地电容较大时，跳合闸线圈前的回路一点接地，也会造成开关的误跳或误合。

2. 直流绝缘检测装置

当直流系统发生一点接地之后，应立即进行检查及处理，以避免发生两点接地故障。这就需要设置直流系统对地绝缘的监测装置，当直流系统对地绝缘严重降低或出现一点接地之后，立即发出告警信号。

3. 对直流绝缘监测装置的要求

直流系统是不接地系统，直流系统的两极（正极和负极）对地应没有电压，大地也应没有直流电位。但是，由于绝缘检测装置的电压表及信号继电器的一端是接地的，就使得直流系统通过该仪表及信号继电器与大地连接。实际上，发电厂及变电站的直流系统是经高阻接地的接地系统。在正常情况下，地的直流电位应等于直流系统电压的 1/2。对于直流电压为 220V 的直流系统，其所在大地的地电位应为 110V 左右。

对直流绝缘监测装置的要求，除了动作可靠之外，还要求其内测量电压表计的内阻要足够大，否则将可能造成继电保护出口继电器误动、拒动及开关的拒跳和误跳。这是因为，如果绝缘检测装置中测量电压表的内阻过小（极限情况下为零），使直流系统在正常工况下已有一点接地，当再发生另一点接地时，就像两点接地一样，使开关拒跳或误跳。

对直流系统绝缘监测装置用直流表计内阻的要求是：用于测量 220V 回路的电压表，其内阻不得低于 20kΩ，而测量 110V 回路的电压表，其内阻不得低于 10kΩ。

4.7.3 直流系统接地位置的检查

直流系统发生一点接地之后，绝缘监测装置发出报警信号，运行维护人员应尽快检测出接地点的具体位置，并予以消除。

1. 接地所在馈线回路的确定

如前所述，微机型绝缘监察装置可以确定出接地点所在的直流馈线回路。对于没有设置能确定接地点所在馈线回路绝缘检测装置的直流系统，当出现一点接地故障之后，运行人员要首先缩小接地点可能存在的范围，即确定哪一条馈线回路发生了接地故障。

运行人员确定接地点所在直流馈线回路的具体方法是“拉路法”，拉路法是指依次、分别、短时切断直流系统中各直流馈线来确定接地点所在馈线回路的方法。例如，发现直流系统接地之后，先断开某一直流馈线，观察接地现象是否消失。若接地现象消失，说明接地点在被拉馈线回路中；如果接地现象未消失，立即恢复对该馈线的供电，再断开另一条馈线进行检查。重复上述过程，直至确定出接地点的所在馈线。操作中应注意以下几点：

（1）应根据运行方式、天气状况及操作情况，判断接地点可能所在的范围，以便在尽量少的拉路情况下能迅速确定接地点位置。

（2）确定拉路顺序的原则是先拉信号回路及照明回路，后拉操作回路；先拉室外馈线回路，后拉室内馈线回路。

（3）断开每一馈线的时间不应超过 3s，不论接地是否在被拉馈线上，都应尽快恢复供电。

（4）当被拉回路中接有继电保护装置时，在拉路之前应将直流消失后容易误动的保护（例如发电机的误上电保护、启停机保护等）退出运行。

（5）当被拉回路中接有输电线路的纵联保护装置时（例如高频保护等），在进行拉路之前，应首先与调度员联系，同时退出线路两侧的纵联保护。

如果用拉路法找不出接地点所在馈线回路，可能原因如下：

（1）接地位置发生在充电设备回路中，或发生在蓄电池组内部，或发生在直流母线上。

（2）直流系统采用环路供电方式，而在拉路之前没断开环路。

（3）全直流系统对地绝缘不良。

（4）各直流回路互相串电或有寄生回路。

2. 直流系统接地点的确定及消除

当确定接地点所在直流馈线回路之后，应由运行人员配合维护人员查找出接地点的位置，并予以消除。

运行中出线直流系统对地绝缘降低或直接接地的原因，通常有二次回路导线外层绝缘破坏、水淋受潮、二次设备受潮等，雨天容易发生。接地点多出现在室外端子箱、开关操作箱或保护盘及控制盘处。

在查找接地点及处理时，应注意以下事项：

（1）应由两人共同进行；

（2）应使用带绝缘的工具，以防造成直流短路或出现另一点接地；

（3）需进行测量时，应使用高内阻电压表或数字万用表（内阻应不低于 2000Ω/V），严禁使用电池灯（通灯）进行检查；

（4）需开第二种工作票，做好安全措施，严防查找过程中造成开关跳闸等事故。

4.7.4 直流母线失压的危害、现象及处理原则

1. 直流母线失压的危害

直流母线失压将使直流母线上的所有保护失去功能，线路故障不能跳闸、无法重合，无法分合闸操作，不能发出信号，而且一些远动通信装置将失去电源，因此应尽快消除直流母线故障或切换直流母线恢复保护装置电源；无法恢复时，将该直流母线供电的保护装置对应设备停电，避免设备无保护运行。

2. 直流母线失压的现象

（1）直流电压消失伴随有直流电源指示灯灭，发出“直流电源消失”“控制回路断线”“保护直流电源消失”或“保护装置异常”等告警信息。

（2）直流负载部分或全部失电，保护装置或测控装置将部分或全部出现异常并失去功能。

3. 直流母线失压的处理原则

（1）直流屏空气开关跳闸，应对该回路进行检查，在未发现明显故障现象或故障点的情况下，允许合开关试送电一次，试送电不成功则不得再强送。

（2）直流母线失压时，首先检查该母线上蓄电池总保险是否熔断、充电机空气开关是否跳闸，再重点检查确认直流母线上设备、外观无异常后，更换保险；如再次熔断，应通知专业人员处理。

（3）如因各馈线支路空气开关拒动越级跳闸造成直流母线失压，应拉开该支路空气开关，恢复直流母线和其他直流支路的供电，并通知专业人员处理。

（4）如因充电机本身故障造成直流母线失压，应将故障充电机退出，确认失压直流母线无故障后，恢复正常充电机对母线的供电。

（5）如发现蓄电池内部损坏开路时，可临时采用容量满足要求的跨接线将断路的蓄电池跨接，即将断路电池相邻两个电池正、负极相连。

4.8 电力系统中性点接地方式

4.8.1 电力系统中性点及接地方式概述

电力系统中性点是指星形接线的变压器或发电机的中性点。这些中性点的接地方式是一个复杂的系统工程问题，它与系统的供电可靠性、设备安全、绝缘水平、过电压配合、继电保护、通信干扰（电磁环境）以及接地装置等问题有密切关系，须经合理的技术经济比较后确定中性点的接地方式。

电力系统中性点的接地方式可分为中性点直接接地、中性点不接地、中性点经消弧线圈接地、中性点经低电阻接地等方式。合理地选择配电网中性点接地方式，可以大大提

高供电的安全性和可靠性。

4.8.2 电力系统中性点不同接地方式分析

1. 中性点直接接地方式

对于中性点直接接地的电力系统，其优点包括：①安全性好，因为系统单相接地时，保护装置可以立即切除故障；②经济性好，因为中性点直接接地情况下，中性点电压不升高，且不会出现系统单相接地时的电弧过电压问题，电力系统的绝缘水平可按相电压考虑。

其缺点为：该系统的供电可靠性差，因为单相接地时由于继电保护作用使故障线路开关跳闸，降低了供电可靠性。为提高供电可靠性，需采取加装自动重合闸等措施。

2. 中性点不接地方式

目前在我国110kV及以上系统采用中性点直接接地方式，66kV及以下系统采用中性点不接地方式。

（1）中性点不接地系统的优点：供电可靠性高，因为单相接地时不是单相短路，接地线路不跳闸，只给出接地信号，三相线电压仍正常，提高了供电可靠性。

（2）中性点不接地系统的缺点：经济性差，因为单相接地后，不接地相电压升高了$\sqrt{3}$倍，系统的绝缘水平应按线电压设计，在电压等级较高系统中，绝缘费用在设备总价格中占相当大比重，所以在电压高的系统中不宜采用。此外，在中性点不接地系统单相接地时，易出现间歇性电弧引起的系统谐振过电压。

3. 中性点经消弧线圈接地方式

电网10kV系统普遍采取中性点经消弧线圈接地方式，当发生单相接地故障后，故障电流较小，三相线电压仍正常，系统可坚持运行。但单相接地故障会造成非故障相电压升高$\sqrt{3}$倍，当发生第二点接地故障后，系统故障电流变大，保护将动作切除故障。

（1）中性点经消弧线圈接地系统的优点：

1）供电可靠性高。

2）单相接地电容电流得到有效补偿，故障残余电流小，故障点电弧不易重燃，防止事故扩大。

（2）中性点经消弧线圈接地系统的缺点：

1）部分市区线路采用长电缆供电方式，电缆线路电容电流较大，中性点消弧线圈容量不能满足补偿要求，容性电流不能被有效补偿，故障不能快速消除。

2）保护不能快速切除单相接地故障，非故障相电压升高易发生第二点故障，形成相间短路。

3）电缆线路不宜长时间带接地故障运行。电缆故障概率较架空线路小，一旦故障多为永久性故障，绝缘不能自恢复，不宜带故障长时间运行。

4）单相接地故障定位受制于小电流接地选线装置正确率影响，及时性、精确性有待提高。

5）高过渡电阻接地故障不易识别，当发生导线碰树、人体触电等故障不能及时切除。

4. 中性点经低电阻接地方式

按照相关规程要求，当单相接地故障电容电流较大时，可采用中性点经低电阻接地方式。该种接地方式单相故障电流较大，零序电流保护可快速动作切除故障。如要提高10kV线路故障切除速度，首要措施是系统中性点经低电阻接地。

（1）中性点经低电阻接地系统的优点：

1）降低工频过电压。单相接地故障时非故障相电压小于$\sqrt{3}$倍相电压，持续时间短。

2）消除电网各类谐振过电压。中性点电阻相当于在谐振回路中的电网对地电容两端并接的阻尼电阻，阻尼作用可有效消除各种谐振过电压。

3）限制弧光过电压。在中性点经低电阻接地的配电网中，当接地电弧熄弧后，电网对地电容中的残荷降通过中性点电阻泄放掉，所以第二次燃弧时期过电压幅值和正常运行发生单相接地故障的情况相同，不会产生很高的过电压。中性点电阻阻值越小，泄放残荷越快。

4）降低操作过电压。发生单相接地故障时，零序电流保护动作，可准确判断并快速切除故障线路。电缆线路一般是永久性故障，对故障线路不进行重合闸，不会引起操作过电压。架空线路发生瞬时故障的可能性较大，但线路故障跳闸和重合闸过程中不出现明显的谐振过电压。

5）提高电网安全水平，降低人身伤亡事故。低电阻接地电网发生接地故障时，零序保护可以在整定时间内动作切除电源，降低了接触故障部位的概率，减少人身触电伤亡。

6）低电阻接地方式对电网规模的适应性较强。电网规模扩大后，系统电容电流变化较大，但接地电阻对降低和消除各类过电压的效果不会改变；对比经消弧线圈接地的方式，低电阻无需扩容，适应性较强。

（2）中性点经低电阻接地系统的缺点：供电可靠性低。

（3）中性点经低电阻接地的应用条件。依据《配电网技术导则》（Q/GDW 10370—2016）要求，10～35kV主要由电缆线路构成的电网，当单相接地故障电容电流较大时，可采用中性点经低电阻接地方式，低电阻阻值一般小于10Ω。依据该导则第5.8.4条“中性点接地方式”中要求，A＋区域应采用低电阻接地，A及B供电区域可根据需要采用低电阻接地，具体需满足以下两种情况。

1）电容电流超标且无法补偿的地区。目前配电网线路电缆用量日益增大，其故障电容电流值通常较高，消弧线圈无法满足容性电流补偿要求，发生单相接地故障时难以快速熄灭故障电流，进而故障引起的过电压造成老旧电缆或开关设备绝缘击穿。根据《配电网技术导则》（Q/GDW 10370—2016）和《交流电气装置的过电压保护和绝缘配合设计规范》（GB/T 50064—2014）要求，单相接地故障电容电流超过 100～150A，或以电缆线路构成的配电网，宜采用中性点经低电阻接地方式。配电网中性点接地方式改为经低电阻接地方式后，能够有效降低单相故障接地时的非故障相工频电压升高，避免了故障引起的暂态过电压峰值，降低了对相关设备绝缘水平的要求。

2）负荷具备快速转供条件区域。10kV 电网经低电阻接地后，发生单相接地故障时零序保护将快速跳闸，用户供电可靠性降低；因此要求 10kV 配电网网架坚强，转供电方式灵活，单相接地故障线路跳闸后应使无故障区域用户尽快恢复供电。对于双电源供电的重要用户，则需要考虑要求用户侧加装备自投装置，实现主供和备用线路自动切换的功能，保证重要用户的持续供电。

4.8.3 中性点不接地系统单相接地故障

1. 单相接地故障的定义

单相接地故障是指电网中某点由于内部或者外部原因（如绝缘损坏、树木搭接等），与大地相接而形成接地。单相接地是电网系统最常见的故障，对电网运行的安全性、可靠性和经济性会产生很大的影响。

2. 中性点不接地系统单相接地故障分析

中性点不接地系统正常运行时，无零序电压和零序电流，因此可以利用有无零序电压来实现无选择性的绝缘监视装置。

当发生单相接地时，接地相对地电压降为零，此时中性点对地电压就是中性点对相的电压。单相接地后，其他两相对地电压升高$\sqrt{3}$倍，此时三相电压之和不为零，出现了零序电压。

在中性点非直接接地系统中，母线接地故障时，只有不大的电容电流。因此，用母线电压互感器的开口电压构成零序过电压保护，动作于信号。保护动作电压按躲过正常运行之最大不平衡电压整定，经验数据为 U_{op} =（15～20）V，动作时间按躲过短暂瞬时接地情况，一般可取 0.5～1s。

3. 中性点不接地系统单相接地故障的特点

（1）发生接地后，全系统出现零序电压和零序电流。

（2）非故障相保护安装处，流过本线路的零序电容电流。容性无功功率是由母线指向非故障线路。

(3) 故障线路保护安装处，流过的是所有非故障元件的零序电容电流之和。容性无功功率是由故障线路指向母线，即其功率方向与非故障线路相反。

当中性点不接地系统发生单相接地故障时，将有接地电容电流流过接地故障点，引起弧光放电；若接地电容电流超过规定数值，则电弧不能自行熄灭，将引发弧光短路或谐振过电压，烧坏电气设备，威胁系统安全运行。为此，可在系统中性点与大地之间接一个具有铁芯的可调电感线圈（消弧线圈）。装设消弧线圈后，在接地故障时对接地电流可起补偿作用，使接地点的电流减小或接近于零，从而消除接地点的电弧，减少跳闸率和设备损坏率，明显提高可靠性。

4.9 电力系统安全自动装置

4.9.1 备自投装置

电力系统对发电厂厂用电、变电站站用电的供电可靠性要求很高，因为发电厂厂用电、变电站站用电一旦供电中断，可能造成整个发电厂停电或变电站无法正常运行，后果十分严重。因此发电厂、变电站的厂、站用电均设置有备用电源。此外，一些重要的工矿企业用户为了保证其供电可靠性，也设置了备用电源。当工作电源因故障被断开以后，能自动而迅速地将备用电源投入工作，保证用户连续供电的装置即称为备自投装置。备自投装置主要用于110kV以下的中、低压配电系统中，是保证电力系统连续可靠供电的重要设备之一。

在《继电保护和安全自动装置技术规程》（GB/T 14285—2006）中，规定以下情况应装设备自投装置：

(1) 具有备用电源的发电厂厂用电源和变电站站用电源。

(2) 双电源供电，其中一个电源经常断开作为备用的变电站。

(3) 降压变电站内有备用变压器或有互为备用的母线段。

(4) 有备用机组的某些重要辅机。

从以上规定可以看出，装设备自投装置的基本条件是在供电网、配电网中（环网运行的方式不存在备用电源自动投入问题，不需要装设备自投装置），有两个以上的电源供电，工作方式为一个为主供电源，另一个为备用电源（明备用），或两个电源各自带部分负荷，互为备用（暗备用）。

1. 备自投装置动作要求

(1) 应保证在工作（主供）电源和设备断开后，才投入备用电源或备用设备。

(2) 工作母线和设备上的电压不论何种原因消失时，备自投装置均应启动。

（3）备自投装置应保证只动作一次。

（4）若电力系统内部故障使工作电源和备用电源同时消失时，备自投装置不应动作，以免造成系统故障消失恢复供电时，所有工作母线段上的负荷全部由备用电源或备用设备供电，引起备用电源和备用设备过负荷，降低供电可靠性。

（5）发电厂用备自投装置除满足上述要求，还应符合：

1）当一个备用电源作为几个工作电源的备用时，如备用电源已代替一个工作电源后，另一个工作电源又断开，备自投装置应动作。

2）有两个备用电源的情况下，当两个备用电源为两个彼此独立的备用系统时，应各装设独立的自动投入装置：当任一备用电源都能作为全厂各工作电源的备用时，自动投入装置应使任一备用电源都能对全厂各工作电源实行自动投入。

3）在条件可能时，备自投装置可采用带有检定同步的快速切换方式；也可采用带有母线残压闭锁的慢速切换方式及长延时切换方式。

（6）应校验备用电源和备用设备自动投入时过负荷的情况，以及电动机自启动的情况；如过负荷超过允许限度，或不能保证自启动时，应有自动投入装置动作于自动减负荷。

（7）当备自投装置动作时，如备用电源或设备投于永久故障，应使其保护加速动作。

（8）备自投装置的动作时间以使负荷的停电时间尽可能短为原则。

2. 备自投装置动作原理

某电网一次接线图如图 4-9 所示，正常运行时，开关 3QF 断开，Ⅰ、Ⅱ段母线分列运行。该电网备自投动作过程原理可以通过两种动作方式来说明。

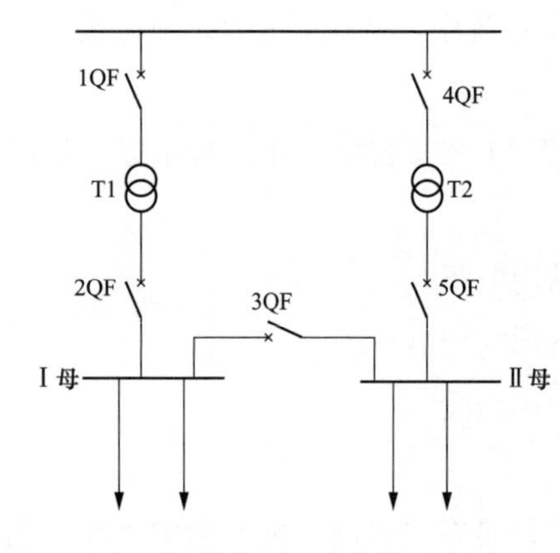

图 4-9　某电网一次接线示意图

（1）Ⅰ段母线（简称Ⅰ母）无电压、进线一无电流，Ⅱ段母线（简称Ⅱ母）有电压则经延时跳开 2QF，确认 2QF 跳开后，经整定延时合上 3QF。

（2）Ⅱ母无电压、进线二无电流，Ⅰ母有电压则经延时跳开 5QF，确认 5QF 跳开后，经整定延时合上 3QF。

3. 备自投装置的闭锁问题

常规备自投装置都有实现手动跳闸闭锁及保护闭锁功能。其中，保护闭锁功能有母差动作闭锁和主变后备保护动作闭锁母联（分段）自投。一般来说，主变后备保护是相应母线及出线的后备，此时如果出线拒动或母线发生故障，备自投不应动作；对于内桥接线并投入桥自投的，则应特别注意主变保护动作要闭锁对侧的备自投，防止自投到故障主变上。

地区电网一般使用的是进线主变及母联自投。考虑母线故障的概率很低，出线可能出现瞬时性故障而拒动的情况，为了最大限度地保证负荷的正常供应，本地区电网的主变后备保护不闭锁备自投装置。为了防止人员误分开关，本地区手动分开关也不闭锁备自投装置。在涉及人员手动分合开关时，要充分考虑本条，并采取适当的措施。

4.9.2 低频减载装置

1. 概述

电力系统的频率是电力系统中同步发电机产生的交流正弦电压的频率。电压和频率是衡量电能质量的重要指标。为了保证用户的正常工作和产品质量，应提高供电质量，使电网电压和频率都处在额定值附近运行。根据我国电力工程相关技术管理法规规定，正常运行时电力系统的频率应保持在（50±0.2）Hz的范围内。当采用现代自动调频装置时，频率的误差可不超过0.05～0.15Hz。

电力系统稳定运行时，发电机发出的总有功功率等于用户消耗的（包括传输损失）总有功功率，系统中运行着的同步发电机都以同一转速旋转，系统频率维持为一稳定值。电力系统所有发电机输出的有功功率的总和，在任何时刻都将等于此系统各种用电设备所需的有功功率和网络的有功功率损耗的总和。但由于有功功率负荷经常变化，其任何变动都将立刻引起发电机输出电磁功率的变化，而原动机输入功率由于调节系统的滞后，不能立即随负荷波动而做相应的变化，此时发电机转轴上的转矩平衡被打破，发电机转速将发生变化，系统的频率随之发生偏移。

2. 电力系统低频运行的危害

当电力系统出现功率缺额时，就会出现系统频率下降，功率缺额越大，频率降低越多。当有功功率缺额超出了正常调节能力时，如果不及时采取措施，不仅影响供电质量，而且会给电力系统安全运行带来严重的后果。

（1）低频运行对发电机和系统安全运行的影响。

1）频率下降时，汽轮机叶片的振动会变大，轻则影响其使用寿命，重则可能产生裂纹。对于额定频率为50Hz的电力系统，当频率降低到45Hz附近时，某些汽轮机的叶片可能因发生共振而断裂，造成重大事故。

2）频率下降到47～48Hz时，由异步电动机驱动的送风机、吸风机、给水泵、循环水泵和磨煤机等火电厂厂用机械的出力随之下降，火电厂锅炉和汽轮机的出力也随之下降，从而使火电厂发电机发出的有功功率下降。这种趋势如果不能及时制止，就会在短时间内使电力系统频率下降到不能允许的程度，以致出现频率崩溃，造成大面积停电，甚至使整个系统瓦解。

3）在核电厂中，反应堆冷却介质泵对供电频率有严格要求。当频率降到一定数值时，冷却介质泵会自动调开，使反应堆停止运行。

4）电力系统频率下降时，异步电动机和变压器的励磁电流增加，使异步电动机和变压器的无功功率消耗增加，从而使系统电压下降。频率下降还会引起励磁机出力下降，并使发电机电动势下降，导致全系统电压水平降低。如果电力系统原来的电压水平偏低，在频率下降到一定值时，可能出现电压快速且不断地下降，出现电压崩溃，造成大面积停电，甚至造成系统瓦解。

（2）低频运行对电力用户的不利影响。

1）电力系统频率变化会引起异步电动机转速变化，这会使电动机所驱动的加工工业产品的机械转速发生变化。有些产品（如纺织和造纸行业的产品）对加工机械的转速要求很高，转速不稳定会影响产品质量，甚至会出现次品和废品。

2）电力系统频率波动会影响某些测量和控制用的电子设备的准确性和性能，频率过低时有些设备甚至无法工作，这对于一些重要工作来说是不允许的。

3）电力系统频率降低将使电动机的转速和输出功率降低，导致所带机械的转速和出力降低，影响用户设备的正常运行。

3. 限制频率下降的措施

频率崩溃的过程延续时间为几十秒，甚至更短。在这样短的时间里，要运行人员做出正确的决策往往是很困难的。虽然由于负荷的调节效应，在频率下降时使系统负荷消耗的有功功率自动相应地减少，这在一定程度上可以减缓频率的下降，但往往是不够的；所以应采取迅速而有效的措施来限制频率的下降，使之不至于发生频率崩溃现象，并进一步使系统恢复到正常频率。常用的限制频率下降的措施如下：

（1）动用系统中的旋转备用容量。在电力系统正常运行时，除了调速器反映频率的变化，自动进行相应的出力调节外，一般安排一定数量的旋转备用（热备用）。所以，当频率下降时，应立即增加具有旋转备用的机组出力，使频率得以恢复。

（2）迅速启动备用机组。因为汽轮发电机在升温、升速时要考虑机组的机械热应力，所以启动时间要很长（一般在 1h 以上），对单元式高参数机组，要从锅炉点火开始，时间就更长。而水轮发电机的辅助设备较简单，机组自启动水平高，所以在系统频率下降时，首先要求处于备用状态的水轮发电机迅速启动，并迅速投入系统。同样的，电力系统中其他能迅速启动的发电机也应立即启动，一般可在几分钟内投入电力系统。

但是在系统有功功率严重不平衡、频率急剧下降时，上述（1）、（2）条的措施往往来不及有效地制止频率的下降。

（3）按频率自动减负荷。为了经济运行，一般电力系统中机组的旋转备用容量不会超过 20%，在高峰负荷时甚至会接近于零。而系统在严重事故情况下有功功率缺额可达 30%甚至更大，所以电力系统中常常设置自动按频率减负荷的装置，或称自动低频减载装置，按频率下降的程度自动切除部分负荷，以阻止频率的下降。

4. 自动低频减载装置

当系统发生严重的功率缺额时，自动低频减载装置的任务是迅速断开相应数量的用户负荷，使系统频率在不低于某一允许值的情况下，达到有功功率的平衡，以确保电力系统安全运行，防止事故的扩大。因此，自动低频减载装置是防止电力系统发生频率崩溃的系统性事故的保护装置。

(1) 对自动低频减载装置的基本要求。

1) 能在各种运行方式且功率缺额的情况下，有计划地切除负荷，有效地防止系统频率下降至危险点以下。

2) 切除的负荷应尽可能少，应防止超调及悬停现象。

3) 变电站的馈电线路使故障变压器跳闸造成失压时，自动低频减载装置应可靠动作，不应拒动。

4) 电力系统发生低频振荡时，不应误动。

5) 电力系统受谐波干扰时，不应误动。

(2) 自动低频减载装置的工作原理。

1) 最大功率缺额的确定。在电力系统中，自动低频减载装置是用来对付严重功率缺额事故的重要措施之一，它通过切除负荷功率（通常是比较不重要的负荷）的办法来制止系统频率的大幅度下降，以取得逐步恢复系统正常工作的条件。因此，必须考虑即使在系统发生最严重事故的情况下，即出现最大可能的功率缺额时，切除的负荷功率量也能使系统频率恢复在可运行的水平，以避免系统事故的扩大。可见，确定系统事故情况下的最大可能功率缺额，以及接入自动低频减载装置的相应的功率值，是系统安全运行的重要保证。确定系统中可能发生的功率缺额涉及对系统事故的设想，为此应做具体分析。一般应根据最不利的运行方式下发生事故时，实际可能发生的最大功率缺额来考虑，例如按系统中断开最大机组或某一电厂来考虑。如果系统有可能解列成几个子系统（即几个部分）运行时，还必须考虑各子系统可能发生的最大功率缺额。

一般并不要求系统频率恢复至额定值，而是希望它的恢复频率低于额定值，约为 49.5～50Hz，所以接到自动低频减载装置最大可能的断开功率可小于最大功率缺额。

2) 自动低频减载装置的动作顺序。如前所述，接于自动低频减载装置的总功率是按系统最严重事故的情况来考虑的；然而，系统的运行方式很多，而且事故的严重程度也有很大差别，对于各种可能发生的事故，都要求自动低频减载装置能做出恰当的反应，切除相应数量的负荷功率，既不能过多、又不能不足。只有分批断开负荷功率，采用逐步修正的方法，才能取得较为满意的结果。

自动低频减载装置是在电力系统发生事故、系统频率下降过程中，按照频率的不同数值按顺序切除负荷。也就是将接至低频减载装置的总功率分配在不同启动频率值来分批地切除，以适应不同功率缺额的需要。根据启动频率的不同，低频减载可分为若干级，也称为若干轮。

4.9.3 电力系统安全稳定控制装置

1. 电力系统稳定控制的概念

电力系统的运行状态可以分成正常状态和异常状态两种：正常状态又可分为安全状态和警戒状态；异常状态又可分为紧急状态和恢复状态。电力系统的运行包括了所有这些状态及其相互间的转移。

（1）安全状态：是指系统的频率、各节点的电压、各元件的负荷均处于规定的允许值范围内，并且一般的小扰动不致使运行状态脱离正常运行状态。正常安全状态实际上始终处于一个动态的平衡之中，必须进行正常的调整，包括频率和电压，即有功功率和无功功率的调整。

（2）警戒状态：是指系统整体仍处于安全的范围内，但个别元件或地区的运行参数已临近安全范围的边缘，扰动将使运行进入紧急状态。对处于警戒状态的电力系统应该采取预防控制，使之进入安全状态。

（3）紧急状态：是指正常运行状态的电力系统遭到扰动（包括负荷的变动和各种故障），电源和负荷之间的功率平衡遭到破坏而引起系统频率和节点电压超过了允许的偏移值，或元件的负担超过了安全运行的限制值，系统处在危机中。对处于紧急状态下的电力系统，应该采取各种校正控制和稳定控制措施，使系统尽可能恢复到正常状态。

（4）恢复状态：是指电力系统已被解列成若干个局部系统，其中有些系统已经不能保证正常地向用户供电，但其他部分可以维持正常状态；或者系统未被解列，但已不能满足向所有的用户正常供电，已有部分负荷被切除。当处于紧急状态下的电力系统不能通过校正和稳定控制恢复到正常状态时，应按对用户影响最小的原则采取紧急控制措施，使之进入恢复状态；然后根据情况采取恢复控制措施，使系统恢复到正常运行状态。

电力系统的预防控制、紧急控制和恢复控制总称为安全控制，安全控制是维持电力系统安全运行所不可缺少的。随着电力系统的发展扩大，对安全控制提出了越来越高的要求，成为电力系统控制和运行的一个极重要的课题。

2. 电力系统稳定控制的三道防线

《电力系统安全稳定导则》（GB 38755—2019）确立了电力系统承受大扰动能力的安

全稳定标准，将电力系统承受大扰动能力的安全稳定标准分为三级。

第一级安全稳定标准：正常运行方式下的电力系统受到第Ⅰ类大扰动后，保护、开关及重合闸正确动作，不采取稳定控制措施，应能保持电力系统稳定运行和电网的正常供电，其他元件不超过规定的事故过负荷能力、不发生联锁跳闸。

第二级安全稳定标准：正常运行方式下的电力系统受到第Ⅱ类大扰动后，保护、开关及重合正确动作，应能保持稳定运行，必要时允许采取切机和切负荷等稳定控制措施。

第三级安全稳定标准：正常运行方式下的电力系统受到第Ⅲ类大扰动导致稳定破坏时，必须采取措施，防止系统崩溃，避免造成长时间大面积停电和对最重要用户（包括厂用电）的灾难性停电，使负荷损失尽可能减到最小，电力系统应尽快恢复正常运行。

相对应的，在《电力系统安全稳定控制技术导则》（DL/T 723—2018）中，为保证电力系统安全稳定运行，二次系统配备的完备防御系统应分为三道防线。

第一道防线：保证系统正常运行和承受第Ⅰ类大扰动的安全要求。常用的措施包括一次系统设施、继电保护、安全稳定预防性控制等。

第二道防线：保证系统承受第Ⅱ类大扰动的安全要求，采用防止稳定破坏和参数严重越限的紧急控制。常用的紧急控制措施有切机、集中切负荷、互联系统解列（联络线）、高压直流（HVDC）功率紧急调制、串联补偿等。

第三道防线：保证系统承受第Ⅲ类大扰动的安全要求，采用防止事故扩大、系统崩溃的紧急控制。常用的措施有系统解列、再同步、频率和电压紧急控制等。

4.10 自动重合闸

4.10.1 自动重合闸的作用及应用

1. 自动重合闸的作用

据统计，架空输电线路上有90%的故障是瞬时性的故障（如雷击、鸟害等引起的故障）。如果短路后线路两端的开关没有跳闸，虽然引起故障的原因已消失（例如雷击已过去、电击以后的鸟也已掉下），但由于有电源往短路点提供短路电流，所以电弧不会自动熄灭，故障不会自动消失。等保护动作将输电线路两端的开关跳开后，由于没有电源提供短路电流，电弧将熄灭。原先由电弧使空气电离造成的空气中大量的正、负离子开始中和，此过程称为去游离。等到足够的去游离时间后，空气可以恢复绝缘水平。这时，如果有一个自动装置能将开关重新合闸就可以立即恢复正常运行，显然这对保证系统安全稳定运行是十分有利的。将因故跳开的开关按需要重新合闸的自动装置就称为自动重合闸装置。自动重合闸装置将开关重新合闸以后，如果线路上没有故障，保护没有再动作跳闸，系统可马上恢复正常运行状态，这样重合闸就成功了；如果线路上是永久性的故障，例如杆塔倒地、带地线合闸，或者是去游离时间不够等原因，开关合闸以后故障依然存在，保护再次将开关跳开，这样重合闸就没有成功。据统计，重合闸的成功率在 80%以上。

自动重合闸的作用有以下几点：

(1) 对瞬时性的故障可迅速恢复正常运行，提高了供电可靠性，减少了停电损失。

(2) 对由于保护误动、工作人员误碰开关的操动机构、开关操动机构失灵等原因导致的开关的误跳闸可用自动重合闸补救。

(3) 提高了系统并列运行的稳定性。重合闸成功以后，系统恢复成原先的网络结构，加大了功角特性中的减速面积，有利于系统恢复稳定运行。也可以说，在保证稳定运行的前提下，采用了重合闸后允许提高输电线路的输送容量。

2. 自动重合闸的应用

应该看到，如果重合到永久性故障的线路上，系统将再一次受到故障的冲击，对系统的稳定运行是很不利的。但是由于输电线路上瞬时性故障的概率很大，所以在中、高压的架空输电线路上除某些特殊情况外普遍都使用自动重合闸装置。

发电机和变压器上不装自动重合闸装置。对发电机、变压器来说，因为都有金属保护壳，不会受动物等外界因素侵害，发电厂、变电站内防雷设施以及维护、管理也较好，所以其发生的故障绝大多数是永久性故障。如果也采用自动重合闸装置，绝大多数情况将是重合在永久性故障上，不仅系统又受到一次冲击，而且电气设备内部将会再一次受到电弧灼伤和电动力的损伤。这对价格比较昂贵、检修比较复杂的发电机和变压器来说是很不利的。

目前，大多数系统母线上不用自动重合闸。母线是一个重要的电气设备，相对在野外运行的输电线路而言，安装在变电站内部的母线在防雷、维护等运行环境上要好很多。但大多数母线不是封闭式的母线，所以母线上的永久性故障的概率比输电线路要多，但少于发电机、变压器。由于母线上连接的电气设备众多，如果重合在永久性故障的母线上将给系统带来巨大影响。

4.10.2 自动重合闸方式及动作过程

根据重合闸的次数，输电线路的重合闸可分为一次重合闸和二次重合闸。所谓二次重合闸是当重合一次以后如果保护又将开关跳开，自动重合闸可再发第二次合闸命令。考虑到对于真正的永久性短路，这样做的后果是系统将在短时间内连续受到三次短路的冲击，对系统稳定很不利，开关也需要在短时间内连续切除三次短路电流，所以二次重合闸使用的很少。只有在单侧电源终端线路上且当开关的断路容量允许的情况下，才可以采用二次重合闸。

输电线路自动重合闸在使用中有如下几种方式可供选择：三相重合闸方式（三重方式）、单相重合闸方式、综合重合闸方式和重合闸停用方式。在 110kV 及以下电压等级的输电线路上，由于绝大多数的开关都是三相操动机构的开关，三相开关的传动机构在机械上是连在一起的，无法分相跳、合闸，所以这些电压等级中的自动重合闸采用三相重合闸方式。为简化软件，在这些电压等级中的线路保护装置中可只做三相一次重合闸。

当使用三相重合闸方式时，保护和重合闸一起的动作过程是：对线路上发生的任何故障跳三相（保护功能），重合三相（重合闸功能）；如果重合成功继续运行，如果重合于永久性故障再跳三相（保护功能），不再重合。

4.10.3 自动重合闸的启动方式

自动重合闸的启动方式有下述两种。

1. 位置不对应启动方式

跳闸位置继电器动作，证明开关现处于断开状态；但同时控制开关在合闸后状态，说明原先开关是处于合闸状态的；反应这两个位置不对应启动重合闸的方式，称为位置不对应启动方式。用不对应方式启动重合闸后，既可在线路上发生短路、保护将开关跳开后启动重合闸，也可以在开关偷跳以后启动重合闸。开关偷跳是指系统中没有发生过短路，也不是手动跳闸，而由于某种原因，例如工作人员不小心误碰了开关的操动机构、保护装置的出口继电器触点由于撞击振动而闭合、开关的操动机构失灵等原因造成的开关跳闸。发生这种偷跳时保护没有发出跳闸命令，如果不加不对应启动方式就无法用重合闸来进行补救。

2. 保护启动方式

绝大多数的情况下，保护动作发出过跳闸命令后才需要重合闸发合闸命令，因此重合闸可由保护来启动。当本保护装置发出三相跳闸命令且三相线路均无电流时，启动重合闸。这是本保护的启动重合闸，是通过内部软件实现的。

用保护启动重合闸方式在开关偷跳时无法启动重合闸。

4.10.4 自动重合闸动作时间

微机保护的重合闸是在开关主触头断开，并且判别线路无电流后才开始计重合闸的延时的，因为这才真正意味着本端开关已跳开了。所以重合闸的时间是从此时开始到重合闸装置发出合闸脉冲之间的时间。那么线路上发生故障，保护将开关跳开以后，什么时间才允许开关重新合闸？只有在两端开关都已跳闸后电弧才开始熄灭，所以首先要考虑电弧熄灭的时间。电弧熄灭以后短路点才开始去游离，所以再要考虑去游离时间，至此空气才恢复绝缘水平。上述两段时间之和称为断电时间。考虑了断电时间以后再加上足够的裕度时间才允许开关合闸，这样才能提高重合闸的成功率。

自动重合闸装置的动作时限应符合下列要求。

（1）单侧电源线路上的三相重合闸装置，其动作时限应大于下列时间：

1）故障点灭弧时间（计及负荷侧电动机反馈对灭弧时间的影响）及周围介质去游离时间。

2）开关及操动机构准备好再次动作的时间。

（2）双侧电源线路上的三相重合闸装置，其动作时限除应考虑上述（1）要求外，还应考虑线路两侧继电保护以不同时限切除故障的可能性。

4.10.5 双侧电源线路三相跳闸后的重合闸检查条件

在单侧电源线路上，电源侧保护中的重合闸只要等够重合闸的延时就可以发合闸命令，因为不存在同期问题。在双侧电源线路上发生三相跳闸后，两侧系统可能无任何联系，重合闸在合闸时就需要考虑同期问题。

目前，在系统中使用的在三相跳闸后重合闸的检查条件有以下几种：

（1）检查线路无压和检查同期重合闸。

（2）“检线无压母有压”方式、“检母无压线有压”方式、“检线无压母无压”方式。

（3）检相邻线有电流方式。这种重合闸检查条件用在双回线路上。

目前应用最多的一种是检查线路无压和检查同期重合闸方式。

4.10.6 重合闸的前加速和后加速

1. 重合闸前加速

重合闸前加速保护方式一般用于具有几段串联的辐射形线路中，重合闸装置仅装在靠近电源的一段线路上。当线路上（包括相邻线路及以后的线路）发生故障时，靠近电源侧的保护首先无选择性地瞬时动作于跳闸，而后再靠重合闸来纠正这种非选择性动作。

2. 重合闸后加速

重合闸后加速就是当线路故障时，首先按正常的继电保护动作时限有选择性地动作于开关跳闸，然后进行重合闸。如果重合于永久性故障上，则在开关合闸后，再加速保护动作，瞬时切除故障，而与第一次动作带有时限无关。

3. 闭锁、停用重合闸

（1）闭锁重合闸的情况：①开关 SF_6、空气或油压力低；②母线保护动作；③开关失灵保护动作；④线路距离保护Ⅱ段或Ⅲ段动作；⑤有远方跳闸信号；⑥开关手动断开。

（2）停用重合闸的情况：①装置不能正常工作；②不能满足重合闸要求的检查测量条件；③可能造成非同期合闸；④长期对线路充电；⑤开关遮断容量不许重合；⑥线路上有带电作业要求；⑦系统有稳定要求；⑧超过开关分合闸次数。

4.11 配电网继电保护新技术应用——5G差动保护

4.11.1 配电网继电保护现状与发展方向

一方面，随着以光伏和风电为代表的分布式电源在配电网中的高度渗透，配电网由原来的辐射型网络变成了有源网络，呈现出故障电流双向流动、故障特性多变等新特点。另一方面，随着产业技术的发展和人们生活质量的提高，高供电可靠性配电网络，如单环网或双环网结构，已在我国较多地区建设并投入运行。对于以上出现的有源或多源配电网，传统的三段式电流保护以及基于过电流原理进行故障定位的馈线自动化均难以适用，对此专家学者开展了广泛研究并陆续提出新的解决方案。依据有源配电网的故障特性及电流分布特点，具有绝对选择性的电流纵差保护无疑是解决以上问题的最佳方案。

电流纵差保护通过实时交换线路两端电流数据来识别区内外故障，在配电网应用时首先需要解决通道问题。根据输电网纵差保护的应用实践，并结合有源配电网的实际情况，对配电网差动保护通道的基本要求为：带宽不小于2Mbit/s，时延不大于15ms，可靠性不低于99.999%，安全等级为Ⅰ区。虽然基于光纤以太网的对等通信能够满足配电网分布式差动保护的通道要求且已开展应用研究，但配电网点多、面广，大规模铺设光纤面临难度大、投资高、工期长等诸多困难，成为制约配电网差动保护推广应用的主要瓶颈。

5G是第五代移动网络通信技术，和4G相比速率更高、容量更大、时延更低。随着5G通信技术的逐渐成熟和商用化开启，其在垂直业务领域的应用正日益深入，智能配电网的分布式保护与控制便是其中最具前景的应用领域之一。5G通信的高可靠和低时延应用场景为配电网电流差动保护的通道需求提供了替代光纤的解决方案。围绕5G通信网络切片特性、用于电网业务时的安全性以及用于分布式纵联保护的可行性等进行了深入探讨，本手册提出了基于5G通信的自适应配电网差动保护方案，为5G应用于配电网保护与故障自愈进行了有益探索。

基于上述背景和已有工作基础，本手册针对新近研制开发的一种新型5G通信自同步配电网差动保护，分四个部分进行简要阐述。第一部分介绍5G无线通信技术特点，包括目前共存移动通信方式的技术性能对比、5G应用场景、与配电网5G差动保护的切合点及网络切片技术；第二部分介绍5G通信差动保护的关键技术，包括故障时刻自同步方法、动作判据、硬软件开发、数据帧结构以及保护动作时延分析；第三部分为技术总结；第四部分介绍应用情况，包括试点工程测试及投运概况。

4.11.2　5G无线通信技术特点

1. 5G通信的特点

2015年6月，在国际电信联盟（ITU）第22次会议上明确了5G通信关键特性的提升，包括高速率、高连接数密度、低时延、高可靠性等。综合相关文献及数据对比表明，5G与前几代无线通信技术在通信速率、端到端时延、通信可靠性以及时间同步等技术指标方面均有质的飞越，与配电网差动保护对通道的技术需求非常吻合。

2. 5G通信的应用场景与切片技术

ITU定义了5G的三种应用场景，分别为超高可靠和低延时通信（ultra-reliable and low latency communications，uRLLC）、增强型移动宽带（enhanced Mobile Broad Band，eMBB）和海量机器类通信（massive machine type communication，mMTC），5G通过这三种应用场景为不同垂直业务领域提供差异化服务。

配电网差动保护是5G三大应用场景中的uRLLC业务，其对端到端（end-to-end，E2E）时延以及传输可靠性有严格的要求。按照相关移动标准定义，一个通用的网络架构是由终端、基站、核心网、应用服务器组成，除了终端与基站属于空口传输，其他都是光纤汇聚的形式，即经过的节点越多，业务流的时延就会越大。为满足uRLLC业务端到端超低时延要求，需要在5G架构内引入网络切片技术。其实时方案是通过移动边缘计算（mobile edge computing，MEC）、用户面功能（user plane function，UPF）下沉、控制面和用户面分离等技术，摒弃常规传输链路，将多跳传输简化为一跳或最小跳数，最大程度降低基站至核心网的回传时间以及核心网内的传输时延。单向端到端网络时延如图4-10所示。

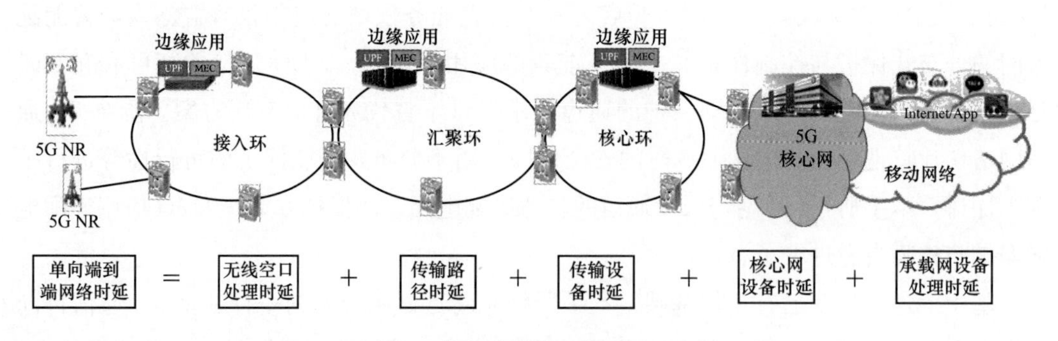

图4-10　单向端到端网络时延示意图

网络切片是基于同一个物理网络而构建不同逻辑网络的技术；MEC是指通过在无线接入网侧部署通用服务器，为接入网提供云计算能力的技术。采用基于MEC的网络切片，既能保证配电网差动保护通信延时的需求，又能保证通信安全性要求。

4.11.3 5G 通信自同步配电网差动保护关键技术

配电网差动保护构成方式如图 4-11 所示，图中 MN 代表有源配电网中的某个馈线区段，两端保护装置通过 5G 终端模块接入 uRRLC 切片网络，从而实现保护装置之间基于 5G 网络的实时数据交换。

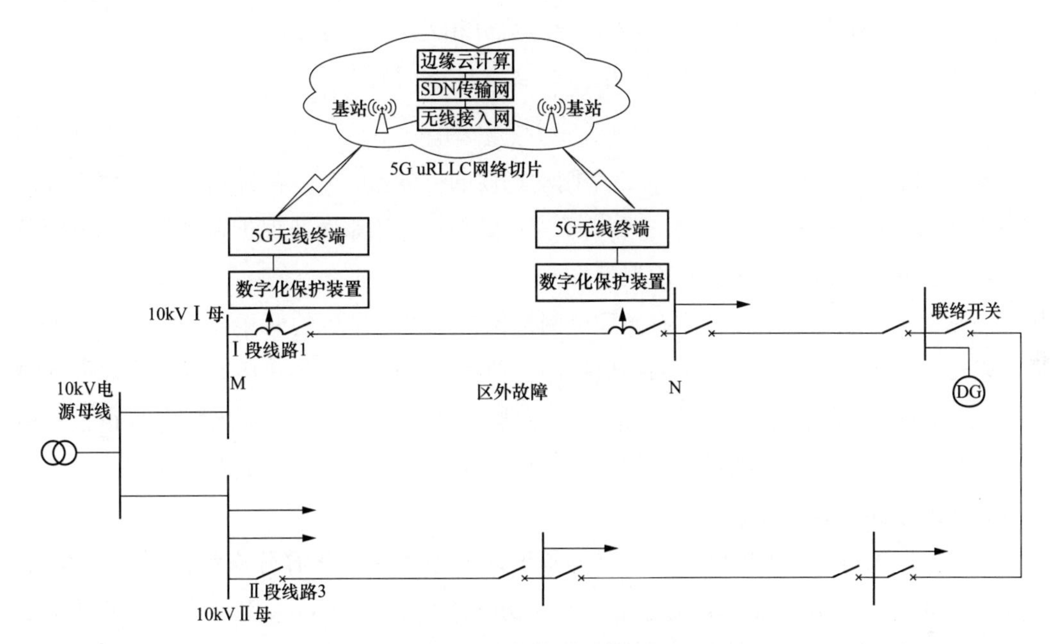

图 4-11　配电网差动保护构成方式示意图

1. 故障时刻自同步技术

差动保护建立在基尔霍夫电流定律之上，在原理上需要两端电流数据的同步。与输电系统专用光纤通道不同，5G 通信来回时延不等，传统算法无法应用；虽然基于卫星时钟的同步方法不要求通道来回时延相等，但是需额外增加接收装置和同步电路，带来了成本增加、结构复杂和可靠性问题。

为解决以上矛盾，研究提出了故障时刻自同步专利技术，由于配电线路较短（几百米至十几千米），电磁波在线路上的传播时间为几微秒至几十微秒，故障发生时线路两端几乎同时出现故障引发的电流突变；两端保护以检测到的电流突变时刻（等同为故障发生时刻）为时间起点，计算或提取各侧的电流量（相量或瞬时值），实现两端电流数据的同步测量；然后将同步测量数据打上时标并经 5G 信道传到对侧，完成差动保护需要的数据同步与实时交互。

理论分析与仿真及实验结果表明，该方法满足差动保护的同步要求。该方法依靠自身软件实现数据同步，不依赖外部同步时钟，不受通道来回时延影响，不受保护装置安装环境影响，完全适配 5G 通信配电网差动保护。

2. 差动保护动作判据

配电网差动保护主要用来快速识别和隔离馈线区段上发生的相间短路。为适应配电网在结构、故障特性、负荷特性上的多样性，配电网差动保护采用不同的电流量及差动判据形式。

（1）区段内无分支配电网场景。该场景下环网柜之间馈线上没有负荷分支，类似于图 4-11 所示的 MN 线路。此时，可采用全电流分相差动动作判据：

$$\begin{gathered}|\dot{I}_{MA}+\dot{I}_{NA}|>K|\dot{I}_{MA}-\dot{I}_{NA}| \\ |\dot{I}_{MA}+\dot{I}_{NA}|>I_{op}\end{gathered} \tag{4-5}$$

式（4-5）中第一个式子为带有比率制动特性的主判据，用在故障情况下有效区分区段内、外部短路；式（4-5）中第二个式子为辅助判据，用来防止保护在稳态情况下因负荷波动、不平衡电流等因素引起的误动。

该判据能够正确检测环网或有源配电网被保护区段上发生的两相或三相短路；若是低电阻接地系统，也能够反映单相接地短路。单侧电源供电（如开环运行）或弱馈现象（如一端为逆变类分布式电源）发生时，一端电流为零或很小，而系统侧电流很大，由于比率制动系数 $K<1$，同时最小动作门槛 I_{op} 又小于负载电流，因此判据中的式（4-5）恒满足，继电保护能够可靠动作。

（2）区段内有分支配电网场景。该场景下环网柜之间常接有分支负荷或分支电源，形成 T 接馈线。若分支点处电流可测（如分支电源场景），则可采用三端线路差动保护判据形式；即在式（4-5）的基础上，将分支线路电流添加到差动电流与制动电流中，任一分支发生短路均可判定为内部故障。若分支点处电流不可测（如分支负荷场景），则需要考虑分支负荷变化对差动保护产生的影响。此种情况下，可采用基于故障分量的差动判据形式。考虑到任何故障类型都存在正序分量，且逆变类分布式电源故障情况下的输出电流主要是正序电流；因此采用基于正序故障分量电流的差动判据，能够适应具有不可测分支电流的配电网场景。

3. 保护装置实现

（1）硬软件开发部分。

1）硬件开发。通过配置 5G 用户终端模块（customer premise equipment，CPE）、更新通信接口配置方案、升级软件算法等方式，研制开发出嵌入电流差动保护功能的智能终端单元（smart terminal unit，STU）。装置应支持 5G 网络（无线）与光纤通道（有线）两种不同类型的通信方式，并支持模拟量输入、空触点输入和开出（控制分、合闸）、周波采样、A/D 转换（模/数转换），并具有相关电以太网口和通信口。

2）软件开发。装置软件开发分为底层软件和上层应用软件两部分。底层软件主要负责模拟量的采集、存储和计算、开关量的监测和控制、装置 IP 地址的获取、AI（模拟量输入）与DI/DO（数字量输入/数字量输出）等进程之间的功能串联等。上层应用软件主要负责装置间通信的建立、数据帧的收发和解析、差动逻辑的判断以及继电保护跳闸命令发出等。针对单侧电源供电或由于弱馈导致一端保护不能启动的内部故障情况，装置设计了远方启动及跳闸逻辑，能够保证两端保护的可靠动作。装置除具备差动保护功能外，同时具备“三遥”、电流互感器断线检测和通信中断闭锁等功能。

（2）通信协议和数据帧结构。5G差动终端之间的通信采用面向连接的TCP/IP协议，数据帧由报文头、电流量、电压量、开关量、时间标签、采样值标号、控制位、校验位、报文尾等信息组成。其中，电流信息可以根据保护判据的需要选择三相电流相量、三相电流瞬时值、序分量等不同形式，也可以包含全部；电压信息则根据现场条件及判据需要选择相电压、线电压或零序电压相量。一帧数据的字节数将会因传送不同形式的电流、电压信息而发生变化，考虑备用信息裕度后将不少于60byte。5G终端工作时需要置入SIM卡，通过在CPE中设置镜像连接，使保护发出的数据帧可以由CPE经过5G切片网络发送至对端。正常运行情况下，保护装置通过定间隔发送测试帧来实时监测通道状态。故障状态下，两端保护启动并执行故障处理程序，通过交换数据帧实现差动判定。

（3）5G差动时延分析。动作时间是衡量差动保护性能的一个重要指标，5G通信条件下需要分析其时延构成及理论数值。由于两端保护采用对等通信，N端保护动作时间与M端保护大致相等。综上，本手册所介绍的5G通信差动保护其动作时间在理论上小于60ms；若采用就地跳闸，则故障的隔离时间不会超过100ms。这对于缩短敏感负荷在低电压下的运行时间，实现快速故障自愈具有重要支撑作用。

4.11.4 技术总结

（1）5G切片网络的端到端通信时延为8～14ms，平均值小于11ms，比光纤通信长约8ms，满足配电网差动保护对通道的延时要求。

（2）采用相量形式进行数据交换，在上千次测试中没有发现数据传送错误，验证了切片网络通信的可靠性。

（3）故障时刻自同步方法构思新颖、实现简单，不需要外部时钟对时，不受通道来回时延影响，为5G通信配电网差动保护提供了实用化同步手段。

（4）能够正确识别不同接地方式系统发生的相间短路和低电阻接地系统发生的单相接地故障，适用于单侧电源供电、双侧电源供电、分布式电源接入等不同配电网场景。

（5）保护装置结构紧凑、易于安装，适用于在环网柜或开闭所内按单间隔进行配置，构成面向馈线区段的分布式差动保护，实现馈线故障的准确定位和快速隔离，动作时间在60ms以内。

4.11.5 应用案例

以下以济南、青岛两地应用情况为例，简要介绍两地的测试情况及试点投运工程概况。

1. 测试阶段

2019 年 9 月 13～16 日，在济南供电公司汉峪金谷物联网示范配电室利用联通 5G 室内微基站环境首次成功实施差动保护测试，验证了利用 5G 作为配电网差动保护通道的可行性。2019 年 10 月 14～15 日，在该区域地下开关站成功实施联通 5G 室内跨基站环境下差动保护测试，检验了跨基站环境下 5G 通信时延、数据收发、保护动作时间等指标，并与光纤差动进行了对比测试。初步试验结果表明，室内单/跨基站下端到端单向通信时延平均值约为 11ms；保护动作时间为 50～62ms；5G 通信较光纤通信时延约 8ms。阶段试验获得了 5G 通信差动保护宝贵的实践经验和数据资料，为后续保护装置软硬件优化和 5G 通信外场试验奠定了基础。

2020 年 1 月 8～11 日，在青岛供电公司 5G 智能电网古镇口应用示范区对所开发的 STU 进行了电信 5G 外场差动保护试验；试验项目包括 5G 切片网路单、跨基站环境下通信时延、数据传输、保护逻辑、动作时间、通信可靠性等。该示范区为青岛公司联合华为、中国电信构建的 5G 智能电网四大应用基地之一，采用电力专用 5G uRLLC 切片网络。青岛电信 5G 网络的核心网位于济南，通过建立网络切片，将通信链路下沉到青岛本地，部署方式为：在青岛供电公司总部设置 MEC 服务器，在崂山区设置数据汇集中心（date center，DC）；在切片网络内，数据经过 CPE 所连基站传输到 DC，再从 DC 传输至 MEC 服务器；所有数据经过 MEC 集中处理后，沿原路径被转发给其需要通信的 CPE，不再经过济南核心网，从而有效降低了传输延时。

测试结果证明：5G 网络切片能够显著降低端到端传输时延，其单程平均时延不超过 10ms，与 5G 公布的技术指标相吻合，满足差动保护对通道延时要求；同时，跨基站通信不会对端到端时延带来影响，这为在大地理范围跨度上应用差动保护提供了支撑；同种类切片测试场景下，最高时延与最低时延差值达到 4ms，这表明 5G 切片网络内端到端通信时延具有一定的波动范围；单端启动远方跳闸逻辑既能保证两端保护可靠动作，又能有效缩短电源侧保护的动作时间。这为 5G 差动保护应用于单电源辐射型网络或开环运行拉手环网提供了保障。

2. 试点投运阶段

2020 年 6 月 2 日，四台 5G 差动保护装置分别投运于青岛古镇口示范区 10kV 康大线 T1 和 T1-01 环网柜。T1 与 T1-01 为一、二次融合环网柜，配有完整的三相电流、三相电压、零序电流和零序电压互感器，其进出线开关均为断路器，可实现就地跳闸。差动保护按进线间隔进行配置，其中 STU2 与 STU3 构成两环网柜之间馈线的差动保护，

STU1 与 STU4 用于后续差动保护区段的扩展。试点线路是 10kV 康大线的一段 400m 的电缆线路，试运行以来没有发生过故障。为在线检验 5G 差动保护相关性能，2021 年 1 月 22 日 5 时在 T1-01 环网柜下游进行了空投负荷操作，对投运的差动保护来讲相当于发生了外部扰动或故障。录波表明，空投负荷时两端保护启动并进入故障处理程序，数据收发准确无误，差动保护计算正确，判定结果为外部故障。后续进行区内故障设置，保护准确动作，开关正确跳闸。

4.12 故 障 录 波

4.12.1 故障录波器

1. 故障录波器含义

故障录波器是在电力系统发生故障时，自动、准确记录故障前、后过程中电气量和非电气量以及开关量的自动记录装置。电力系统的各种故障信息是通过故障录波器及事件记录的。变电站采用的微机保护和微机故障录波器由故障启动，具有信息数据采集、存储分析及波形输出等功能。

2. 故障录波器工作原理

故障录波器是用来记录电力系统中电气量、非电气量以及开关量的自动记录装置，通过记录和监视系统中模拟量和事件量来对系统中发生的故障和异常等事件生成故障波形储存，通过分析软件的处理对波形进行分析和计算，从而对故障性质、故障发生点的距离、故障的严重程度进行准确的判断。

故障录波器启动是靠故障特征明显的电气量，包括电流、电压突变量，电流、电压越限，频率变化量及开关量等。采集到的信息数据要尽可能保持故障信息完整性和实时性，一般不做滤波处理。记录的数据有两类，电流、电压瞬时值的交变信号和反映正负跃变的开关量信号。由电压互感器、电流互感器提供的电流经 A/D 转换器，将模拟信号变为数字量，再送入计算机，由 CPU（中央处理器）处理后存入存储器，进行检测计算；探测故障开关位置及保护动作情况，经开关量输入接口变成电信号，再经隔离之后，成组进入 CPU 处理储存。在正常情况下，CPU 采集到电流、电压突变量，或过电流、过电压、零序电流、开关状态变化等信号时，启动故障录波。由于数据采集是连续的，故可将故障前一定时段的数据和故障后的全部数据采集送入 RAM（内存），然后存入磁盘，由离线分析程序显示出波形曲线图、一次/二次录波值等。

为了帮助故障分析，还“记忆”了故障前一段时间的电流、电压量。反映电流、电压变化的瞬时值波形及反映电位变化的开关量都相对同一时标绘制。输出部分包括简要分析报告、重要故障信息数据及故障全过程波形图。输出波形的幅度可根据显示和打印输出的需要设定。

总的来说，故障录波器通过记录和监视系统中模拟量和事件量来对系统中发生的故障和异常等事件生成故障波形，储存并发送至远方主站，通过分析软件的处理对波形进行分析和计算，从而帮助人们对故障性质、故障发生点的距离、故障的严重程度进行准确的判断。

3. 故障录波器的作用

按照电力系统发生故障的不同情况，故障录波器在电力系统中的作用主要体现在以下三个方面：

（1）系统发生故障，继电保护装置动作正确。可以通过故障录波器记录下来的电流、电压量对故障线路进行测距，帮助巡线人员尽快找到故障点，及时采取措施，缩短停电时间，减少损失。

（2）电力系统元件发生不明原因跳闸。通过对故障录波器记录的波形进行分析，可以判断出开关跳闸的原因，从而可以采取相应措施，将线路恢复送电或者停电检修，避免盲目强送造成更大的损失，同时为检修策略提供依据。

（3）判断继电保护装置的动作行为。系统由于继电保护装置误动造成无故障跳闸；系统有故障但保护装置拒动；系统有故障但保护动作行为不符合预先设计，利用故障录波器中记录的开关量动作情况来判断保护的动作是否正确，并可以据此找出保护不正确动作的原因。对于较复杂的故障，可以通过记录下来的电流、电压量对故障量进行计算，从而对保护进行定量考核。

4. 故障录波器的主要参数

（1）采样速率：采样速率的高低决定了录波器对高次谐波的记录能力。在系统发生故障之初，故障波形的高次谐波非常严重；因此，为了较真实地记录故障的暂态过程，录波器要有较高的采样速率。但高的采样速率要使用较多的存储空间，同时在进行数据传输时要花费更长的时间，这很不利于故障后快速分析故障。

（2）A/D 转换位数：A/D 转换器的位数决定了录波器记录数据的准确度。对于不同位数的 A/D 转换器，在量度同一个幅值的模拟量时，显然高位数 A/D 转换器的每格所代表的值要比低位数 A/D 转换器小，也就是说分辨率比较高，这样就可以具有较高的精度，保证所有通道采样的一致性。

（3）最大故障电流记录能力：该指标用来保证在系统最大短路电流下能够完整地记录故障过程，不发生削波，同时在极小电流时又要能用一定的精度。该指标有时还影响到录波器启动定值的灵敏度。

（4）录波记录时间：故障录波器被触发后，将根据事先设定的录波时段采集数据、存储数据。

1）故障前记录时间：这部分录波数据主要是用来进行故障定位计算时使用。

2）触发时段：这部分录波数据记录的是故障发生的前期过程，含有较多的暂态分量，故障后进行故障定位和其他电气量计算使用的主要是这部分数据。

3）故障后时段：这个时段主要记录系统在故障结束后系统的情况，这段数据主要关心的是变化过程。

5. 故障录波器在应用中存在的问题

故障录波器在实际应用过程中经常出现保护管理机调不到故障波形的故障，这将严重影响故障波形的分析，在系统发生故障时将影响对故障性质的判断。根据现场处理的情况，有以下几种原因导致该故障的发生：保护管理机与故障录波器之间通信中断；保护管理机死机导致死数据；故障录波器存储单元损坏；故障录波器软件版本低导致数据溢出。

4.12.2 故障波形图

1. 故障波形图中事件时间的读取

故障分析简报根据相关量的开入时刻给出了各事件发生的时间。由保护自动给出的分析报告有时并不十分准确，如开关跳开或合上时间一般来自开关位置触点，但开关位置触点与主触头并不精确同步，会有一定时差。此外，给出的信息不一定完整。因此，往往需要从波形图中直接读取各事件的相对时间，即以电流或电压波形变化比较明显的时刻为基准，读取各事件发生的相对时间。因为电流变大和电压变小时刻可较准确判断为故障已发生；故障电流消失和电压恢复正常的时刻可判断为故障已切除。下面以图 4-12所示故障波形为例说明读取准确事件时间的方法，动作时间如图 4-13 所示。

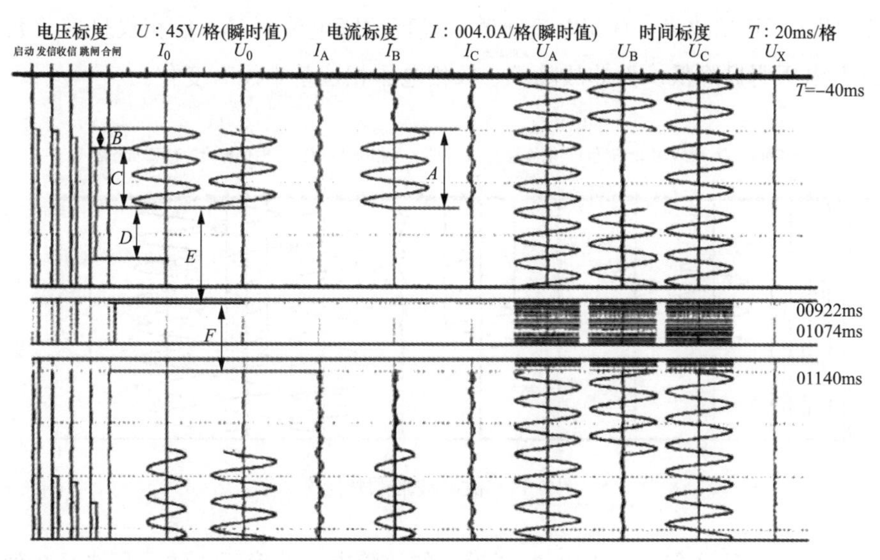

图 4-12 故障波形示意图 1

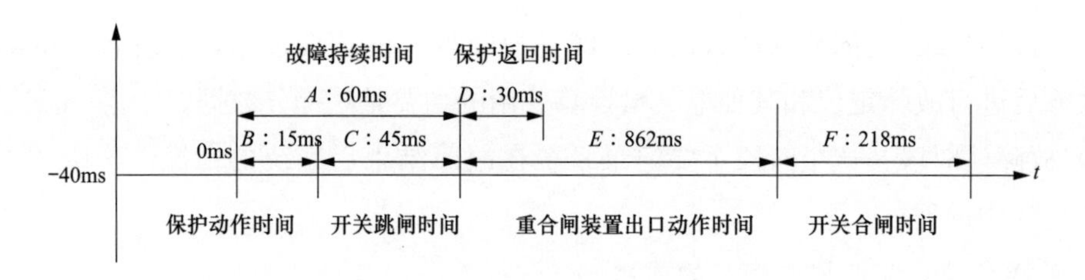

图 4-13　动作时间示意图

（1）故障持续时间 A 是从电流开始变大或电压开始降低到故障电流消失或电压恢复正常的时间，故障持续时间为 60ms。

（2）保护动作时间 B 是从故障开始到保护出口的时间，即从电流开始变大或电压开始降低，到保护输出触点闭合的时间，保护动作最快时间为 15ms。

（3）开关跳闸时间 C 是从保护输出触点闭合到故障电流消失的时间，开关跳闸时间为 45ms。一般不用开关位置触点闭合或返回信号。

（4）保护返回时间 D 是指故障电流消失时刻到保护输出触点断开的时间，保护返回时间为 30ms。

（5）重合闸装置出口动作时间 E 是从故障消失开始计时到发出重合命令（重合闸触点闭合）的时间，重合闸装置出口动作时间为 862ms。

（6）开关合闸时间 F 是从重合闸装置输出触点闭合到再次出现负载电流的时间，开关合闸时间为 218ms。一般不用开关位置触点闭合或返回信号。

2. 故障波形图中电流、电压有效值的读取

可以利用故障波形图中的电流、电压波形，测量出故障期间电流、电压的有效值。如图 4-14 所示，B 相故障，B 相电流通道上呈现故障电流（ A、C 相仅呈现负载电流）；B 相通道上电压明显降低。而非故障 A、C 相电压相位基本没有变化。

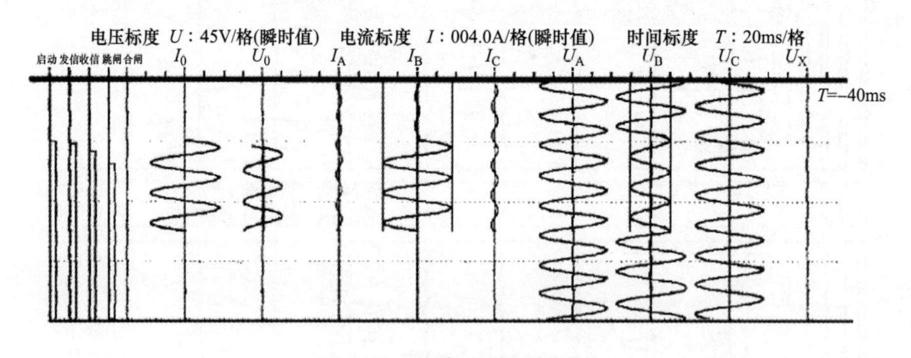

图 4-14　故障波形示意图 2

（1）故障电流计算方法：先以 I_B 通道上的故障电流波形两边的最高波峰在刻度标尺

上的位置，计算在标尺截取格数除以$\sqrt{2}$，乘以图 4-14 中显示的“I：004.0A/格”比率，除以 2 就得到二次电流有效值；最后再乘以故障设备间隔的电流互感器变比，即得到一次电流有效值。

(2) 故障电压计算方法：先以 U_B 通道上存在的故障电压波形两边的最低波峰在刻度标尺上的位置，计算出两边最低波峰之间截取的标尺格数除以 2，乘以在图 4-14 中显示的“U：45V/格”比率，再除以$\sqrt{2}$就得到二次电压有效值；最后再乘以故障设备间隔母线 PT（TV，电压互感器）的变比，即得到一次电压有效值。

3. 故障波形图中电流、电压相位的读取

准确分析清楚故障的相位必须借助波形图。可以利用故障波形图中的电流、电压波形，测量故障期间电流、电压的相位，分析故障时的测量阻抗角。也可以通过测量电流、电压波形过零的时间差来计算相位：若电流过零时间滞后于电压过零时间，则为滞后相位；反之，则为超前相位。

如图 4-15 所示，电流过零变负滞后电压过零变负约 4ms，相当于滞后角 18°×4＝72°，由此可以判断故障发生在正方向（相对于本站母线）。并且从这种阻抗角可推断是线路金属性接地故障。若实测电流超前电压 110°左右，则表明是反向故障。

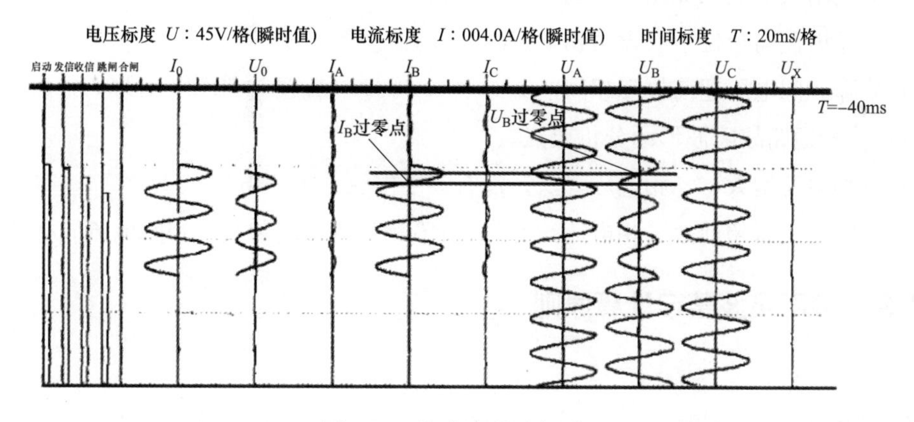

图 4-15　故障波形示意图 3

以上介绍的是波形图中关键数据读取方法的基本原理，实际上一些基本信息的读取，通过故障录波分析软件的分析处理后是非常便捷的。如调度员在故障发生后，可以通过设置在调度台的保护信息子站快速地读取相应的故障录波图，并从其自动生成的故障报告中获得相应故障的准确关键信息，包括故障时间、保护动作情况、故障相别及类型、故障电流、故障测距、重合闸动作情况等；这样可以更快地对故障情况做出准确判断，有利于下一步的事故处理。现场运行及保护专业人员也可以从现场保护装置调取或打印相应的故障分析简报和波形图，对故障情况进一步分析与判断；当遇到复杂故障或者对保护动作行为的正确性有所怀疑时，保护技术人员还可以根据相应的故障录波图进一步深入分析，对保护动作行为的准确性进行判断。

4. 故障波形图分析要点

（1）单相接地故障波形图分析要点。

1）一相电流增大，一相电压降低；出现零序电流、零序电压。

2）电流增大，电压降低为同一相别。

3）零序电流相位与故障相电流相位同相，零序电压与故障相电压反向。

4）故障相电压超前故障相电流约 80°；零序电流超前零序电压约 110°。

（2）两相短路故障波形图分析要点。

1）两相电流增大，两相电压降低；没有零序电流、零序电压。

2）电流增大，电压降低为相同两个相别。

3）两个故障相电流基本反向。

4）故障相间电压超前故障相间电流约 80°。

（3）两相接地短路故障波形图分析要点。

1）两相电流增大，两相电压降低；出现零序电流、零序电压。

2）电流增大，电压降低为相同两个相别。

3）零序电流向量位于故障两相电流间。

4）故障相间电压超前故障相间电流约 80°；零序电流超前零序电压约 110°。

（4）三相短路故障波形图分析要点。

1）三相电流增大，三相电压降低；没有零序电流、零序电压。

2）故障相电压超前故障相电流约 80°；故障相间电压超前故障相间电流同样约 80°。

4.12.3 故障录波整定计算原则

1. 总的要求

防止频繁启动，宜屏蔽 3、5、7 次谐波，负序电流，负序电压，小电流接地系统的零序电流等启动量，简化开关量。

2. 电流量

各元件相电流、正序电流上限的整定原则如下：

（1）线路、母联、分段、线路开关，宜整定为 1.0 倍电流互感器额定电流二次值。

（2）变压器、变压器开关，宜整定为 $1.1I_N$（I_N 为变压器相应侧额定电流二次值）。

（3）变压器公共绕组，宜整定为 $1.1\times(I_{NM}-I_{NH})$/电流互感器变比（I_{NM}、I_{NH}分别为变压器中、高压侧额定电流二次值）。

（4）相电流突变量、正序电流突变量，宜整定为 0.1 倍电流互感器额定电流二次值，负荷变化剧烈的线路（如电铁、轧钢、炼铝）宜适当提高。

（5）零序电流上限、零序电流突变量，宜整定为0.1倍电流互感器额定电流二次值。

3. 电压量

（1）相电压、正序电压上限，宜整定为64～70V。

（2）相电压、正序电压下限，宜整定为40～46V。

（3）相电压、正序电压突变量，宜整定为6V。

（4）零序电压上限、零序电压突变量，110kV及以上系统宜整定为6V，35kV及以下系统宜整定为15V。

4. 测距

线路通道测距功能投入，阻抗应按设计或实测参数整定，其他通道测距功能应退出。

5. 开关量

应接入开关各相瞬动触点、保护各相动作触点、重合闸动作触点、开关合闸瞬动触点。

第5章

县级电网调度运行操作、工作票管理及案例

5.1 调度操作规定

5.1.1 调度操作基本要求

(1) 操作前，当值调度员要充分考虑对系统运行的影响（如潮流、稳定、电压、继电保护、安全自动装置、通信、自动化、特殊负荷等，方式变化与局部供电可靠性、规程及特定方案的要求），并提前通知有关单位准备操作票，做好事故预想。

(2) 填写和审查操作票要对照电网电子接线图，并与设备运维人员核对有关一、二次设备状态，对需要变更的继电保护及安全自动装置，应填写在操作票内。

(3) 值班调度员发布调度指令时，发令人和受令人应先互报单位和姓名，严格遵守发令、复诵、录音、监护、记录等制度，使用统一调度术语和操作术语，指令和汇报内容应简明扼要。在操作过程中，发令人应按操作票宣读操作任务，受令人应复诵指令全部内容，清楚操作目的和操作顺序，对指令有疑问时应向发令人询问清楚，确认无误后方可操作；受令人不得以任何借口拒绝、拖延执行调度指令。发令时间是值班调度员正式发布操作指令的依据，受令人没有接到发令时间不得进行操作。结束时间是运行操作执行完毕的依据，受令人确认操作已正确完成后应立即向发令人汇报，发令人确认无误后，给出结束时间，该项指令即视为执行完毕。发令及汇报时间双方均应做好记录。

(4) 受令人认为执行调度指令将危及人身、电网或设备安全时，应立即向发令人报告，由其决定指令的执行或撤销。发令人坚持执行时，受令人应执行该指令。若执行该指令确将危及人身、电网或设备安全，受令人应当拒绝执行，同时将拒绝执行的理由及改正指令内容的建议报告发令人和本单位领导。

(5) 操作完毕后，当值调度员应及时变更电网接线图的设备状态。

(6) 检修工作应预留足够的操作时间。下一值接班后 1h 内必须完成的操作，值班调度员和受令操作运维人员应为下一值做好准备工作。因下达操作指令不及时或受令人操作迟缓造成设备延迟投入而构成的事故，应由不及时下达操作指令的调度员或操作迟缓的有关受令人员负责。

(7) 计划倒闸操作应尽量避免在负荷高峰、恶劣天气、系统发生事故和交接班时进行，如必须操作，应有针对性安全预控措施。

(8) 不能因交接班而影响事故处理的正常进行。

(9) 严禁约时停电、送电、装拆接地线、开工检修。

5.1.2 监控操作基本要求

(1) 正常运行时，无人值班站所有运行或热备用状态的开关应具备远方遥控操作条件。

(2) 值班监控员在遥控操作前，应核对现场设备状态是否满足操作条件，并考虑操作过程中的危险点预控措施。

(3) 值班监控员遥控操作时，应核对相关变电站一次系统图画面，优先在分画面上操作。必须严格执行唱票、复诵、监护、录音等制度，确保遥控操作正确。

(4) 值班监控员遥控操作中，若系统故障或异常且影响操作安全时，应暂停操作并报告发令调度，必要时根据新的调度指令进行操作。

(5) 值班监控员遥控操作中，若监控系统发生异常或遥控失灵，应停止操作，通知运维人员现场检查。涉及调度监控主站的缺陷，由值班监控员及时通知自动化运维人员协调处理。

(6) 值班监控员遥控操作后，应通过监控系统检查设备的状态指示、遥测、遥信信号的变化；应有两个及以上的指示，且所有指示均已同时发生对应变化，才能确认该设备已操作到位。若值班监控员对遥控操作结果有疑问，应查明情况，必要时应通知现场运维人员核对设备状态。

(7) 值班监控员遥控操作结束后，应汇报发令调度，并告知现场运维人员。

(8) 现场执行的操作任务，调度操作指令发至受控站现场，现场运维人员操作前、后均应告知监控值班员。

(9) 现场运维人员进行现场操作时，监控值班员不得对该设备进行遥控操作。

5.1.3 调度操作指令

1. 调度操作指令的四种形式

(1) 逐项指令：值班调度员按项目顺序逐项下达操作指令，受令人按照单项指令的内容执行一项操作或一连串操作；受令人完成该操作指令后立即汇报，下一步操作需再次得到调度操作指令后方可进行。逐项指令中可包含综合指令。

(2) 综合指令：值班调度员向受令人发布的不涉及其他厂（站）配合的综合操作任务的调度指令。其具体的逐项操作步骤、内容以及安全措施，均由受令人自行按相关规程拟订。

（3）即时指令：事故处理、单一操作项目时使用。如分、合单一开关或刀闸（不含接地刀闸），增、减有功功率、无功功率负荷，开、停机，限电拉闸，继电保护及安全自动装置的投退，下达或更改日调度计划等。

（4）许可指令：只涉及一个单位且对电网运行方式影响不大的操作，经值班调度员许可后即可操作。操作的正确性、工作的安全性以及保护投、退的合理性，均由受令人负责。

2. 许可操作指令适用的操作项目

（1）发电机组、电容器操作。

（2）母线倒闸操作及电压互感器操作。

（3）发电机、母线的元件保护投、退操作。

（4）馈线分支、公用变压器高压侧开关、跌落保险（刀闸）、专用变压器用户产权分界开关操作。

（5）其他适用于许可操作指令的项目。

3. 许可操作中的注意事项

（1）许可操作的申请：按日计划的安排或应现场临时缺陷处理的要求，运维人员应提前准备好操作票（应使用规范的调度术语和正确的设备名称和编号）；具备操作条件后，向值班调度员说明操作任务和停电范围，申请许可操作；值班调度员确认电网运行状态允许后，下达许可指令。

（2）许可操作的间断：运维人员在操作中涉及投退线路保护，需要其他操作单位配合或现场规定的其他情况时，应暂停操作，与值班调度员联系，待再次许可后，方可继续操作；操作过程中发生异常，应立即中止操作并向值班调度员汇报。

（3）许可操作的终结：操作完毕后，向值班调度员汇报现场操作已全部终结，由值班调度员确认该项操作全部终结。

5.1.4 操作票填写要求

（1）逐项指令、综合指令的操作，值班调度员应填写操作票。

（2）即时指令、许可指令的操作，值班调度员不填写操作票。

（3）受令单位按调度指令填写操作票。

5.1.5 并、解列操作

1. 并列操作

（1）并列条件：

1）相序、相位相同。

2）频率相等，调整有困难时允许频率差不大于0.5Hz。

3）电压相等，调整有困难时允许电压差在10%左右。

4）特殊情况下，当频率差或电压幅值差超过允许偏差时，可经过计算确定允许值。

（2）并列操作应使用同期并列装置。

2. 解列操作

（1）调整解列点有功功率接近零，无功功率尽可能调至最小。

（2）电网间的解列，要事先指定解列后各部分的调频厂，核算各部分有功功率、无功功率平衡，特别要考虑小网承受冲击负荷、不对称负荷的能力，考虑对保护灵敏度的影响和自动发电控制调整方式的改变。

5.1.6 合、解环操作

1. 配电网线路合、解环操作应具备的条件

（1）合、解环操作应遵循“遥控优先”的原则，严禁通过刀闸进行合、解环操作。

（2）合环两侧的相序、相位相同。

（3）合环倒负荷应经核算，确保合环满足电网安全、稳定要求，合环时、解环后线路各侧不过负荷。

（4）合环回路中有关设备应能承载合环操作产生的潮流变化，设备允许载流量满足要求。

（5）合环点两侧对应变电站的母线电压差尽量小。

（6）同一220kV系统内，不宜同时进行两个及以上配电网合环倒负荷操作。

2. 配电网线路合、解环操作注意事项

（1）35kV及以下线路正常为开环运行方式，合环时应征得上级调度的同意。

（2）合、解环操作宜安排在非负荷高峰时段进行。

（3）合环倒负荷操作，原则上重合闸方式不变。

（4）值班调度员下达合、解环操作指令前，应对现场操作人员说明操作意图。

（5）合、解环操作前后，应注意检查潮流变化情况，确保负荷正常转移。

（6）合环操作期间应加强潮流监视，尽量缩短合环时间；若合环时间超过30min，值班调度员可视情况在合适的联络点解环。

（7）合环倒负荷期间发生系统接地故障时，应立即解环。

（8）合环倒负荷操作过程中开关跳闸时，现场操作人员应立即报告值班调度员，按调度指令处理。

（9）存在缺陷且可能影响运行的线路，不宜进行合环倒负荷操作。

5.1.7 线路操作

（1）线路送电操作时，应先合上母线侧刀闸，再合上线路侧刀闸，最后合上开关；停电操作顺序相反。

（2）线路可能受电的各侧都停止运行，解除备用后，才允许在线路上做安全措施。反之，线路上的安全措施未全部拆除之前，不允许线路任何一侧恢复备用。

（3）线路送电时，在开关恢复备用前应按规定将相关保护投入。

（4）新建或改建线路第一次送电时，应以额定电压对线路冲击合闸，并经核相正确后方可正式投入运行；线路改造涉及相序变动的，应在送电前核相正确。

（5）线路送电时，应避免由发电厂（站）侧先送电；充电开关必须具备完整的继电保护，并具备足够的灵敏度，同时必须考虑充电功率可能引起的电压波动或线路末端电压升高。

5.1.8 地方电厂及分布式电源设备运行操作

（1）接入10(6)kV及以上电压等级配电网的地方电厂及分布式电源，其并网/解列管理应按照并网调度协议执行。

（2）调度管辖范围内的地方电厂及分布式电源，在值班调度员发出指令后方可并网/解列。

（3）值班调度员根据地方电厂及分布式电源传送的实时信息，对其实际发电状况进行必要的复核。

（4）地方电厂及分布式电源调度自动化系统、通信设备的运行、检修应按照相关规定执行，不得随意退出或停用。

（5）在威胁电网安全的紧急情况下，值班调度员可以采取必要手段确保和恢复电网安全运行，包括调整地方电厂及分布式电源发电出力、实施解列等。

5.1.9 变压器操作

（1）变压器并列运行的条件。

1）接线组别相同。

2）电压、变比相等（允许差0.5%）。

3）短路电压相等（允许差10%）。

4）否则应经计算，并验证任一台变压器都不会过负荷的情况下，才可以并列运行。

（2）新投变压器应经5次冲击合闸试验。大修后的变压器应冲击合闸试验3次，每次冲击合闸都应详细检查变压器和各种保护装置有无异常情况。

（3）变压器投运时，宜选择保护齐全、可靠和有后备保护的电源侧充电。

（4）变压器转备用，后备保护跳分段、母联开关的保护可不退出，但保护有工作时应退出。对于没有单独开关的变压器只要停运，主变跳运行开关的所有保护均应退出。

（5）变压器开关应选用三相联动操动机构，防止变压器非全相运行。

（6）配电变压器停电操作，应先停低压侧、后停高压侧。送电操作顺序相反。

5.1.10 母线、刀闸、跌落保险操作范围

1. 母线的操作范围

（1）用母线分段（或母联）开关对空母线充电时，凡有母线充电保护的应投入，但在母线分段（或母联）开关带负荷前必须停用。

（2）母线倒闸操作过程中，继电保护及安全自动装置二次回路的相应切换由现场负责。

（3）在停母线或母线电压互感器操作时，应先断开电压互感器二次空气开关或保险，再拉开一次刀闸。防止电压互感器二次侧向母线反充电，或保护装置因失去电压而误动作。

2. 刀闸的操作范围

（1）在电网无接地故障时，拉合消弧线圈。

（2）与开关并联的旁路刀闸，当开关合闸时，可以拉合开关的旁路电流。

（3）在电网无接地故障时，拉合电压互感器。

（4）在无雷电活动时，拉合避雷器。

（5）在电网无接地故障时，拉合变压器中性点接地刀闸（简称中地）。

（6）拉合空母线，但不得对母线试充电。

（7）拉合同一电压等级、同一变电站内经开关闭合的并联回路。

（8）拉、合电容电流不超过5A的空载线路。

（9）其他操作按现场规程执行。

3. 跌落保险的操作范围

跌落保险可拉合10(6)kV空载变压器。

5.1.11 开关操作

（1）当开关运行中看不到油位且有明显的漏油处、液压（气动）机构压力低或SF_6气体压力低时，严禁用此开关分、合负载电流和故障电流。

（2）处于备用状态的开关，保护应投入运行；不具备合环条件的开关（如两侧电源相位不清），当两侧带电的情况下严禁恢复备用。

（3）10(6)kV 柱上开关、环网柜开关操作。

1）线路柱上开关、环网柜开关停电操作顺序：断开开关，拉开负荷侧刀闸，拉开电源侧刀闸。

2）线路柱上开关、环网柜开关送电操作顺序：推上电源侧刀闸，推上负荷侧刀闸，合上开关。

（4）调度管辖 10(6)kV 柱上开关、环网柜开关的停送电操作必须根据值班调度员的指令进行。柱上开关、环网柜开关操作分为远方遥控操作和就地操作两种，远方遥控操作由值班调度员负责，就地操作由设备运维人员负责。开关远方操作应经过实传试验后方可进行遥控操作。

（5）具备“三遥”功能的开关就地操作或检修时，其相应终端应切至“就地（闭锁/手动）”位置；当开关恢复运行（或热备用）状态时，其相应终端应切至“远方（自动）”位置。

（6）远方遥控操作时，需设备运维人员核对设备状态，设备应无异常信号，开关及终端在“远方（自动）”状态，具备遥控条件。核对设备操作前状态应与配电网调度技术支持系统相一致，若不一致，应立即停止遥控操作，并通知设备运维人员确认设备状态。

（7）具备“三遥”功能的柱上开关、环网柜开关操作后，若为就地操作，应检查其位置及机械指示器是否正确，有仪表指示的还应检查仪表指示是否正确；若为远方遥控操作，应检查其遥测、遥信的变化，至少应有两个非同样原理或非同源的指示发生对应变化，所有这些确定的指示均已同时发生对应变化，且与现场设备运维人员核对设备确已操作到位。

（8）配电网改变运行方式、事故处理和设备计划检修停送电操作时，具备远方遥控操作功能的柱上开关、环网柜开关，优先采用远方遥控操作。操作时必须执行监护制度，操作发令人与操作监护人不得为同一人。

（9）值班调度员对配电开关远方遥控操作不成功时，应令现场设备运维人员就地操作。设备运维人员进行就地操作时，值班调度员不得对该开关进行远方遥控操作。

（10）发生下列情况之一者，不得进行配电网远方遥控操作：

1）开闭所或者配电终端故障。

2）开闭所直流电源发生故障。

3）新设备投运，未经遥控试验，不具备遥控条件。

4）设备存在缺陷，不具备遥控条件。

5）设备正在进行检修（遥控验收除外）。

6）自动化系统或通信系统异常，影响设备遥控操作。

7）有操作人员巡视或有人工作。

8）其他标准规定不允许遥控操作的情况。

5.1.12 其他操作

1. 电容器操作

（1）电容器的运行电压不得超过电容器额定电压的110%，电流不应长时间超过电容器额定电流的1.3倍。

（2）电容器的停运和投运时间至少应间隔5min。

（3）电容器开关因保护动作（欠电压保护除外）跳闸，或电容器本身保险熔断，应查明原因，并进行处理后方可送电。

（4）电容器组停电接地前，应待放电完毕后方可进行验电接地。

2. 消弧线圈操作

（1）正常情况下，消弧线圈的运行应遵循过补偿的原则。

（2）经消弧线圈接地的系统，在对线路强送时，严禁将消弧线圈退出。系统发生接地时，禁止投退消弧线圈。

（3）主变和消弧线圈一起停电时，应先拉开消弧线圈的刀闸，再停主变；送电时顺序与此相反。

（4）消弧线圈从一台变压器的中性点切换到另一台变压器运行时，必须先将消弧线圈断开后再切换。不得将两台变压器的中性点同时接到一台消弧线圈上。

5.2 调度综合指令使用案例

下面以三门峡市陕州区电网部分操作为例，介绍具体的操作任务与调度指令。

5.2.1 分路开关检修的停送电操作

1. 开关带两侧刀闸

（1）操作任务：35kV××2停电操作。

调度指令：35kV××2开关停止运行，解除备用，做安全措施。

（2）操作任务：35kV××2送电操作。

调度指令：35kV××2开关拆除安全措施，恢复备用，加入运行。

解析：

1）开关停电应按照断开开关，拉开负荷侧（甲）刀闸，拉开电源侧（母）刀闸，最后做安全措施的顺序进行；送电时顺序与此相反。开关检修应在开关与两侧刀闸之间做安全措施。

2）操作票中设备应采用双重名称。

2. 开关带两侧刀闸和乙刀闸

(1) 操作任务：10kV××1 停电操作。

调度指令：10kV××1 开关停止运行，解除备用，做安全措施。

(2) 操作任务：10kV××1 送电操作。

调度指令：10kV××1 开关拆除安全措施，恢复备用，加入运行。

解析：

1) 开关停电应按照断开开关，拉开负荷侧（甲）刀闸，拉开电源侧（母）刀闸，拉开负荷侧（乙）刀闸，最后做安全措施的顺序进行；送电时顺序与此相反。开关检修应在开关与两侧刀闸之间做安全措施。

2) 操作票中设备应采用双重名称。

3. 手车式开关、无乙刀闸

(1) 操作任务：35kV××1 停电操作。

调度指令：35kV××1 开关停止运行，解除备用，做安全措施。

(2) 操作任务：35kV××1 送电操作。

调度指令：35kV××1 开关拆除安全措施，恢复备用，加入运行。

解析：

1) 开关停电应按照断开开关，拉出手车至检修位置，最后做安全措施的顺序进行；送电时顺序与此相反。

2) 操作票中设备应采用双重名称。

4. 手车式开关、有乙刀闸

(1) 操作任务：10kV××1 停电操作。

调度指令：10kV××1 开关停止运行，解除备用，做安全措施。

(2) 操作任务：10kV××1 送电操作。

调度指令：10kV××1 开关拆除安全措施，恢复备用，加入运行。

解析：

1) 开关停电应按照断开开关，拉出手车至检修位置，拉开乙刀闸，最后做安全措施的顺序进行；送电时顺序与此相反。

2) 操作票中设备应采用双重名称。

5.2.2 单电源线路检修的停送电操作

1. 开关带两侧刀闸

(1) 操作任务：10kV××线停电操作。

调度指令：10kV××线停止运行，解除备用，做安全措施。

(2) 操作任务：10kV××线送电操作。

调度指令：10kV××线拆除安全措施，恢复备用，加入运行。

解析：

1）单电源线路停电应按照断开开关，拉开负荷侧（甲）刀闸，拉开电源侧（母）刀闸，最后做安全措施的顺序进行；送电时顺序与此相反。线路检修应在刀闸线路侧做安全措施。

2）操作票中设备应采用双重名称。

2. 开关带两侧刀闸和乙刀闸

(1) 操作任务：10kV××线停电操作。

调度指令：10kV××线停止运行，解除备用，做安全措施。

(2) 操作任务：10kV××线送电操作。

调度指令：10kV××线拆除安全措施，恢复备用，加入运行。

解析：

1）单电源线路停电应按照断开开关，拉开负荷侧（甲）刀闸，拉开电源侧（母）刀闸，拉开负荷侧（乙）刀闸，最后做安全措施的顺序进行；送电时顺序与此相反。线路检修应在乙刀闸线路侧做安全措施。

2）操作票中设备应采用双重名称。

3. 手车式、无乙刀闸

(1) 操作任务：10kV××线停电操作。

调度指令：10kV××线停止运行，解除备用，做安全措施。

(2) 操作任务：10kV××线送电操作。

调度指令：10kV××线拆除安全措施，恢复备用，加入运行。

解析：

1）单电源线路停电应按照断开开关，拉出手车至检修位置，最后做安全措施的顺序进行；送电时顺序与此相反。线路检修应在手车开关线路侧做安全措施。

2）操作票中设备应采用双重名称。

4. 手车式、有乙刀闸

(1) 操作任务：10kV××线停电操作。

调度指令：10kV××线停止运行，解除备用，做安全措施。

(2) 操作任务：10kV××线送电操作。

调度指令：10kV××线拆除安全措施，恢复备用，加入运行。

解析：

1）单电源线路停电应按照断开开关，拉出手车至检修位置，拉开乙刀闸，最后做安全措施的顺序进行；送电时顺序与此相反。线路检修应在乙刀闸线路侧做安全措施。

2）操作票中设备应采用双重名称。

5.2.3 单电源线路和开关同时检修的停送电操作

1. 开关带两侧刀闸

（1）操作任务：10kV××1、××线停电操作。

调度指令：10kV××1线停止运行，解除备用，做安全措施。

（2）操作任务：10kV××1、××线送电操作。

调度指令：10kV××1线拆除安全措施，恢复备用，加入运行。

解析：

1）停电应按照断开开关，拉开负荷侧（甲）刀闸，拉开电源侧（母）刀闸，最后做安全措施的顺序进行；送电时顺序与此相反。开关检修应在开关与两侧刀闸之间做安全措施，线路检修应在负荷侧（甲）刀闸线路侧做安全措施。

2）操作票中设备应采用双重名称。

2. 开关带两侧刀闸和乙刀闸

（1）操作任务：10kV××1、××线停电操作。

调度指令：10kV××1线停止运行，解除备用，做安全措施。

（2）操作任务：10kV××1、××线送电操作。

调度指令：10kV××1线拆除安全措施，恢复备用，加入运行。

解析：

1）停电应按照断开开关，拉开负荷侧（甲）刀闸，拉开电源侧（母）刀闸，拉开负荷侧（乙）刀闸，最后做安全措施的顺序进行；送电时顺序与此相反。开关检修应在开关与两侧刀闸之间做安全措施，线路检修应在乙刀闸线路侧做安全措施。

2）操作票中设备应采用双重名称。

3. 手车式、无乙刀闸

（1）操作任务：10kV××1、××线停电操作。

调度指令：10kV××1线停止运行，解除备用，做安全措施。

（2）操作任务：10kV××1、××线送电操作。

调度指令：10kV××1线拆除安全措施，恢复备用，加入运行。

解析：

1）停电应按照断开开关，拉出手车至检修位置，最后做安全措施的顺序进行；送电时顺序与此相反。线路检修应在手车开关线路侧做安全措施。

2）操作票中设备应采用双重名称。

4. 手车式、有乙刀闸

（1）操作任务：10kV××1、××线停电操作。

调度指令：10kV××1 线停止运行，解除备用，做安全措施。

（2）操作任务：10kV××1、××线送电操作。

调度指令：10kV××1 线拆除安全措施，恢复备用，加入运行。

解析：

1）停电应按照断开开关，拉出手车至检修位置，拉开乙刀闸，最后做安全措施的顺序进行；送电时顺序与此相反。线路检修应在乙刀闸线路侧做安全措施。

2）操作票中设备应采用双重名称。

5.2.4 母联开关检修的停送电操作

1. 开关带两侧刀闸

（1）操作任务：××350 开关停电操作。

调度指令：××350 开关停止运行，解除备用，做安全措施。

（2）操作任务：××350 开关送电操作。

调度指令：××350 开关拆除安全措施，恢复备用，加入运行。

解析：

1）停电应按照断开开关，拉开不带电侧刀闸，拉开带电侧刀闸，最后做安全措施的顺序进行；送电时顺序与此相反；母线两侧刀闸都带电的情况下，拉闸顺序不做规定。开关检修应在开关与两侧刀闸之间做安全措施。

2）操作票中设备应采用双重名称。

2. 手车式

（1）操作任务：××10 开关停电操作。

调度指令：××10 开关停止运行，解除备用，做安全措施。

（2）操作任务：××10 开关送电操作。

调度指令：××10 开关拆除安全措施，恢复备用，加入运行。

解析：

1）停电应按照断开开关，拉出开关手车至检修位置，拉出刀闸手车至检修位置，最后做安全措施的顺序进行；送电时顺序与此相反。

2）操作票中设备应采用双重名称。

5.2.5 电容器开关检修的停送电操作

1. 开关带两侧刀闸

（1）操作任务：10kV××1 号电容器停电操作。

调度指令：10kV××1 号电容器开关停止运行，解除备用，做安全措施。

(2) 操作任务：10kV××1 号电容器送电操作。

调度指令：10kV××1 号电容器开关拆除安全措施，恢复备用，加入运行。

解析：

1）停电应按照断开开关，拉开负荷侧（甲）刀闸，拉开电源侧（母）刀闸，最后做安全措施的顺序进行；送电时顺序与此相反。开关检修应在开关与两侧刀闸之间做安全措施。

2）操作票中设备应采用双重名称。

2. 手车式

(1) 操作任务：10kV××1 号电容器开关停电操作。

调度指令：10kV××1 号电容器开关停止运行，解除备用，做安全措施。

(2) 操作任务：10kV××1 号电容器开关送电操作。

调度指令：10kV××1 号电容器开关拆除安全措施，恢复备用，加入运行。

解析：

1）停电应按照断开开关，拉出开关手车至检修位置，拉开乙刀闸，最后做安全措施的顺序进行；送电时顺序与此相反。

2）操作票中设备应采用双重名称。

5.2.6 电容器检修的停送电操作

1. 开关带两侧刀闸

(1) 操作任务：10kV××1 号电容器停电操作。

调度指令：10kV××1 号电容器停止运行，解除备用，做安全措施。

(2) 操作任务：10kV××1 号电容器送电操作。

调度指令：10kV××1 号电容器拆除安全措施，恢复备用，加入运行。

解析：

1）停电应按照断开开关，拉开负荷侧（甲）刀闸，拉开电源侧（母）刀闸，最后做安全措施的顺序进行；送电时顺序与此相反。××1 号电容器做安全措施。

2）操作票中设备应采用双重名称。

2. 手车式

(1) 操作任务：10kV××1 号电容器停电操作。

调度指令：10kV××1 号电容器停止运行，解除备用，做安全措施。

(2) 操作任务：10kV××1 号电容器送电操作。

调度指令：10kV××1 号电容器拆除安全措施，恢复备用，加入运行。

解析：

1）停电应按照断开开关，拉出开关手车至检修位置，拉开乙刀闸，最后做安全措施的顺序进行；送电时顺序与此相反。××1号电容器做安全措施。

2）操作票中设备应采用双重名称。

5.2.7 电容器及其开关检修的停送电操作

1. 开关带两侧刀闸

（1）操作任务：10kV××1号电容器开关、××1号电容器停电操作。

调度指令：10kV××1号电容器开关及××1号电容器组停止运行，解除备用，做安全措施。

（2）操作任务：10kV××1号电容器开关、××1号电容器送电操作。

调度指令：10kV××1号电容器开关及××1号电容器组拆除安全措施，恢复备用，加入运行。

解析：

1）停电应按照断开开关，拉开负荷侧（甲）刀闸，拉开电源侧（母）刀闸，最后做安全措施的顺序进行；送电时顺序与此相反。开关及电容器做安全措施。

2）操作票中设备应采用双重名称。

2. 手车式

（1）操作任务：10kV××1号电容器开关、××1号电容器停电操作。

调度指令：10kV××1号电容器开关及××1号电容器组停止运行，解除备用，做安全措施。

（2）操作任务：10kV××1号电容器开关、××1号电容器送电操作。

调度指令：10kV××1号电容器开关及××1号电容器组拆除安全措施，恢复备用，加入运行。

解析：

1）停电应按照断开开关，拉出开关手车至检修位置，拉开乙刀闸，最后做安全措施的顺序进行；送电时顺序与此相反。开关及电容器做安全措施。

2）操作票中设备应采用双重名称。

5.2.8 电压互感器检修的停送电操作

1. 单母线

（1）操作任务：××10kV母线电压互感器停电。

调度指令：××10kV PT停止运行，解除备用，做安全措施。

(2) 操作任务：××10kV 母线电压互感器送电。

调度指令：××10kV PT 拆除安全措施，恢复备用，加入运行。

2. 单母线分段、正常方式两台 PT 分列运行

(1) 操作任务：××10kV 西母 PT 停电。

调度指令：××10kV 西母 PT 二次负荷倒东母 PT 带，西母 PT 停止运行，解除备用，做安全措施。

(2) 操作任务：××10kV 西母电压互感器送电。

调度指令：××10kV 西母 PT 拆除安全措施，恢复备用，加入运行。西母 PT 二次负荷倒正常运行方式。

解析：操作时注意一次先并列，二次再并列。

5.2.9 主变（35kV）检修的停送电操作

1. 单主变

(1) 操作任务：××1 号主变停电。

调度指令：××1 号主变停止运行，解除备用，做安全措施。

(2) 操作任务：××1 号主变送电。

调度指令：××1 号主变拆除安全措施，恢复备用，加入运行。

2. 双主变（正常方式两台主变并列运行，其中一台停电）

(1) 操作任务：××2 号主变停电。

调度指令：××2 号主变停止运行，解除备用，做安全措施。

(2) 操作任务：××2 号主变送电。

调度指令：××2 号主变拆除安全措施，恢复备用，加入并列运行。

解析：两台主变并列前检查变比是否一致。注意检修主变保护跳 10 压板的投退。

3. 双主变（正常方式一台运行、一台备用）

(1) 操作任务：××2 号主变停电。

调度指令：××1 号主变加入并列运行带全站负荷，××2 号主变停止运行，解除备用，做安全措施。

(2) 操作任务：××2 号主变送电。

调度指令：××2 号主变拆除安全措施，恢复备用，加入并列运行带全站负荷，××1 号主变停止运行。

解析：两台主变并列前检查变比是否一致。注意检修主变保护跳 10 压板的投退。

5.2.10 母线检修的停送电操作

(1) 操作任务：××10kV 母线停电。

调度指令：××10kV 母线停止运行，解除备用，做安全措施。

（2）操作任务：××10kV 母线送电。

调度指令：××10kV 母线拆除安全措施，恢复备用，加入运行。

5.2.11 保护及安全自动装置投退操作

（1）操作任务：××2 号主变差动保护退出。

调度指令：退出××2 号主变差动保护。

（2）操作任务：××2 号主变差动保护投入。

调度指令：投入××2 号主变差动保护。

（3）操作任务：××2 号主变本体轻瓦斯保护退出。

调度指令：退出××2 号主变本体轻瓦斯保护。

（4）操作任务：××2 号主变本体轻瓦斯保护投入。

调度指令：投入××2 号主变本体轻瓦斯保护。

（5）操作任务：10kV××线保护退出。

调度指令：退出 10kV××开关保护。

（6）操作任务：10kV××线保护投入。

调度指令：投入 10kV××开关保护。

（7）操作任务：×350 备自投退出。

调度指令：退出×350 开关备自投装置。

（8）操作任务：×350 备自投投入。

调度指令：投入×350 开关备自投装置。

（9）操作任务：10kV××线重合闸退出。

调度指令：退出 10kV××开关重合闸。

（10）操作任务：10kV××线重合闸投入。

调度指令：投入 10kV××开关重合闸。

（11）操作任务：××2 号主变挡位调整。

调度指令：将××2 号主变 35kV 分接头由×挡调至×挡。

5.3 调度逐项指令使用案例

下面以三门峡市陕州区电网部分操作为例，介绍具体的操作任务与调度指令。

5.3.1 35kV 双电源变电站的倒方式操作

35kV 双电源函石变电站进线接线如图 5-1 所示（以下××变电站简称××变）。

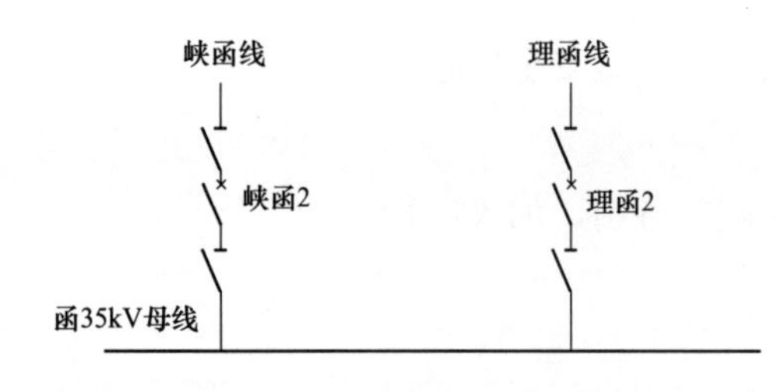

图 5-1　35kV 双电源函石变进线接线示意图

运行方式：35kV 峡函线带函石变，理函线备用。

1. 不具备合环倒负荷条件时

（1）操作任务：35kV 峡函 2 开关停止运行，解除备用；35kV 函石变负荷倒理函线带。

1）函石变：35kV 峡函 2 开关停止运行，解除备用。

2）函石变：35kV 理函 2 开关恢复备用，加入运行。

3）理存变：投入 35kV 理函 1 开关重合闸。

4）峡谷变：退出 35kV 峡函 1 开关重合闸。

（2）操作任务：35kV 理函 2 开关停止运行，解除备用；35kV 函石变负荷倒峡函线带。

1）函石变：35kV 理函 2 开关停止运行，解除备用。

2）函石变：35kV 峡函 2 开关恢复备用，加入运行。

3）峡谷变：投入 35kV 峡函 1 开关重合闸。

4）理存变：退出 35kV 理函 1 开关重合闸。

2. 具备合环倒负荷条件时

（1）操作任务：35kV 理函 2 开关加入合环运行，峡函 2 开关停止运行。

1）调度班：确认 35kV 理函 2 开关（合环点）两侧核相正确。

2）调度班：确认该操作已经潮流计算，具备合环倒负荷条件。

3）调度班：向地调申请 35kV 理函线、峡函线合环倒负荷（同意）。

4）调度班：检查函 35kV 母线与理 35kV 母线电压差不大于 1.75kV，可合环并倒负荷。

5）调度班：检查 35kV 峡函 2 开关负载电流 75A，允许 200A；35kV 理函 2 开关负载电流 0A，允许 400A。

6）函石变：35kV 理函 2 开关加入运行（合环）。

7）调度班：检查 35kV 峡函 2 开关负载电流 74A；35kV 理函 2 开关负载电流 30A。

8）函石变：35kV 峡函 2 开关停止运行（解环）。

9）理存变：投入 35kV 理函 1 开关重合闸。

10）峡谷变：退出 35kV 峡函 1 开关重合闸。

11）调度班：向地调汇报 35kV 理函线、峡函线合环倒负荷结束。

（2）操作任务：35kV 峡函 2 开关加入合环运行，理函 2 开关停止运行。

1）调度班：确认 35kV 峡函 2 开关（合环点）两侧核相正确。

2）调度班：确认该操作已经潮流计算，具备合环倒负荷条件。

3）调度班：向地调申请35kV理函线、峡函线合环倒负荷（同意）。

4）调度班：检查函35kV母线与理35kV母线电压差不大于1.75kV，可合环并倒负荷。

5）调度班：检查35kV峡函2开关负载电流0A，允许200A；35kV理函2负载电流73A，允许400A。

6）函石变：35kV峡函2开关加入运行（合环）。

7）调度班：检查35kV峡函2开关负载电流89A；35kV理函2开关负载电流84A。

8）函石变：35kV理函2开关停止运行（解环）。

9）峡谷变：投入35kV峡函1开关重合闸。

10）理存变：退出35kV理函1开关重合闸。

11）调度班：向地调汇报35kV理函线、峡函线合环倒负荷结束。

5.3.2 10kV双电源开闭所的倒方式操作

10kV双电源开闭所进线接线如图5-2所示。

运行方式：10kV成开线带开闭所，元开线备用。

1. 不具备合环倒负荷条件时

操作任务：10kV成开2开关停止运行，解除备用；开闭所负荷倒10kV元开线带。

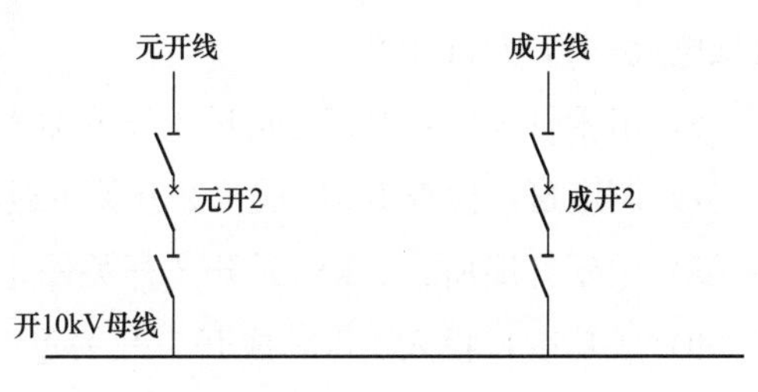

图5-2 10kV双电源开闭所进线接线示意图

（1）田禾开闭所：10kV成开2开关停止运行，解除备用。

（2）田禾开闭所：10kV元开2开关恢复备用，加入运行。

（3）元典变：投入10kV元开1开关重合闸。

（4）成功变：退出10kV成开1开关重合闸。

2. 具备合环倒负荷条件时

（1）操作任务：10kV元开2开关加入合环运行，10kV成开2开关停止运行。

1）调度班：确认10kV元开2开关（合环点）两侧核相正确。

2）调度班：确认该操作已经潮流计算，具备合环倒负荷条件。

3）调度班：向地调申请10kV成开线、元开线合环倒负荷（同意）。

4）调度班：检查成10kV东母与元10kV西母电压差不大于500V，可合环并倒负荷。

5）调度班：检查10kV成开2开关负载电流221A，允许400A；10kV元开2开关负载电流 0A，允许 400A。

6）田禾开闭所：10kV 元开 2 开关加入运行（合环）。

7）调度班：检查 10kV 成开 2 开关负载电流 147A；10kV 元开 2 开关负载电流 70A。

8）田禾开闭所：10kV 成开 2 开关停止运行（解环）。

9）元典变：投入 10kV 元开 1 开关重合闸。

10）成功变：退出 10kV 成开 1 开关重合闸。

11）调度班：向地调汇报 10kV 成开线、元开线合环倒负荷结束。

（2）操作任务：10kV 成开 2 开关加入合环运行，10kV 元开 2 开关停止运行。

1）调度班：确认 10kV 成开 2 开关（合环点）两侧核相正确。

2）调度班：确认该操作已经潮流计算，具备合环倒负荷条件。

3）调度班：向地调申请 10kV 成开线、元开线合环倒负荷（同意）。

4）调度班：检查成 10kV 东母与元 10kV 西母电压差不大于 500V，可合环并倒负荷。

5）调度班：检查 10kV 元开 2 开关负载电流 203A，允许 400A；10kV 成开 2 开关负载电流 0A，允许 400A。

6）田禾开闭所：10kV 成开 2 开关加入运行（合环）。

7）调度班：检查 10kV 成开 2 开关负载电流 131A；10kV 元开 2 开关负载电流 72A。

8）田禾开闭所：10kV 元开 2 开关停止运行（解环）。

9）成功变：投入 10kV 成开 1 开关重合闸。

10）元典变：退出 10kV 元开 1 开关重合闸。

11）调度班：向地调汇报 10kV 成开线、元开线合环倒负荷结束。

5.3.3 10kV 联络线的倒方式操作

10kV 联络线接线如图 5-3 所示。

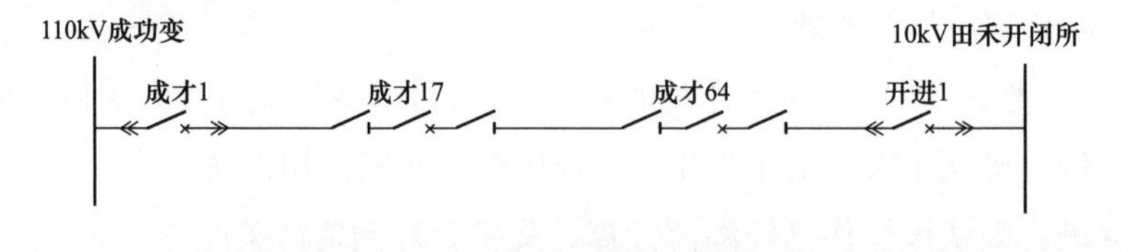

图 5-3 10kV 联络线接线示意图

运行方式：10kV 成才线 64 开关停运解除备用，为 10kV 成才线、开进线的联络点。

1. 不具备合环倒负荷条件时

操作任务：10kV 成才线 17 开关停止运行，解除备用；17 开关以后负荷倒开进线带。

（1）供电所：10kV 成才线 17 开关停止运行，解除备用。

（2）供电所：10kV 成才线 64 开关恢复备用，加入运行。

2. 具备合环倒负荷条件时

（1）操作任务：10kV 成才线 64 开关加入合环运行，10kV 成才线 17 开关停止运行。

1）调度班：确认 10kV 成才线 64 开关（合环点）两侧核相正确。

2）调度班：确认该操作已经潮流计算，具备合环倒负荷条件。

3）调度班：向地调申请 10kV 成才线、开进线合环倒负荷（同意）。

4）调度班：检查开 10kV 母线与成 10kV 东母电压差不大于 500V，可合环并倒负荷。

5）调度班：检查 10kV 成才 1 开关负载电流 50A，允许 300A；10kV 开进 1 开关负载电流 13A，允许 150A。

6）供电所：10kV 成才线 64 开关加入运行（合环）。

7）调度班：检查 10kV 成才 1 开关负载电流 101A；10kV 开进 1 开关负载电流 43A。

8）供电所：确认已带负荷，10kV 成才线 17 号开关停止运行（解环）。

9）调度班：检查 10kV 成才 1 开关负载电流 13A；10kV 开进 1 开关负载电流 79A。

10）调度班：全面检查，做好方式变化记录。

（2）操作任务：10kV 成才线 17 开关加入合环运行，10kV 成才线 64 开关停止运行。

1）调度班：确认 10kV 成才线 17 开关（合环点）两侧核相正确。

2）调度班：确认该操作已经潮流计算，具备合环倒负荷条件。

3）调度班：向地调申请 10kV 成才线、开进线合环倒负荷（同意）。

4）调度班：检查开 10kV 母线与成 10kV 东母电压差不大于 500V，可合环并倒负荷。

5）调度班：10kV 成才 1 开关负载电流 1.4A，允许 300A；10kV 开进 1 负载电流 44A，允许 150A。

6）供电所：10kV 成才线 17 开关加入运行（合环）。

7）调度班：检查 10kV 成才 1 开关负载电流 123A；10kV 开进 1 开关负载电流 45A。

8）供电所：确认已带负荷，10kV 成才线 64 开关停止运行（解环）。

9）调度班：检查 10kV 成才 1 开关负载电流 31A；10kV 开进 1 开关负载电流 15A。

10）调度班：全面检查，做好方式变化记录。

5.3.4 35kV线路（单电源）检修的停送电操作

35kV单电源变电站进线接线如图5-4所示。

图5-4 35kV单电源变电站进线接线示意图

运行方式：35kV峡工线运行。

线路工作：35kV峡工线停电检修。

(1) 操作任务：35kV峡工线停止运行，解除备用，做安全措施。

1) 工厂变：35kV峡工2开关停止运行。

2) 峡谷变：退出35kV峡工1开关重合闸。

3) 峡谷变：35kV峡工1开关停止运行。

4) 工厂变：35kV峡工2开关解除备用。

5) 峡谷变：35kV峡工1开关解除备用。

6) 峡谷变：35kV峡工线做安全措施。

7) 工厂变：35kV峡工线做安全措施。

(2) 操作任务：35kV峡工线拆除安全措施，恢复备用，加入运行。

1) 工厂变：35kV峡工线拆除安全措施。

2) 峡谷变：35kV峡工线拆除安全措施。

3) 峡谷变：检查35kV峡工1开关电流保护确在投入，35kV峡工1开关恢复备用。

4) 工厂变：35kV峡工2开关恢复备用。

5) 峡谷变：35kV峡工1开关加入运行。

6) 工厂变：35kV峡工2开关加入运行。

7) 峡谷变：投入35kV峡工1开关重合闸。

5.3.5 35kV线路（变电站双电源）检修的停送电操作

正常运行方式：35kV峡函线带函石变，理函线备用（见图5-1）。

线路工作：35kV峡函线停电检修。

1. 不具备合环倒负荷条件时

(1) 操作任务：35kV峡函线停止运行，解除备用，做安全措施；35kV函石变负荷倒理函线带。

1）函石变：35kV 峡函 2 开关停止运行。

2）峡谷变：退出 35kV 峡函 1 开关重合闸。

3）峡谷变：35kV 峡函 1 开关停止运行。

4）函石变：35kV 峡函 2 开关解除备用。

5）函石变：35kV 理函 2 开关恢复备用，加入运行。

6）峡谷变：35kV 峡函 1 开关解除备用。

7）函石变：35kV 峡函线做安全措施。

8）峡谷变：35kV 峡函线做安全措施。

9）理存变：投入 35kV 理函 1 开关重合闸。

（2）操作任务：35kV 峡函线拆除安全措施，恢复备用，加入运行；35kV 函石变倒正常方式。

1）峡谷变：35kV 峡函线拆除安全措施。

2）函石变：35kV 峡函线拆除安全措施。

3）峡谷变：检查 35kV 峡函 1 开关电流保护确在投入，35kV 峡函 1 开关恢复备用。

4）函石变：35kV 理函 2 开关停止运行，解除备用。

5）函石变：35kV 峡函 2 开关恢复备用。

6）峡谷变：35kV 峡函 1 开关加入运行。

7）函石变：35kV 峡函 2 开关加入运行。

8）峡谷变：投入 35kV 峡函 1 开关重合闸。

9）理存变：退出 35kV 理函 1 开关重合闸。

2. 具备合环倒负荷条件时

（1）操作任务：35kV 理函 2 开关加入合环运行带函石变；35kV 峡函线停止运行，解除备用，做安全措施。

1）调度班：确认 35kV 理函 2 开关（合环点）两侧核相正确。

2）调度班：确认该操作已经潮流计算，具备合环倒负荷条件。

3）调度班：向地调申请 35kV 理函线、峡函线合环倒负荷（同意）。

4）调度班查：函 35kV 母线与理 35kV 母线电压差不大于 1.75kV，可合环并倒负荷。

5）调度班查：35kV 峡函 2 开关负载电流 75A，允许 200A；35kV 理函 2 开关负载电流 0A，允许 400A。

6）函石变：35kV 理函 2 开关加入运行（合环）。

7）调度班查：35kV 峡函 2 开关负载电流 74A；35kV 理函 2 开关负载电流 30A。

8）函石变：35kV 峡函 2 开关停止运行（解环）。

9）峡谷变：退出 35kV 峡函 1 开关重合闸。

10）峡谷变：35kV 峡函 1 开关停止运行。

11）函石变：35kV 峡函 2 开关解除备用。

12）峡谷变：35kV 峡函 1 开关解除备用。

13）函石变：35kV 峡函线做安全措施。

14）峡谷变：35kV 峡函线做安全措施。

15）理存变：投入 35kV 理函 1 开关重合闸。

16）调度班：向地调汇报 35kV 理函线、峡函线合环倒负荷结束。

（2）操作任务：35kV 峡函线拆除安全措施，恢复备用，加入运行；35kV 函石变倒正常方式。

1）峡谷变：35kV 峡函线拆除安全措施。

2）函石变：35kV 峡函线拆除安全措施。

3）峡谷变：检查 35kV 峡函 1 开关电流保护确在投入，35kV 峡函 1 开关恢复备用。

4）函石变：35kV 峡函 2 开关恢复备用。

5）峡谷变：35kV 峡函 1 开关加入运行。

6）调度班：确认 35kV 峡函 2 开关（合环点）两侧核相正确。

7）调度班：确认该操作已经潮流计算，具备合环倒负荷条件。

8）调度班：向地调申请 35kV 理函线、峡函线合环倒负荷（同意）。

9）调度班：检查函 35kV 母线与理 35kV 母线电压差不大于 1.75kV，可合环并倒负荷。

10）调度班：检查 35kV 峡函 2 开关负载电流 0A，允许 200A；35kV 理函 2 开关负载电流 73A，允许 400A。

11）函石变：35kV 峡函 2 开关加入运行（合环）。

12）调度班：检查 35kV 峡函 2 开关负载电流 89A；35kV 理函 2 开关负载电流 84A。

13）函石变：35kV 理函 2 开关停止运行（解环）。

14）峡谷变：投入 35kV 峡函 1 开关重合闸。

15）理存变：退出 35kV 理函 1 开关重合闸。

16）调度班：向地调汇报 35kV 理函线、峡函线合环倒负荷结束。

5.3.6 10kV 线路（开闭所双电源）检修的停送电操作

正常运行方式：10kV 成开线带开闭所，元开线备用（见图 5-2）。

线路工作：10kV 成开线停电检修。

1. 不具备合环倒负荷条件时

(1) 操作任务：10kV 成开线停止运行，解除备用，做安全措施；10kV 田禾开闭所负荷倒元开线带。

1) 田禾开闭所：10kV 成开 2 开关停止运行。

2) 成功变：退出 10kV 成开 1 开关重合闸。

3) 成功变：10kV 成开 1 开关停止运行。

4) 田禾开闭所：10kV 成开 2 开关解除备用。

5) 田禾开闭所：10kV 元开 2 开关恢复备用，加入运行。

6) 成功变：10kV 成开 1 开关解除备用。

7) 田禾开闭所：10kV 成开线做安全措施。

8) 成功变：10kV 成开线做安全措施。

9) 元典变：投入 10kV 元开 1 开关重合闸。

10kV 成开线检修结束，恢复送电。

(2) 操作任务：10kV 成开线拆除安全措施，恢复备用，加入运行；10kV 田禾开闭所倒正常方式。

1) 田禾开闭所：10kV 成开线拆除安全措施。

2) 成功变：10kV 成开线拆除安全措施。

3) 成功变：检查 10kV 成开 1 开关电流保护确在投入，10kV 成开 1 开关恢复备用。

4) 田禾开闭所：10kV 元开 2 开关停止运行，解除备用。

5) 田禾开闭所：10kV 成开 2 开关恢复备用。

6) 成功变：10kV 成开 1 开关加入运行。

7) 田禾开闭所：10kV 成开 2 开关加入运行。

8) 成功变：投入 10kV 成开 1 开关重合闸。

9) 元典变：退出 10kV 元开 1 开关重合闸。

2. 具备合环倒负荷条件时

(1) 操作任务：10kV 元开 2 开关加入合环运行带田禾开闭所；10kV 成开线停止运行，解除备用，做安全措施。

1) 调度班：确认 10kV 元开 2 开关（合环点开关）两侧核相正确。

2) 调度班：确认该操作已经潮流计算，具备合环倒负荷条件。

3) 调度班：向地调申请 10kV 成开线、元开线合环倒负荷（同意）。

4) 调度班：检查成 10kV 东母与元 10kV 西母电压差不大于 500V，可合环并倒负荷。

5) 调度班：检查 10kV 成开 2 开关负载电流 221A，允许 400A；10kV 元开 2 开关负载电流 0A，允许 400A。

6）田禾开闭所：10kV 元开 2 开关加入运行（合环）。

7）调度班查：10kV 成开 2 开关负载电流 147A；10kV 元开 2 开关负载电流 70A。

8）田禾开闭所：10kV 成开 2 开关停止运行（解环）。

9）成功变：退出 10kV 成开 1 开关重合闸。

10）成功变：10kV 成开 1 开关停止运行。

11）田禾开闭所：10kV 成开 2 开关解除备用。

12）成功变：10kV 成开 1 开关解除备用。

13）田禾开闭所：10kV 成开线做安全措施。

14）成功变：10kV 成开线做安全措施。

15）元典变：投入 10kV 元开 1 开关重合闸。

16）调度班：向地调汇报 10kV 成开线、元开线合环倒负荷结束。

10kV 成开线检修结束，恢复送电。

（2）操作任务：10kV 成开线拆除安全措施，恢复备用，加入运行；10kV 田禾开闭所倒正常方式。

1）田禾开闭所：10kV 成开线拆除安全措施。

2）成功变：10kV 成开线拆除安全措施。

3）成功变：检查 10kV 成开 1 开关电流保护确在投入，10kV 成开 1 开关恢复备用。

4）田禾开闭所：10kV 成开 2 开关恢复备用。

5）成功变：10kV 成开 1 开关加入运行。

6）调度班：确认 10kV 成开 2 开关（合环点）两侧核相正确。

7）调度班：确认该操作已经潮流计算，具备合环倒负荷条件。

8）调度班：向地调申请 10kV 成开线、元开线合环倒负荷（同意）。

9）调度班：检查成 10kV 东母与元 10kV 西母电压差不大于 500V，可合环并倒负荷。

10）调度班：检查 10kV 元开 2 开关负载电流 203A，允许 400A；10kV 成开 2 开关负载电流 0A，允许 400A。

11）田禾开闭所：10kV 成开 2 开关加入运行（合环）。

12）调度班：检查 10kV 成开 2 开关负载电流 131A；10kV 元开 2 开关负载电流 72A。

13）田禾开闭所：10kV 元开 2 开关停止运行（解环）。

14）成功变：投入 10kV 成开 1 开关重合闸。

15）元典变：退出 10kV 元开 1 开关重合闸。

16）调度班：向地调汇报 10kV 成开线、元开线合环倒负荷结束。

5.3.7 35kV 线路（联络）检修的停送电操作

35kV 线路联络接线如图 5-5 所示。

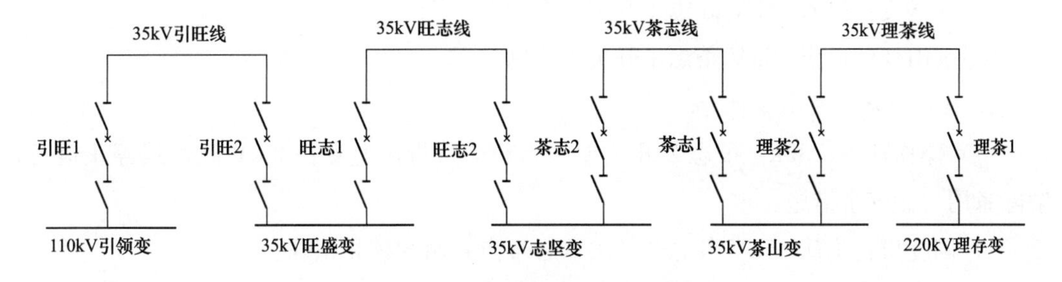

图 5-5　35kV 线路联络接线示意图

正常运行方式：35kV 引旺线带旺盛变，旺志线带志坚变，理茶线带茶山变，茶志线空载运行，茶志 2 停运备用。

线路工作：35kV 旺志线停电检修。

1. 不具备合环倒负荷条件时

（1）操作任务：35kV 旺志线停止运行，解除备用，做安全措施；35kV 志坚变负荷倒茶志线带。

1）志坚变：35kV 旺志 2 开关停止运行。

2）旺盛变：退出 35kV 旺志 1 开关重合闸。

3）旺盛变：35kV 旺志 1 开关停止运行。

4）志坚变：35kV 旺志 2 开关解除备用。

5）志坚变：35kV 茶志 2 开关恢复备用，加入运行。

6）旺盛变：35kV 旺志 1 开关解除备用。

7）旺盛变：35kV 旺志线做安全措施。

8）志坚变：35kV 旺志线做安全措施。

9）茶山变：投入 35kV 茶志 1 开关重合闸。

35kV 旺志线检修结束，恢复送电。

（2）操作任务：35kV 旺志线拆除安全措施，恢复备用，加入运行；35kV 志坚变倒正常方式。

1）志坚变：35kV 旺志线拆除安全措施。

2）旺盛变：35kV 旺志线拆除安全措施。

3）旺盛变：检查 35kV 旺志 1 开关电流保护确在投入，35kV 旺志 1 开关恢复备用。

4）志坚变：35kV 茶志 2 开关停止运行，解除备用。

5）志坚变：35kV 旺志 2 开关恢复备用。

6）旺盛变：35kV 旺志 1 开关加入运行。

7）志坚变：35kV 旺志 2 开关加入运行。

8）旺盛变：投入 35kV 旺志 1 开关重合闸。

9）茶山变：退出 35kV 茶志 1 开关重合闸。

2. 具备合环倒负荷条件时

（1）操作任务：35kV 茶志 2 开关加入合环运行带志坚变；35kV 旺志线停止运行，解除备用，做安全措施。

1）调度班：确认 35kV 茶志 2 开关（合环点）两侧核相正确。

2）调度班：确认该操作已经潮流计算具备合环倒负荷条件。

3）调度班：向地调申请 35kV 理茶线、引旺线合环倒负荷（同意）。

4）调度班：检查茶 35kV 母线与志 35kV 母线电压差不大于 1.75kV，可合环并倒负荷。

5）调度班：检查 35kV 旺志 2 开关负载电流 75A，允许 200A；35kV 茶志 2 开关负载电流 0A，允许 400A。

6）志坚变：35kV 茶志 2 开关加入运行（合环）。

7）调度班：检查 35kV 茶志 2 开关负载电流 74A；35kV 旺志 2 开关负载电流 30A。

8）志坚变：35kV 旺志 2 开关停止运行（解环）。

9）旺盛变：退出 35kV 旺志 1 开关重合闸。

10）旺盛变：35kV 旺志 1 开关停止运行。

11）志坚变：35kV 旺志 2 开关解除备用。

12）旺盛变：35kV 旺志 1 开关解除备用。

13）旺盛变：35kV 旺志线做安全措施。

14）志坚变：35kV 旺志线做安全措施。

15）茶山变：投入 35kV 茶志 1 开关重合闸。

16）调度班：向地调汇报 35kV 理茶线、引旺线合环倒负荷结束。

35kV 旺志线检修结束，恢复送电。

（2）操作任务：35kV 旺志线拆除安全措施，恢复备用，加入运行；35kV 志坚变倒正常方式。

1）志坚变：35kV 旺志线拆除安全措施。

2）旺盛变：35kV 旺志线拆除安全措施。

3）旺盛变：检查 35kV 旺志 1 开关电流保护确在投入，35kV 旺志 1 开关恢复备用。

4）志坚变：35kV 旺志 2 开关恢复备用。

5）旺盛变：35kV 旺志 1 开关加入运行。

6）调度班：确认 35kV 旺志 2 开关（合环点）两侧核相正确。

7）调度班：确认该操作已经潮流计算，具备合环倒负荷条件。

8）调度班：向地调申请 35kV 理茶线、引旺线合环倒负荷（同意）。

9）调度班：检查茶 35kV 母线与志 35kV 母线电压差不大于 1.75kV，可合环并倒负荷。

10）调度班：检查 35kV 旺志 2 开关负载电流 0A，允许 200A；35kV 茶志 2 负载电流 20A，允许 400A。

11）志坚变：35kV 旺志 2 开关加入运行（合环）。

12）调度班：检查 35kV 旺志 2 开关负载电流 89A；35kV 茶志 2 负载电流 84A。

13）志坚变：35kV 茶志 2 开关停止运行（解环）。

14）旺盛变：投入 35kV 旺志 1 开关重合闸。

15）茶山变：退出 35kV 茶志 1 开关重合闸。

16）调度班：向地调汇报 35kV 理茶线、引旺线合环倒负荷结束。

5.3.8　35kV 线路（联络带 T 接）检修的停送电操作

35kV 线路（联络带 T 接）接线如图 5-6 所示。

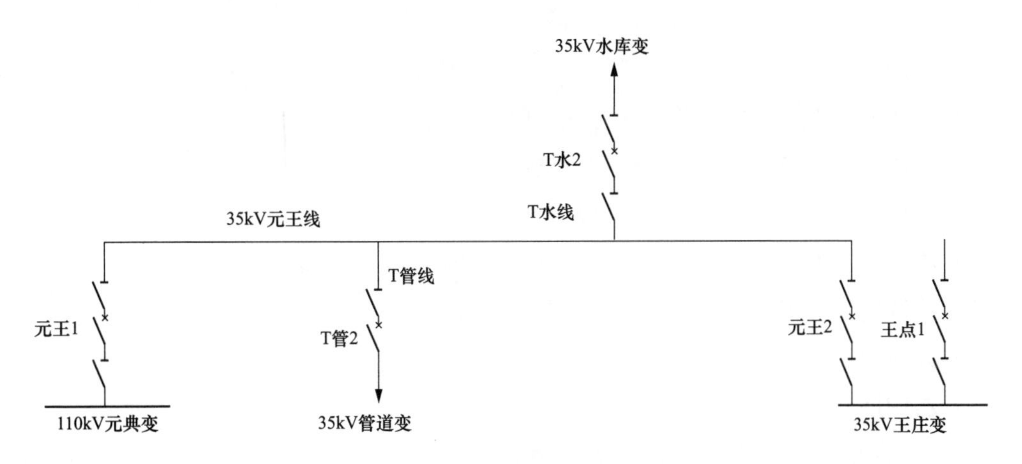

图 5-6　35kV 线路（联络带 T 接）接线示意图

正常运行方式：35kV 元王线带王庄变，T 管 2 开关停运解除备用，T 水 2 开关停运解除备用，王点 2 开关带王点线运行、王点 1 开关停运备用。

线路工作：35kV 元王线停电检修。

1. 不具备合环倒负荷条件时

（1）操作任务：35kV 元王线停止运行，解除备用，做安全措施；35kV 王庄变负荷倒王点线带。

1）管道变：检查 35kV T 管 2 开关确在停止运行，解除备用。

2）乙调度（水库变）：检查 35kV T 水 2 开关确在停止运行，解除备用。

3）乙调度（王庄变）：35kV 元王 2 开关停止运行。

4）元典变：退出 35kV 元王 1 开关重合闸。

5）元典变：35kV 元王 1 开关停止运行。

6）乙调度（王庄变）：35kV 元王 2 开关解除备用。

7）乙调度（王庄变）：35kV 王点 1 开关恢复备用，加入运行。

8）元典变：35kV 元王 1 开关解除备用。

9）乙调度（王庄变）：35kV 元王线做安全措施。

10）元典变：35kV 元王线做安全措施。

11）乙调度（水库变）：35kV T 水线做安全措施。

12）管道变：35kV T 管线做安全措施。

13）乙调度（干点变）：投入 35kV 王点 2 开关重合闸。

35kV 元王线检修结束，恢复送电。

（2）操作任务：35kV 元王线拆除安全措施，恢复备用，加入运行；35kV 王庄变负荷倒正常方式。

1）管道变：35kV T 管线拆除安全措施。

2）乙调度（水库变）：35kV T 水线拆除安全措施。

3）乙调度（王庄变）：35kV 元王线拆除安全措施。

4）元典变：35kV 元王线拆除安全措施。

5）元典变：检查 35kV 元王 1 开关电流保护确在投入，35kV 元王 1 开关恢复备用。

6）乙调度（王庄变）：35kV 王点 1 开关停止运行，解除备用。

7）乙调度（王庄变）：35kV 元王 2 开关恢复备用。

8）元典变：35kV 元王 1 开关加入运行。

9）乙调度（王庄变）：35kV 元王 2 开关加入运行。

10）元典变：投入 35kV 元王 1 开关重合闸。

11）乙调度（干点变）：退出 35kV 王点 2 开关重合闸。

2. 具备合环倒负荷条件时

（1）操作任务：35kV 王庄变负荷合环倒王点线带；35kV 元王线停止运行，解除备用，做安全措施。

1）管道变：检查 35kV T 管 2 开关确在停止运行，解除备用。

2）乙调度（水库变）：检查 35kV T 水 2 开关确在停止运行，解除备用。

3）乙调度（王庄变）：35kV 王庄变负荷合环倒王点线带（具体步骤略）。

4）乙调度（王庄变）：35kV 元王 2 开关停止运行。

5）元典变：退出 35kV 元王 1 开关重合闸。

6）元典变：35kV 元王 1 开关停止运行。

7）乙调度（王庄变）：35kV 元王 2 开关解除备用。

8）元典变：35kV 元王 1 开关解除备用。

9）乙调度（王庄变）：35kV 元王线做安全措施。

10）元典变：35kV 元王线做安全措施。

11）乙调度（水库变）：35kV T 水线做安全措施。

12）管道变：35kV T 管线做安全措施。

13）乙调度（干点变）：投入 35kV 王点 2 开关重合闸。

35kV 元王线检修结束，恢复送电。

（2）操作任务：35kV 元王线拆除安全措施，恢复备用，加入运行；35kV 王庄变负荷倒正常方式。

1）管道变：35kV T 管线拆除安全措施。

2）乙调度（水库变）：35kV T 水线拆除安全措施。

3）乙调度（王庄变）：35kV 元王线拆除安全措施。

4）元典变：35kV 元王线拆除安全措施。

5）元典变：检查 35kV 元王 1 开关电流保护确在投入，35kV 元王 1 开关恢复备用。

6）乙调度（王庄变）：35kV 元王 2 开关恢复备用。

7）元典变：35kV 元王 1 开关加入运行。

8）乙调度（王庄变）：35kV 王庄变负荷合环倒元王线（具体步骤略）。

9）元典变：投入 35kV 元王 1 开关重合闸。

10）乙调度（干点变）：退出 35kV 王点 2 开关重合闸。

解析：

1）联络线同时又是 T 接线，操作时注意不要有遗漏。

2）35kV 元王 1 及 T 管 2 开关由陕州县调调度，元王 2 及 T 水 2 开关由乙县调调度。

5.4 调度工作票管理及案例

5.4.1 工作票管理规定（线路专业）

1. 一般规定

（1）工作票应统一格式，采用 A4 或 A3 纸，用黑色或蓝色的钢（水）笔或圆珠笔填写，也可用计算机生成或打印。工作票一式两份（或多份），内容填写应正确、清楚，不得任意涂改。

（2）每份工作票签发方和许可方修改均不得超过两处，但工作时间、工作地点、设备名称（即设备名称和编号）、接地线位置、动词等不得改动。错、漏字修改应使用规范的符号，字迹应清楚。填写有错字时，更改方法为在写错的字上划水平线，接着写正确的字即可。审查时发现错字，将正确的字写到空白处圈起来，将写错的字也圈起来，再用线连接。漏字时将要增补的字圈起来连线至增补位置，并画“∧”符号。工作票不允许刮改，禁止用“……”“同上”等省略填写。

（3）工作票由工作负责人填写，也可由工作票签发人填写。工作票上所列的签名项，应采用人工签名或电子签名。电子签名指在PMS生产管理系统中经授权和规定程序自动生成的签名。已签发的工作票，未经工作票签发人同意，不得擅自修改。

（4）在同一时间段内，工作负责人、工作班成员不得重复出现在不同的执行中的工作票上。

（5）一条线路分区段工作，若填用一张工作票，经工作票签发人同意，在线路检修状态下，由工作班自行装设的接地线等安全措施可分段执行。工作票上应填写使用的接地线编号、装拆时间、位置等随工作区段转移情况。

（6）一回线路检修（施工），其临近和交叉的其他电力线路需进行配合停电和接地时，应在工作票中列入相应的安全措施。若配合停电的线路属于其他单位，应由检修（施工）单位事先书面申请，经配合线路的设备运维管理单位同意并实施停电、接地。工作接地由检修（施工）单位自行装拆。

（7）在工作期间，工作票应始终保留在工作负责人手中。

2. 填写与签发

（1）工作票的编号：工作票编号应连续且唯一，由许可单位按工作票种类和顺序编号。

1）编号应包含调控中心（地调、县调）等特指字、年、月和顺序号三部分。年使用四位数字，月使用两位数字，顺序号使用三位数字。例如，线路2021年9月第1份线路检修工作票编号为县调2021-09-001。

2）事故紧急抢修单编号：按工作票的编号原则单独编号。

3）持许可后的线路或电缆工作票进入变电站工作时，应增加相应的工作票份数，变电站许可时无需重新编号。

4）PMS生产管理系统填写工作票若自动生成编号，编号要求一致。

（2）单位：指工作负责人所在的工区、专业、室、所等；外来单位应填写单位全称。

（3）工作负责人（监护人）：指该项工作的负责人（监护人）。

（4）班组：指参与工作的班组，多班组工作应填写全部工作班组。

（5）工作班人员（不包括工作负责人）：指参加工作的工作班人员、厂方人员临时用工等全部工作人员。

1）工作班人员应逐个填写姓名。

2）若采用工作任务单时，工作票的工作班成员栏内可只填明各工作任务单的负责人并注明工作任务单人员数量，不必填写全部工作人员姓名，但应填写总人数。工作任务单上应填写工作班人员姓名。

（6）工作票上的时间：年使用四位数字，月、日、时、分使用双位数字和24时制，如2021年09月07日10时30分。

（7）计划工作时间：以批准的检修期为限。

（8）现场施工简图的填写：

1）现场施工简图绘制，应使用标准图线和图形符号，清晰、规范。

2）停电的线路和设备用黑（蓝）色线条画出；与停电线路同杆（塔）、邻近、平行、交叉的带电线路和设备，用红色线条画出。计算机生成（打印）的工作票，红色部分可在生成（打印）后再描成红色。

3）简图应标明停电工作地点或范围、接地线编号及装设位置。

4）交叉跨越线路较多的工作，其接地线编号及装设位置无法在简图中标注完整时，可以用列表形式注明。

（9）工作票应由工作票签发人审核无误，手工或电子签名后方可执行。

3. 许可与执行

（1）第一种工作票应在工作前一日送达调度值班人员，可直接送达或通过传真、局域网、PMS生产管理系统传送，但传真传送的工作票许可手续应待正式工作票到达后履行。临时工作可在工作开始前直接交给工作许可人，许可人应在备注栏内注明原因。

（2）调度值班人员收到工作票后，应及时审查其安全措施是否完备、是否符合现场条件和《国家电网公司电力安全工作规程　线路部分》（Q/GDW 1799.2—2013）的规定。经审查不合格者，应将工作票退回。

（3）工作许可时，工作许可人应在线路可能受电的各方面（含变电站、发电厂、环网线路、分支线路、用户线路和配合停电线路）都拉闸停电，并挂好操作接地线后，方能发出许可工作的命令。

（4）持第一种工作票或抢修单进入变电站工作时，应先经调度许可、再经变电站许可后，方可开始工作。

（5）一个工作负责人不能同时执行多张工作票。

（6）非特殊情况不得变更工作负责人，如在工作票许可之前需变更工作负责人，则应由工作票签发人重新签发工作票。如确需变更工作负责人，应由工作票签发人同意并通知工作许可人，工作许可人将变动情况记录在工作票上。工作负责人只允许变更一次，原、现工作负责人应对工作任务和安全措施进行交接。

4. 延期与终结

（1）第一、二种工作票若需要延期，应在工期尚未结束以前由工作负责人向许可人提出延期申请，经同意后办理延期手续（涉及调度投退重合闸的第二种工作票延期还应征得相应调度的许可）。第一、二种工作票只能延期一次，若延期后工作仍未完成，应终结工作票或重新办理新的工作票。带电作业工作票不准延期。

（2）工作完工后，工作负责人（包括小组负责人）应检查工作地段的状况，确认在杆塔上、导线上、绝缘子及其他辅助设备上没有遗留个人保安线和其他工具、材料等，查明全部工作人员确由杆塔上撤离后，再命令拆除工作地段所挂的接地线。接地线拆除后，应即认为线路带电，任何人不得再登杆工作。多小组工作，工作负责人应在得到所有小组负责人工作结束的汇报后，方可与工作许可人办理工作终结手续。

（3）工作终结后，工作负责人应及时报告工作许可人，办理工作票终结手续。报告方法如下：

1）当面报告。

2）用电话报告并经复诵无误。

若有其他单位配合停电线路，还应及时通知指定的配合停电设备运行管理单位联系人。

（4）工作终结的报告应简明扼要，并包括下列内容：工作负责人姓名，某线路上某处（说明起止杆塔号、分支线名称等）工作已经完工，设备改动情况，工作地点所挂的接地线、个人保安线已全部拆除，线路上已无本班组工作人员和遗留物，可以送电。

（5）在工作票终结栏加盖“已执行”章，并填写相关记录，工作方告终结。

（6）对未执行的工作票，在其编号上加盖“未执行”章，在备注栏说明原因。

5. 统计与管理

（1）各单位应定期统计分析工作票填写和执行情况，对发现的问题及时制订整改措施。

（2）调度值班负责人应在交班前对本值工作票执行情况进行检查。

（3）班长和班组安全员应每月对所执行的工作票进行整理、汇总，按编号统计、分析。

（4）县公司级单位安监部门每季度至少抽查调阅一次工作票。

（5）有下列情况之一者统计为不合格工作票：

1）工作票类型使用错误。

2）工作票未按规定编号，工作票遗失、缺号，已执行的工作票重号。

3）工作成员姓名、人数未按规定填写。

4）工作班人员总数与签字总数不符又不注明原因。

5）工作任务不明确。

6）所列安全措施与现场实际或工作任务不符。

7）装设接地线的地点填写不明确或不写接地线编号。

8）工作票项目填错或漏填。

9）字迹不清，对所用动词、设备编号涂改，或一份工作票涂改超过两处。

10）工作班人员、工作许可人、工作负责人、工作票签发人未按规定签名。

11）工作票中工作现场简图未按规定绘画或绘画错误。

12）工作延期未办延期手续，工作负责人、工作班成员变更未按照规定履行手续。

13）不按规定加盖“未执行”“已执行”印章。

14）每日开工、收工没按规定办理手续；工作间断、转移和工作终结不按规定办理手续。

15）工作票终结，未拆除的接地线或未拉开的接地刀闸等实际与票面不符未说明原因。

16）简图与工作任务不相符合，停电、带电设备未用颜色区分，漏画带电的高压交叉跨越线路（指松紧导线、起落线、换杆塔及金具绝缘子等部件有误触跨越线路可能的工作，输配电线路清扫作业，与其交叉跨越的带电线路可不画出）。

17）不按规定填写电压等级。

18）未列入上述标准的其他违反《国家电网公司电力安全工作规程　线路部分》（Q/GDW 1799.2—2013）和上级有关规定的均作为不合格统计。

（6）工作票合格率的统计方法：合格率＝（已执行的总票数－不合格的总票数）/已执行的总票数×100％。

（7）工作票、事故紧急抢修单由许可单位和工作单位分别保存。已执行的工作票、事故紧急抢修单应至少保存1年。

6. 电力线路第一种工作票填写规范

单位：指工作负责人所在的工区、专业、室、所等；外来单位应填写单位全称。

编号：工作票编号应连续且唯一，由许可单位按顺序编号，不得重号。编号共由四部分组成，含地调、县调特指字、年、月和顺序号四部分。例如，县调2021年9月第1份工作票编号为县调2021-09-001。

（1）工作负责人（监护人）：指该项工作的负责人（监护人）。

班组：指参与工作的班组，若为多班组协同工作，应填写全部工作班组。

（2）工作班人员（不包括工作负责人）：应逐个填写参加工作的人员姓名。

（3）工作的线路或设备双重名称（多回线路应注明双重称号）：填写线路的电压等级和名称，同杆（塔）双回或多回线路还应注明线路双重称号［即线路名称和位置称号，位置称号指左（右）线（面向大号侧）或上（下）线］和色标，例如35kV水周线。

（4）工作任务。

1）工作地点或地段（注明分、支线路名称、线路的起止杆号）：填写工作线路（包括有工作的分支线、T接线路等）电压等级、名称、工作地点（地段）起止杆号。

2）工作内容：工作内容应清晰、准确，不得使用模糊词语。

电力线路第一种工作票工作内容填写示例见表5-1。

表5-1　　电力线路第一种工作票工作内容填写示例

工作任务	
工作地点或地段	工作内容
35kV水周线30～31号杆	修复损伤导线

在原工作票的停电范围内增加工作任务时：

1）工作时间不超过原工作计划时间且不需要变更安全措施的工作，由工作负责人征得工作票签发人和工作许可人同意，在工作票上增填工作项目，并在备注栏中说明原因。

2）若需变更或增设安全措施，应填用新的工作票，并重新履行工作票签发、许可手续。

（5）计划工作时间：以批准的检修期为限填写，时间应使用阿拉伯数字填写，包含年（四位）、月、日、时、分（均为双位，24时制），如2021年09月08日08时30分。

（6）安全措施（必要时另附页绘图说明）。

1）应改为检修状态的线路名称和应拉开的开关、刀闸、保险（包括分支线、用户线路、配合停电线路）：填写应改为检修状态的线路名称和应拉开的开关、刀闸、保险。

2）执行人：由调度许可的停电线路，填写调度许可人；由运维单位许可的停电线路（含分支），填写运维单位许可人；配合停电线路，填写停电联系人；如要单独办票，填写配合停电线路的工作负责人。

3）保留或邻近的带电线路、设备：应注明工作地点或地段保留或邻近的带电线路、设备的名称及杆（塔）号，包括双回、多回、平行、交叉跨越的线路名称；没有则填写“无”。

4）其他安全措施和注意事项：根据工作的现场实际情况，填写安全措施和注意事项，必要时进行现场勘察。线路在杆塔上位置（指双回线路中的上、下线或左、右线）

发生变化时，应分区段标明，换位部分要作为特别注意事项提醒作业人员。没有则填写“无”。

5）应挂的工作接地线。

a. 挂设位置（线路名称及杆号）：填写许可人许可工作班在线路工作地段各侧应装的接地线，填写确切位置、地点（如“××线 03 号杆小号侧”“××线 07 号杆大号侧”）。

b. 接地线编号：填写应挂接地线的编号，用双位数字表示，如 01 号；分段工作，同一编号的接地线可分段重复使用。

c. 装设时间、拆除时间：工作负责人依据现场工作班成员装设或拆除接地线完毕的时间填写；分段装设的接地线应根据工作区段转移情况逐段填写。

6）工作票签发人签名、工作负责人签名和时间确认：确认工作票前 1～6 项无误后，工作票签发人和工作负责人在签名栏内签名，并在时间栏内填入时间。“双签发”时应履行同样手续。

（7）收到工作票时间：调度值班人员收到工作票后，应对工作票所列安全措施和填写内容进行审核无误后，填写收票时间并签名，并填写相应记录。若填写不合格，应将工作票退回。

（8）确认本工作票 1～7 项，许可工作开始：各工作许可人在确认相关安全措施完成后，方可许可工作。工作许可人和工作负责人分别在各自收执的工作票上填写许可方式、工作许可人、工作负责人、许可工作时间。许可工作时间不得提前于计划工作开始时间。

（9）工作负责人变动情况：经工作票签发人同意，在工作票上填写变更的工作负责人姓名及变动时间，同时通知工作许可人；如工作票签发人无法当面办理，应通过电话联系，工作许可人和原工作负责人在各自所持工作票上注明。工作负责人的变更应告知全体工作班成员。变更的工作负责人应做好交接手续。

（10）工作票延期：若工作需要延期，工作负责人应在工期尚未结束以前向工作许可人提出延期申请，履行延期手续。

（11）工作票终结：

1）工作负责人在全部工作完成后，拆除回收现场所有工作接地线和安全措施，设备恢复到工作前设备状态，撤离全体工作人员和材料工具。工作负责人向工作许可人（调控人员）汇报，说明检修项目、发现问题、试验结果、存在问题等内容。双方填写终结报告方式、许可人、工作负责人和终结报告时间并签名，办理工作票终结手续。工作票一旦终结，任何工作人员不得进入工作现场。

2）工作票终结后，许可人（值班调度员）和工作负责人分别在工作票终结栏加盖

“已执行”章，填写相关记录。工作负责人和许可人各自保存工作票。

3）工作终结时间不应超出计划工作时间或经批准的延期时间。

（12）工作现场施工简图。

1）应使用标准图线和图形符号，清晰、规范。

2）停电的线路和设备，用黑（蓝）色线条画出；与停电线路同杆（塔）、邻近、平行、交叉的带电线路和设备，用红色线条画出。计算机生成（打印）的工作票，红色部分可在生成（打印）后再描成红色。

3）简图应标明停电工作地点或范围，接地线的编号及装设位置。

（13）备注。

1）填写工作任务变动原因、工作负责人与临时指定工作负责人的交接手续、配合停电线路联系时间或联系方式、未执行工作票的原因、个人保安线装拆情况以及其他需要说明的事项。

2）要求夜间具备送电条件的线路（工期超过1d），每日收工时，工作人员应在备注栏内记录工作地点所拆除的工作接地线及现场安全措施变动情况，向工作许可人汇报，并记录汇报时间和双方联系人姓名。次日复工前应经许可人同意，并记录许可人姓名和许可时间。

7. 工作票样例

电力线路第一种工作票（35kV水周线更换绝缘子）见表5-2。

表5-2　　电力线路第一种工作票样例（35kV水周线更换绝缘子）

单位：×××　　　　编号：县调2020-04-001

<table>
<tr><td>1</td><td colspan="2">工作负责人（监护人）：赵××　　　　班组：线路一班</td></tr>
<tr><td>2</td><td colspan="2">工作班人员（不包括工作负责人）：王××、田××、白××、胡××、曹××　共 5 人</td></tr>
<tr><td>3</td><td colspan="2">工作的线路或设备双重名称（多回路应注明双重称号）：35kV水周线</td></tr>
<tr><td rowspan="5">4</td><td colspan="2">工作任务</td></tr>
<tr><td>工作地点或地段
（注明分、支线路名称、线路的起止杆号）</td><td>工作内容</td></tr>
<tr><td>35kV水周线07～11号杆</td><td>更换绝缘子</td></tr>
<tr><td></td><td></td></tr>
<tr><td></td><td></td></tr>
<tr><td>5</td><td colspan="2">计划工作时间：自2020年04月17日07时30分至2020年04月17日18时00分</td></tr>
<tr><td rowspan="3">6</td><td colspan="2">安全措施（必要时另附页绘图说明）：</td></tr>
<tr><td>应改为检修状态的线路名称和应拉开的开关、刀闸、保险（包括分支线、用户线路、配合停电线路）</td><td>执行人</td></tr>
<tr><td>35kV水周线转入检修状态，拉开两侧开关及刀闸，两侧线路侧接地</td><td>张××</td></tr>
</table>

续表

6

保留或邻近的带电线路、设备：无

其他安全措施和注意事项：

（1）遇有5级以上的大风时，工作停止。

（2）线路工作前，要对工作班成员进行危险点告知并确认知晓；对现场安全措施和技术措施要向工作班成员交代清楚。

（3）在工作地段两侧验明线路确无电压后，分别装设接地线。

（4）登塔和工作前应认真核对线路名称及杆号，防止误登带电侧横担，每基杆塔应有专人监护。

（5）结合本项工作的标准化作业指导书（卡）进行工作。

（6）工作人员要正确使用个人保安线。

（7）工作结束1h前应预汇报。

（8）本次工作需要核相序。

（9）工作负责人电话：赵×× 13×××××××××。停送电联系人：李×× 13×××××××××

应挂的工作接地线

挂设位置（线路名称及杆号）	接地线编号	装设时间	拆除时间
35kV水周线06号杆大号侧	01号	2020年04月17日08：00	2020年04月17日16：55
35kV水周线12号杆大号侧	02号	2020年04月17日08：23	2020年04月17日17：07

工作票签发人签名：王××　　2020年04月16日15时30分

工作负责人签名：赵××　　2020年04月16日15时20分收到工作票

7

收到工作票时间2020年04月16日16时00分　　调控值班人员签名：赵××

8

确认本工作票1～7项，许可工作开始

许可方式	许可人	工作负责人签名	许可工作的时间
电话下达	张××	赵××	2020年04月17日07时35分

9

工作任务单登记

工作任务单编号	工作任务	小组负责人	工作许可时间	工作结束报告时间

10

指定专责监护人：

（1）指定专责监护人______负责监护______________________（地点及具体工作）

（2）指定专责监护人______负责监护______________________（地点及具体工作）

（3）指定专责监护人______负责监护______________________（地点及具体工作）

确认工作负责人布置的工作任务和安全措施：

工作班人员签名：王××、田××、白××、胡××、曹××

11

工作负责人变动情况：

原工作负责人__________离去，变更__________为工作负责人

工作票签发人__________工作票许可人__________

______年___月___日___时___分

工作人员变动情况（变动人员姓名、变动日期及时间）：______________________

____

工作负责人签名：__________

续表

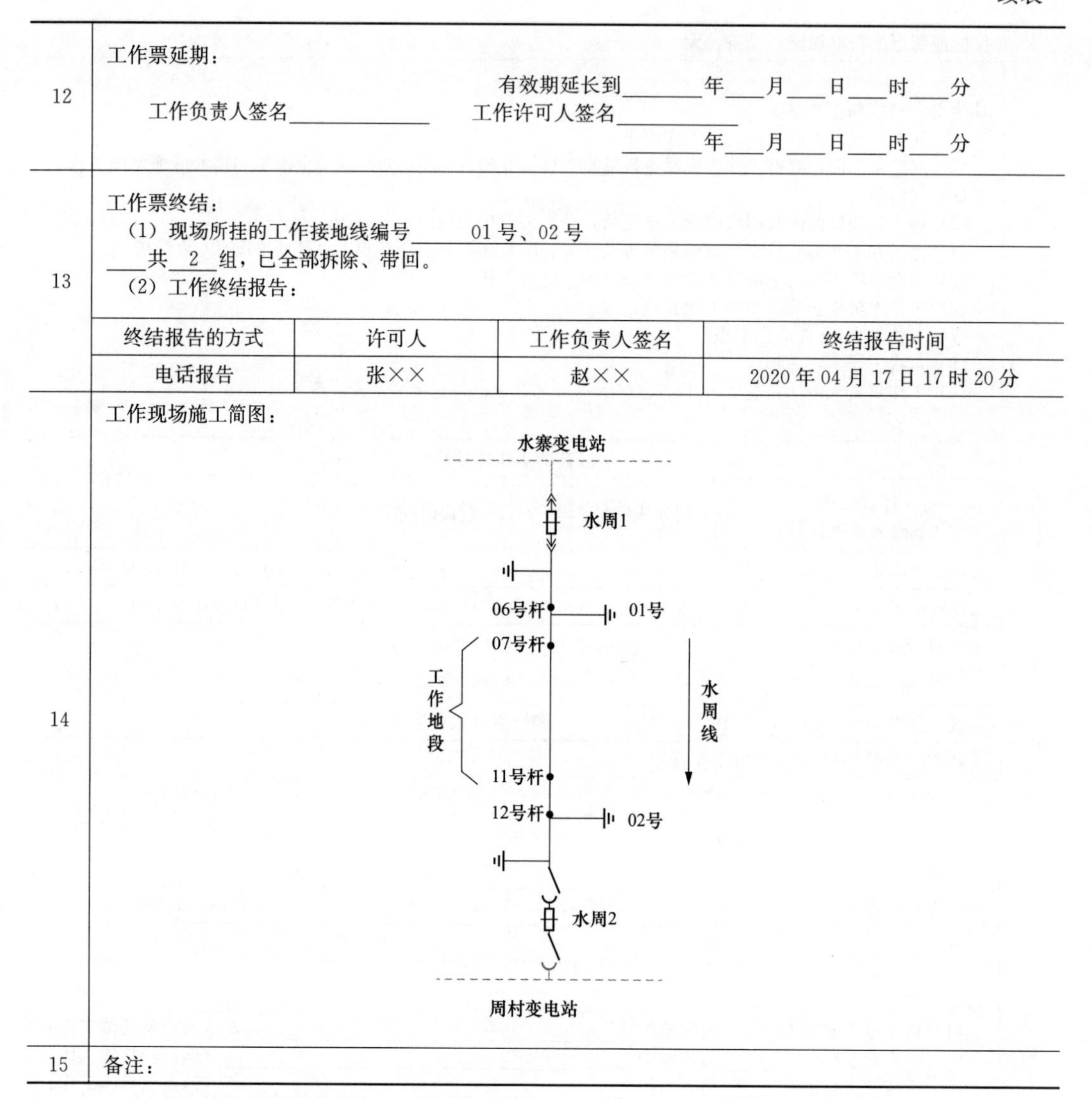

12	工作票延期： 有效期延长到________年____月____日____时____分 工作负责人签名____________ 工作许可人签名____________ ________年____月____日____时____分
13	工作票终结： （1）现场所挂的工作接地线编号 01号、02号 共 2 组，已全部拆除、带回。 （2）工作终结报告：
	终结报告的方式 | 许可人 | 工作负责人签名 | 终结报告时间
	电话报告 | 张×× | 赵×× | 2020年04月17日17时20分
14	工作现场施工简图：
15	备注：

5.4.2 工作票管理规定（配电专业）

1. 一般规定

（1）工作票应统一格式，采用A4或A3纸，用黑色或蓝色的钢（水）笔或圆珠笔填写，也可用计算机生成或打印。工作票一式两份（或多份），内容填写应正确、清楚，不得任意涂改。

（2）每份工作票签发方和许可方修改均不得超过两处，但工作时间、工作地点、设备名称（即设备名称和编号）、接地线位置、动词等不得改动。错、漏字修改应使用规范的符号，字迹应清楚。填写有错字时，更改方法为在写错的字上划水平线，接着写正确的字即可。审查时发现错字，将正确的字写到空白处圈起来，将写错的字也圈起来，再用线连接。漏字时将要增补的字圈起来连线至增补位置，并画“∧”符号。工作票不允许刮改。禁止用“……”“同上”等省略填写。

（3）在同一时间段内，工作负责人、工作班成员不得重复出现在不同的执行中的工作票上。

（4）工作票由工作负责人填写，也可由工作票签发人填写。工作票上所列的签名项，应采用人工签名或电子签名。电子签名指在PMS生产管理系统中经授权和规定程序自动生成的签名。已签发的工作票，未经签发人同意，不得擅自修改。

（5）一条配电线路分区段工作，若填用一张工作票，经工作票签发人同意，在线路检修状态下，由工作班自行装设的接地线等安全措施可分段执行。工作票上应填写使用的接地线编号、装拆时间、位置等随工作区段转移情况。

（6）在工作期间，工作票应始终保留在工作负责人手中。

2. 填写与签发

（1）工作票的编号：工作票编号应连续且唯一，由许可单位按工作票种类和顺序编号。

1）编号应包含调控中心（配电站、开闭所）特指字、年、月和顺序号三部分。年使用四位数字，月使用两位数字，顺序号使用三位数字。例如，配电2021年09月第1份线路检修工作票编号为配2021-09-001。

2）故障紧急抢修单编号：按照工作票编号原则单独编号。

3）持许可后的配电工作票进入变电站（开闭所）工作时，应增加相应的工作票份数，变电站（开闭所）许可时无需重新编号。

4）PMS生产管理系统填写工作票若自动生成编号，编号要求一致。

（2）单位：指工作负责人所在的工区、专业、室、所等；外来单位应填写单位全称。

（3）工作负责人（监护人）：指该项工作的负责人（监护人）。

（4）班组：指参与工作的班组，多班组工作应填写全部工作班组。

（5）工作班人员（不包括工作负责人）：指参加工作的工作班人员、厂方人员和临时用工等全部工作人员。

1）工作班人员应逐个填写姓名。

2）若采用工作任务单时，工作票的工作班成员栏内可只填明各工作任务单的负责人并注明工作任务单人员数量，不必填写全部工作人员姓名，但应填写总人数。工作任务单上应填写工作班人员姓名。

（6）工作票上的时间：年使用四位数字，月、日、时、分使用双位数字和24时制，如 2021 年 09 月 08 日 16 时 06 分。

（7）计划工作时间：以批准的检修期为限。

（8）现场施工简图的填写：

1）现场施工简图绘制，应使用标准图线和图形符号，清晰、规范。

2）停电的线路和设备，用黑（蓝）色线条画出；与停电线路同杆（塔）、邻近、平行、交叉的带电线路和设备，用红色线条画出。计算机生成（打印）的工作票，红色部分可在生成（打印）后再描成红色。

3）简图应标明停电工作地点或范围，接地线的编号及装设位置。

（9）工作票应由工作票签发人审核无误，手工或电子签名后方可执行。

3. 许可与执行

（1）第一种工作票应在工作前一日送达运维值班人员（调度值班人员），可直接送达或通过传真、局域网、PMS 生产管理系统传送，但传真传送的工作票许可手续应待正式工作票到达后履行。临时工作可在工作开始前直接交给工作许可人，许可人应在备注栏内注明原因。

（2）运维值班人员（调度值班人员）收到工作票后，应及时审查其安全措施是否完备、是否符合现场条件和《国家电网公司电力安全工作规程（配电部分）（试行）》的规定。经审查不合格者，应将工作票退回。

（3）工作票有破损不能继续使用时，应补填新的工作票，并重新履行签发许可手续。

（4）一个工作负责人不能同时执行多张工作票。

（5）工作负责人、专责监护人应始终在工作现场。专责监护人在进行监护时不准兼做其他工作。

（6）工作票签发人或工作负责人，应根据现场的安全条件、施工范围、工作需要等具体情况，对有触电危险、施工复杂、交叉作业、危险地段等容易发生事故或工作负责人无法全面监护时，应增设专责监护人和确定被监护的人员。以下工作应指定专责监护人：

1）带电作业。

2）临近电力设施的起重作业。

3）其他危险性较大需设专责监护人的工作。

（7）配电工作许可时，工作许可人应在完成工作票所列由其负责的停电和装设接地线等安全措施后，方可发出许可工作的命令。填用配电第一种工作票的工作，应得到全部工作许可人的许可，并由工作负责人确认工作票所列当前工作所需的安全措施全部完成后，方可下令工作。所有许可手续（工作许可人姓名、许可方式、许可时间等）均应记录在工作票上。

（8）现场办理配电工作许可手续前，工作许可人应与工作负责人核对线路名称、设备双重名称，检查核对现场安全措施，指明保留带电部位。

（9）用户侧设备检修，需电网侧设备配合停电时，应得到用户停送电联系人的书面申请，经批准后方可停电。在电网侧设备停电措施实施后，由电网侧设备的运维管理单位或调控中心负责向用户停送电联系人许可。恢复送电，应接到用户停送电联系人的工作结束报告，做好录音并记录后方可进行。

（10）在用户设备上工作，许可工作前，工作负责人应检查确认用户设备的运行状态、安全措施符合作业的安全要求。作业前，检查确认多电源和有自备电源的用户已采取机械或电气联锁等防反送电的强制性技术措施，不得擅自操作用户设备。

（11）工作期间，工作负责人若因故暂时离开工作现场时，应指定能胜任的人员临时代替，交代现场工作情况，告知工作班成员。原工作负责人返回工作现场时，应履行同样的交接手续，并在工作票备注栏注明。

（12）非特殊情况不得变更工作负责人。如在工作票许可之前需变更工作负责人，则应由工作票签发人重新签发工作票。如确需变更工作负责人，应由工作票签发人同意并通知工作许可人，工作许可人将变动情况记录在工作票上。工作负责人只允许变更一次。原、现工作负责人应对工作任务和安全措施进行交接。

4. 延期与终结

（1）若工作需要延期，工作负责人应在工期尚未结束以前向运维值班负责人提出延期申请（属于调度管辖、许可的设备，还应通过值班调度人员批准），履行延期手续。不需要办理许可手续的配电第二种工作票，应在工期尚未结束以前由工作负责人向工作票签发人提出延期申请。第一、二种工作票只能延期一次，若延期后工作仍未完成，应终结工作票或重新办理新的工作票。带电作业工作票不准延期。

（2）工作完工后，应清扫整理现场，工作负责人（包括小组负责人）应检查工作地段的状况，确认工作的配电设备和配电线路的杆塔、导线、绝缘子及其他辅助设备上没有遗留个人保安线和其他工具、材料，查明全部工作人员确由线路、设备上撤离后，再命令拆除由工作班自行装设的接地线等安全措施。接地线拆除后，任何人不得再登杆工作或在设备上工作。

（3）工作地段所有由工作班自行装设的接地线拆除后，工作负责人应及时向相关工作许可人（含配合停电线路、设备许可人）报告工作终结。多小组工作，工作负责人应在得到所有小组负责人工作结束的汇报后，方可与工作许可人办理工作终结手续。

（4）工作终结报告应按以下方式进行：

1）当面报告。

2）电话报告，并经复诵无误。

（5）工作终结报告应简明扼要，主要包括下列内容：工作负责人姓名，某线路（设备）上某处（说明起止杆塔号、分支线名称、位置称号、设备双重名称等）工作已经完工，所修项目、试验结果、设备改动情况和存在问题等，工作班自行装设的接地线已全部拆除，线路（设备）上已无本班组工作人员和遗留物。

（6）对未执行的工作票，在其编号上加盖“未执行”章，在备注栏说明原因。

5. 统计与管理

（1）各单位应定期统计分析工作票填写和执行情况，对发现的问题及时制订整改措施。

（2）调度值班负责人应在交班前对本值工作票执行情况进行检查。

（3）班长和班组安全员应每月对所执行的工作票进行整理、汇总，按编号统计、分析。

（4）县公司级单位安监部门每季度至少抽查调阅一次工作票。

（5）有下列情况之一者统计为不合格工作票：

1）工作票类型使用错误。

2）工作票未按规定编号，工作票遗失、缺号，已执行的工作票重号。

3）工作成员姓名、人数未按规定填写。

4）工作班人员总数与签字总数不符又不注明原因。

5）工作任务不明确。

6）所列安全措施与现场实际或工作任务不符。

7）装设接地线的地点填写不明确或不写接地线编号。

8）工作票项目填错或漏填。

9）字迹不清，对所用动词、设备编号涂改，或一份工作票涂改超过两处。

10）工作班人员、工作许可人、工作负责人、工作票签发人未按规定签名。

11）工作票中工作现场简图未按规定绘画或绘画错误。

12）工作延期未办延期手续，工作负责人、工作班成员变更未按照规定履行手续。

13）不按规定加盖“未执行”“已执行”印章。

14）每日开工、收工没按规定办理手续；工作间断、转移和工作终结不按规定办理手续。

15）工作票终结，未拆除的接地线或未拉开的接地刀闸等实际与票面不符未说明原因。

16）简图与工作任务不相符合，停电、带电设备未用颜色区分，漏画带电的高压交叉跨越线路（指松紧导线、起落线、换杆塔及金具绝缘子等部件有误触跨越线路可能的工作，输配电线路清扫作业，与其交叉跨越的带电线路可不画出）。

17）不按规定填写电压等级者。

18）未列入上述标准的其他违反《国家电网公司电力安全工作规程（配电部分）（试行）》和上级有关规定的均作为不合格统计。

（6）合格率的统计方法：合格率＝（已执行的总票数－不合格的总票数）/已执行的总票数×100％。

（7）工作票、故障紧急抢修单由许可单位和工作单位分别保存。已执行的工作票、故障紧急抢修单应至少保存1年。

6. 配电第一种工作票填写规范

单位：指工作负责人所在的工区、专业、室、所等；外来单位应填写单位全称。

编号：工作票编号应连续且唯一，由许可单位按顺序编号，不得重号。编号共由四部分组成，含调控中心（配电站、开闭所）特指字、年、月和顺序号四部分。例如，2017年9月第1份配电第一种工作票编号为配2017-09-001。

（1）工作负责人（监护人）：指该项工作的负责人（监护人）。

班组：指参与工作的班组，若为多班组协同工作，应填写全部工作班组。

（2）工作班人员（不包括工作负责人）：应逐个填写参加工作的人员姓名。

（3）工作任务。

1）工作地点或设备［注明变（配）电站、线路名称、设备双重名称及起止杆号］。

a. 配电线路工作：填写工作线路（包括有工作的分支线、T接线路等）电压等级、双重名称（同杆双回或多回线路应注明线路双重称号）、工作地点地段起止杆号。

b. 配电设备工作：填写工作的配电站、开关站等名称，检修工作地点及检修设备的双重名称，填写的设备名称应与现场相符；配电站、开关站内无运行编号的设备，填写时应叙述清楚。

2）工作内容：填写应清晰、准确，术语规范，不得使用模糊词语。

配电第一种工作票工作内容填写示例见表5-3。

表5-3　配电第一种工作票工作内容填写示例

工作地点或设备	工作内容
10kV典型3线01～20号杆	更换导线及金具
110kV典型变10kV典型1开关间隔	电缆头更换
10kV典型3线绿城支线05号杆	新增公用变压器接火

在原工作票的停电范围内增加工作任务时：

1）工作时间不超过原工作计划时间且不需要变更安全措施的工作，由工作负责人征得工作票签发人和工作许可人同意，在工作票上增填工作项目，并在备注栏中说明原因。

2）若需变更或增设安全措施，应填用新的工作票，并重新履行工作票签发、许可手续。

（4）计划工作时间。填写已批准的检修期限，时间应使用阿拉伯数字填写，包含年（四位）以及月、日、时、分（均为双位，24时制），如2021年09月01日16时06分。

（5）安全措施［应改为检修状态的线路、设备名称，应断开的开关、刀闸、保险，应合上的接地刀闸，应装设的接地线、绝缘隔板、遮栏（围栏）和标示牌等，装设的接地线应明确具体位置，必要时可附页绘图说明］。

1）调控或运维人员［变（配）电站、开闭所］应采取的安全措施。

a. 应断开的设备名称。

a）变（配）电站或线路、设备名称：填写变（配）电站或线路、设备名称。

b）应拉开的开关、刀闸、保险（注明设备双重名称）：填写由调控或运维人员操作的各侧（包括变电站、配电站、用户站、各分支线路）开关、刀闸、保险。

c）执行人：安全措施完成后，工作负责人与工作许可人逐项核对，由许可人签名。

b. 应合接地刀闸、应装接地线、应装绝缘挡板：填写接地刀闸、操作接地线或绝缘挡板（罩）的编号和确切地点。

执行人：安全措施完成后，工作负责人与工作许可人逐项核对，由许可人签名。

c. 应设遮栏，应挂标示牌：分类填写遮栏、标示牌及所设的位置。

执行人：安全措施完成后，工作负责人与工作许可人逐项核对，由许可人签名。

2）工作班完成的安全措施：填写需要工作班操作的停电线路或设备、应装设的遮栏（围栏）等。工作班组现场操作不填用操作票时，应将设备的双重名称、线路的名称、杆号、位置及操作内容等按操作顺序填写清楚。没有则填写“无”。

已执行：安全措施完成后，工作负责人逐项核对确认并打“√”。

3）工作班装设（或拆除）的工作接地线。

a. 线路名称或设备双重名称和装设位置：填写应装设的工作接地线确切位置、地点，如10kV典型线03号杆小号侧。

b. 接地线编号：填写应装设接地线的编号，用双位数字表示，如01号；分段工作，同一编号的接地线可分段重复使用。

c. 装设时间、拆除时间：工作负责人依据现场工作班成员装设或拆除接地线完毕的时间填写；分段装设的接地线应根据工作区段转移情况逐段填写。

4）配合停电线路应采取的安全措施：填写配合停电的线路名称及应断开的开关、刀闸、保险，应合上的接地刀闸或应装设的操作接地线。没有则填写“无”。

执行人：安全措施完成后，工作负责人与工作许可人（配合停电联系人）逐项核对，由许可人（配合停电联系人）签名。

5）保留或邻近的带电线路、设备：应注明工作地点或地段保留或邻近的带电线路、设备的名称及杆（塔）号，包括双回、多回、平行、交叉跨越的线路名称；配电线路、分接箱中断开的开关、刀闸带电侧，均应在工作票中注明。没有则填写“无”。

变（配）电站、开闭所内的配电设备工作，应填写工作地点及周围所保留的带电部位、带电设备名称。工作地点的低压交直流电源应注明和交代清除。没有则填写“无”。

6）其他安全措施和注意事项：填写需要特别交代的安全注意事项。没有则填写“无”。

工作票签发人签名、工作负责人签名和时间：确认工作票 1～5.6 项无误后，工作票签发人和工作负责人在签名栏内签名，并在时间栏内填入时间。“双签发”时应履行同样手续。

7）其他安全措施和注意事项补充（由工作负责人或工作许可人填写）：工作负责人或工作许可人根据现场的实际情况，补充安全措施和注意事项。无补充内容时填写“无”。

（6）收到工作票时间：调控或运维人员收到工作票后，审核正确后对工作票进行编号，填写收到时间并签名，填写相应记录。若填写不合格应将工作票退回。

（7）工作许可：工作许可人和工作负责人分别在各自收执的工作票上填写许可的线路或设备名称、许可方式、工作负责人、工作许可人、许可工作时间。各工作许可人在确认相关安全措施完成后，方可许可工作。许可工作时间不得早于计划工作开始时间。

（8）人员变更。工作负责人变动情况：经工作票签发人同意，在工作票上填写原工作负责人和新工作负责人的姓名及变动时间，同时通知工作许可人；如工作票签发人无法当面办理，应通过电话联系，工作许可人和原工作负责人在各自所持工作票上注明。工作负责人的变更应告知全体工作班成员。变更的工作负责人应做好交接手续。交接手续完成后，原工作负责人与新工作负责人应分别在工作票上签名确认，并记录确认时间。

（9）工作票延期：办理工作票延期手续，应在工作票的有效期内，由工作负责人向工作许可人提出申请，得到同意后办理。工作负责人和工作许可人在各自收执的工作票上签名并记录许可时间。

（10）每日开工和收工记录（使用 1d 的工作票不必填写）：

1）每日收工，工作人员全部撤离工作现场，清扫工作地点，开放已封闭的通路，工作负责人向许可人汇报。次日复工时，工作负责人应经许可人同意重新复核安全措施无误后方可工作。开工和收工双方均应填写姓名、时间和办理方式。

2）在变（配）电站或发电厂内工作时，将工作票交回运维值班人员。收工后，工作人员未经运维值班人员许可，不得擅自进入工作现场。次日复工时，取回工作票与许可人重新复核安全措施无误后方可工作。

3）在无人值班的变电站工作时，工作现场安全措施条件未发生变化时，工作负责人可在现场用电话与管理该站的运维站联系办理收、开工手续，并注明办理方式。

（11）工作终结。

1）填写拆除的所有工作接地线组数和个人保安线数量；工作负责人确认工作班人员已全部撤离现场，工具、材料已清理完毕，杆塔、设备上已无遗留物。

2）工作终结报告：

a. 工作负责人向工作许可人汇报，说明检修项目、发现问题、试验结果、存在问题等内容。工作许可人和工作负责人分别在各自收执的工作票上填写终结的线路或设备的名称、报告方式、工作负责人、工作许可人和终结报告时间，办理工作终结手续。工作一旦终结，任何工作人员不得进入工作现场。

b. 工作终结后，工作许可人和工作负责人分别在终结报告时间栏加盖“已执行”章，填写相关记录。工作负责人和工作许可人各自保存工作票。

（12）备注：填写工作任务变动原因、未执行工作票的原因及其他需要说明的事项。

（13）现场施工简图：配电线路工作应绘制现场施工简图。

1）现场施工简图绘制，应使用标准图线和图形符号，清晰、规范。

2）停电的线路和设备用黑（蓝）色线条画出；与停电线路同杆（塔）、邻近、平行、交叉的带电线路和设备，用红色线条画出。计算机生成（打印）的工作票，红色部分可在生成（打印）后再描成红色。

3）简图应标明停电工作地点或范围，接地线的编号及装设位置。对于在同一张工作票上采用同一组接地线的，应注明分段执行方式。

7. 配电带电作业工作票填写规范

单位：指工作负责人所在的工区、专业、室、所等；外来单位应填写单位全称。

编号：工作票编号应连续且唯一，由许可单位按顺序编号，不得重号。编号共由四部分组成，含调控中心（配电站、开闭所）特指字、年、月和顺序号四部分。

（1）工作负责人（监护人）：指该项工作的负责人（监护人）。

班组：指参与工作的班组，若为多班组协同工作，应填写全部工作班组。

（2）工作班人员（不包括工作负责人）：应逐个填写参加工作的人员姓名。

（3）工作任务。

1）线路名称或设备双重名称：填写线路、设备的电压等级和双重名称。

2）工作地段、范围：填写工作线路（包括有工作的分支线、T 接线路等）或设备工作地点地段、起止杆号，起止杆号应与设备实际编号对应。

3）工作内容及人员分工：工作内容应清晰、准确，不得使用模糊词语。人员分工应注明。

4）专责监护人：填写指定的专责监护人姓名。

（4）计划工作时间：填写已批准的检修期限，时间应使用阿拉伯数字填写，包含年

（四位）以及月、日、时、分（均为双位，24时制）。

（5）安全措施：

1）调控或运维人员应采取的安全措施。

a. 是否需要停用重合闸：填“是”或“否”。

b. 作业点负荷侧需要停电的线路、设备：填写线路名称或设备双重名称（多回线路应注明双重称号及方位），没有则填“无”。

c. 应装设的安全遮栏（围栏）和悬挂的标示牌：分类填写遮栏、标示牌及所设的位置。

2）其他危险点预控措施和注意事项：根据现场工作条件和设备状况，填写相应的安全措施和注意事项，没有则填“无”。

工作票签发人、工作负责人对上述所填内容确认无误后签名并填写时间。

（6）确认本工作票1～5项正确完备，许可工作开始：

1）工作许可人在确认相关安全措施完成后，方可许可工作。

2）工作许可人和工作负责人分别在各自收执的工作票上填写许可的线路或设备的双重名称、许可方式、工作许可人、工作负责人、许可工作时间。

（7）现场补充的安全措施：工作负责人或工作许可人根据现场的实际情况，补充安全措施和注意事项。无补充内容时填写“无”。

（8）工作终结：

1）工作负责人确认工作班人员已全部撤离现场，工具、材料已清理完毕，杆塔、设备上已无遗留物。

2）工作终结报告：工作负责人向工作许可人汇报工作完毕，填写终结的线路或设备名称、报告方式、工作负责人、工作许可人、终结报告时间。在终结报告时间栏盖“已执行”章。

（9）备注：填写其他需要说明的事项。

8. 配电故障紧急抢修单填写规范

单位：指工作负责人所在的工区、专业、室、所等；外来单位应填写单位全称。

编号：编号应连续且唯一，由许可单位按顺序编号，不得重号。编号共由四部分组成，含调控中心或配电站、开闭所特指字、年、月和顺序号四部分。

（1）抢修工作负责人：指该项工作的负责人。

班组：指参与工作的班组，若多班组工作，应填写全部工作班组。

（2）抢修班人员（不包括抢修工作负责人）：应逐个填写参加工作的人员姓名。

（3）抢修工作任务：

1）工作地点或设备［注明变配电站、线路名称、设备双重名称及起止杆号］：填写抢修线路、设备名称及抢修地点。

2）工作内容：填写抢修内容，要求语句简练、准确。

（4）安全措施：

1）由调控中心完成的线路间隔名称及状态（检修、热备用、冷备用）：填写线路间隔名称及应改为的状态，如将10kV典型线改为检修状态。

2）现场应断开的开关、刀闸、保险：填写抢修现场应断开的开关、刀闸、保险等。没有则填"无"。

3）应装设的遮栏（围栏）及悬挂的标示牌：分类填写遮栏、标示牌及所设的位置。

4）应装设的接地线的位置：填写抢修现场装设的工作接地线确切位置、地点和编号。

5）保留带电部位及其他安全注意事项：明确抢修地点保留的带电部位和带电的设备，根据抢修任务、现场情况、对可能发生的事故发展趋势和后果应采取的安全措施。

（5）抢修工作负责人根据现场勘察情况，审核1～4项无误后，填写抢修工作负责人及抢修任务布置人的姓名。

（6）许可抢修时间：工作许可人和工作负责人在确认安全措施完成后，方可许可工作。填写许可抢修时间和工作许可人姓名。

（7）抢修结束汇报：抢修工作负责人在抢修班人员全部撤离，材料、工具清理完毕后，填写抢修结束时间、现场设备状况及保留的安全措施。抢修工作负责人向工作许可人汇报，填写双方姓名和时间。

（8）备注：填写需要说明的其他事项。

9. 配电工作票样例

样例1：配电第一种工作票（10kV旭年线电缆接入）见表5-4。

表5-4　配电第一种工作票样例（10kV旭年线电缆接入）

单位：×××　　　　编号：配调2017-09-001

1	工作负责人（监护人）牛××　　班组：工程部	
2	工作班人员（不包括工作负责人）：林××　赵×　张××　王××　沈××　赵××　刘××　郎××　李×　钱××　孙××　共 11 人	
3	工作任务：	
	工作地点或设备［注明变（配）电站、线路名称、设备双重名称及起止杆号］	工作内容
	110kV旭升变电站：旭年1间隔	将新敷设的旭年线电缆制作电缆头，试验合格后接入间隔
	10kV百年开关站：旭年2间隔	将新敷设的旭年线电缆制作电缆头，试验合格后接入间隔
4	计划工作时间：自2017年08月16日09时30分 至2017年08月16日20时00分	

续表

<table>
<tr><td rowspan="30">5</td><td colspan="6">安全措施［应改为检修状态的线路、设备名称，应断开的开关、刀闸、保险，应合上的接地刀闸，应装设的接地线、绝缘隔板、遮栏（围栏）和标示牌等，装设的接地线应明确具体位置，必要时可附页绘图说明］</td></tr>
<tr><td colspan="6">5.1　调控或运维人员［变（配）电站、开闭所］应采取的安全措施</td></tr>
<tr><td colspan="6">（1）应断开的设备名称</td></tr>
<tr><td colspan="2">变（配）电站或线路、设备名称</td><td colspan="3">应拉开的开关、刀闸、保险（注明设备双重名称）</td><td>执行人</td></tr>
<tr><td colspan="2">110kV 旭升变电站：旭年 1 间隔</td><td colspan="3">旭年 1 开关及两侧刀闸</td><td>杨×</td></tr>
<tr><td colspan="2">10kV 百年开关站：旭年 2 间隔</td><td colspan="3">旭年 2 开关及两侧刀闸</td><td>杨×</td></tr>
<tr><td colspan="2"></td><td colspan="3"></td><td></td></tr>
<tr><td colspan="2"></td><td colspan="3"></td><td></td></tr>
<tr><td colspan="6">（2）应合接地刀闸、应装接地线、应装绝缘挡板</td></tr>
<tr><td>接地刀闸、接地线、绝缘挡板装设地点</td><td>接地线（绝缘挡板）编号</td><td>执行人</td><td>接地刀闸、接地线、绝缘挡板装设地点</td><td>接地线（绝缘挡板）编号</td><td>执行人</td></tr>
<tr><td>合上旭年 1 接地刀闸</td><td></td><td>杨×</td><td>在旭年 2 开关线路侧装设接地线一组</td><td>01</td><td>杨×</td></tr>
<tr><td></td><td></td><td></td><td></td><td></td><td></td></tr>
<tr><td colspan="5">（3）应设遮栏、应挂标示牌</td><td>执行人</td></tr>
<tr><td colspan="5">在旭年 1 开关操作把手上悬挂“禁止合闸，线路有人工作”标示牌；
在旭年 1 开关相邻间隔装设围栏，并悬挂“止步，高压危险”标示牌；
旭年 1 开关柜后柜门处放置“在此工作”标示牌</td><td>张××</td></tr>
<tr><td colspan="5">在旭年 2 开关操作把手上悬挂“禁止合闸，线路有人工作”标示牌；
在旭年 2 开关相邻间隔装设围栏，悬挂“止步，高压危险”标示牌；
在旭年 2 开关柜后柜门处放置“在此工作”标示牌</td><td>王××</td></tr>
<tr><td colspan="5">5.2　工作班完成的安全措施</td><td>已执行</td></tr>
<tr><td colspan="5">工作地点周围装设遮栏，并面向外悬挂“止步，高压危险”标示牌</td><td>√</td></tr>
<tr><td colspan="5"></td><td></td></tr>
<tr><td colspan="6">5.3　工作班装设（或拆除）的工作接地线</td></tr>
<tr><td colspan="2">线路名称或设备双重名称和装设位置</td><td>接地线编号</td><td colspan="2">装设时间</td><td>拆除时间</td></tr>
<tr><td colspan="2">无</td><td></td><td colspan="2"></td><td></td></tr>
<tr><td colspan="5">5.4　配合停电线路应采取的安全措施</td><td>执行人</td></tr>
<tr><td colspan="5">无</td><td></td></tr>
<tr><td colspan="6">5.5　保留或邻近的带电线路、设备</td></tr>
<tr><td colspan="6">旭年 1 开关母线侧带电；
旭年 2 开关母线侧带电</td></tr>
<tr><td colspan="6">5.6　其他安全措施和注意事项：</td></tr>
<tr><td colspan="6">（1）认真验电。
（2）工作完毕后，认真检查现场。
（3）工作结束 1h 前应预汇报。
（4）本次工作需在旭年 2 开关处核相序。
（5）工作负责人电话：136××××××××。
（6）停送电联系人：王×× 186××××××××</td></tr>
<tr><td colspan="6">工作票签发人签名：朱××、李××2017 年08 月15 日10 时30 分
工作负责人签名：牛×× 2017 年08 月15 日09 时00 分</td></tr>
<tr><td colspan="6">5.7　其他安全措施和注意事项补充（由工作负责人或工作许可人填写）</td></tr>
<tr><td colspan="6">无</td></tr>
</table>

6	收到工作票时间：2017年08月15日16时00分　调控（运维）人员签名：赵××

7　工作许可

许可的线路或设备	许可方式	工作负责人	工作许可人	许可工作的时间
10kV旭年线	电话	牛××	杨×	2017年08月16日09时55分
110kV旭升变电站：旭年1间隔	当面	牛××	张××	2017年08月16日10时15分
10kV百年开关站：旭年2间隔	当面	牛××	王××	2017年08月16日10时37分

8　工作任务单登记

工作任务单编号	工作任务	小组负责人	工作许可时间	工作结束报告时间
无				年　月　日　时　分
				年　月　日　时　分

9　指定专责监护人：

（1）指定专责监护人王××负责监护旭年1间隔电缆接入工作

（地点及具体工作）

（2）指定专责监护人李××负责监护旭年2间隔电缆接入工作

（地点及具体工作）

（3）指定专责监护人______负责监护______

（地点及具体工作）

现场交底，工作班成员确认工作负责人布置的工作任务、人员分工、安全措施和注意事项并签名：林××　赵×　张××　王××　沈××　赵××　刘××　郎××　李×　钱××　孙××

10　人员变更：

10.1　工作负责人变动情况：原工作负责人______离去，变更______为工作负责人

工作票签发人签名______　____年___月___日___时___分

原工作负责人签名确认：______新工作负责人签名确认：______

____年___月___日___时___分

10.2　工作人员变动情况

新增人员	姓名						
	变更时间						
离开人员	姓名						
	变更时间						

11　工作票延期：有效期延长到____年___月___日___时___分

工作负责人签名______　____年___月___日___时___分

工作许可人签名______　____年___月___日___时___分

12　每日开工和收工记录（使用一天的工作票不必填写）

收工时间	办理方式	工作许可人	工作负责人	开工时间	办理方式	工作许可人	工作负责人

续表

<table>
<tr><td rowspan="8">13</td><td colspan="5">工作终结：</td></tr>
<tr><td colspan="5">13.1　工作班现场所装设接地线共<u>　无　</u>组、个人保安线共<u>　无　</u>组已全部拆除，工作班人员已全部撤离现场，材料工具已清理完毕，杆塔、设备上已无遗留物</td></tr>
<tr><td colspan="5">13.2　工作终结报告</td></tr>
<tr><td>终结的线路或设备</td><td>报告方式</td><td>工作负责人</td><td>工作许可人</td><td>终结报告时间</td></tr>
<tr><td>10kV 旭年线</td><td>电话</td><td>牛××</td><td>杨×</td><td>2017 年 08 月 16 日 19 时 04 分</td></tr>
<tr><td>110kV 旭升变电站：旭年 1 间隔</td><td>当面</td><td>牛××</td><td>张××</td><td>2017 年 08 月 16 日 17 时 45 分</td></tr>
<tr><td>10kV 百年开关站：旭年 2 间隔</td><td>当面</td><td>牛××</td><td>王××</td><td>2017 年 08 月 16 日 18 时 57 分</td></tr>
<tr><td></td><td></td><td></td><td></td><td></td></tr>
<tr><td>14</td><td colspan="5">备注：</td></tr>
<tr><td>15</td><td colspan="5">现场施工简图： 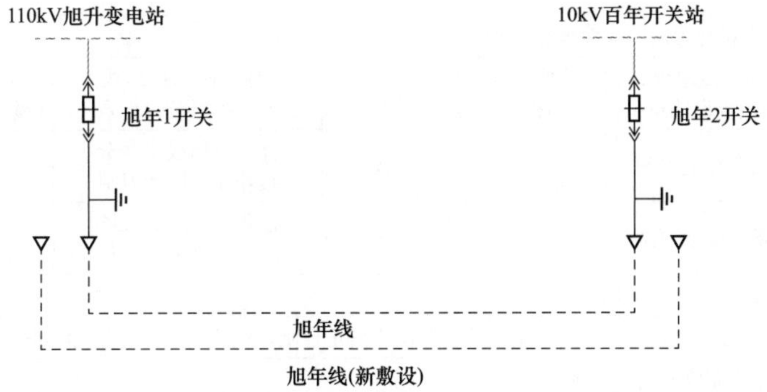
110kV旭升变电站
10kV百年开关站
旭年1开关
旭年2开关
旭年线
旭年线(新敷设)</td></tr>
</table>

样例 2：配电第一种工作票（10kV 右营翠线 01 号杆刀闸、避雷器更换，加装故障指示器；10kV 左营周线 02～18 号杆更换金具）见表 5-5。

表 5-5　配电第一种工作票样例（10kV 右营翠线 01 号杆刀闸、避雷器更换，加装故障指示器；10kV 左营周线 02～18 号杆更换金具）

单位：×××电力建设有限公司　　　　编号：配调 2017-09-005

<table>
<tr><td>1</td><td colspan="2">工作负责人（监护人）：刘×　　　　班组：安装二班</td></tr>
<tr><td>2</td><td colspan="2">工作班人员（不包括工作负责人）：<u>　韩××、梁××、马××、邓××、蔡××、茹××、刘××　</u>
共<u>　7　</u>人</td></tr>
<tr><td rowspan="4">3</td><td colspan="2">工作任务</td></tr>
<tr><td>工作地点或设备［注明变（配）电站、线路名称、设备双重名称及起止杆号］</td><td>工作内容</td></tr>
<tr><td>10kV 右营翠线 01 号杆</td><td>刀闸、避雷器更换，加装故障指示器</td></tr>
<tr><td>10kV 左营周线 02～18 号杆</td><td>更换金具</td></tr>
<tr><td>4</td><td colspan="2">计划工作时间：自<u>2017</u>年<u>09</u>月<u>05</u>日<u>09</u>时<u>30</u>分
至<u>2017</u>年<u>09</u>月<u>05</u>日<u>17</u>时<u>30</u>分</td></tr>
</table>

续表

序号	内容
5	安全措施［应改为检修状态的线路、设备名称，应断开的开关、刀闸、保险，应合上的接地刀闸，应装设的接地线、绝缘隔板、遮栏（围栏）和标示牌等，装设的接地线应明确具体位置，必要时可附页绘图说明］

5.1　调控或运维人员（变配电站）应采取的安全措施

（1）应断开的设备名称

变配电站或线路、设备名称	应拉开的开关、刀闸、保险（注明设备双重名称）	执行人
110kV 徐家营变	营周 1 开关及两侧刀闸	杨×
110kV 徐家营变	营翠 1 开关及两侧刀闸	杨×
10kV 左营周线	营周线 1 号分接箱 1-1 开关	杨×
10kV 翠微开关站	营翠 2 开关及两侧刀闸	杨×
10kV 左营周线	营周线 2-1 开关	尤××
10kV 左营周线	营周线 4-1 开关	尤××
10kV 左营周线	营周线 7-1 开关	尤××

（2）应合接地刀闸、应装操作接地线、应装设绝缘挡板

接地刀闸、接地线、绝缘挡板装设地点	接地线（绝缘挡板）编号	执行人	接地刀闸、接地线、绝缘挡板装设地点	接地线（绝缘挡板）编号	执行人
合上营周 1 接地刀闸		杨×	合上营周线 1 号分接箱 1-1 接地刀闸		杨×
合上营翠 1 接地刀闸		杨×	在营翠 2 开关线路侧装设接地线一组	01	杨×

（3）应设遮栏、应挂标示牌	执行人
在营周线 1 号分接箱 1-1 开关操作把手上悬挂“禁止合闸，线路有人工作”标示牌	尤××

5.2　工作班完成的安全措施	已执行
工作地点周围装设遮栏，并面向外悬挂“止步，高压危险”标示牌	√

5.3　工作班装设（或拆除）的工作接地线

线路名称或设备双重名称和装设位置	接地线编号	装设时间	拆除时间
左营周线 01 号杆电缆头侧	01	2017 年 09 月 05 日 10 时 22 分	2017 年 09 月 05 日 16 时 23 分
右营翠线 01 号杆电缆头侧	02	2017 年 09 月 05 日 10 时 25 分	2017 年 09 月 05 日 16 时 27 分
左营周线 2-1 开关小号侧	03	2017 年 09 月 05 日 10 时 27 分	2017 年 09 月 05 日 16 时 32 分
左营周线 4-1 开关小号侧	04	2017 年 09 月 05 日 10 时 32 分	2017 年 09 月 05 日 16 时 35 分
泰盟机械专用变压器高压令克上桩头上	05	2017 年 09 月 05 日 10 时 38 分	2017 年 09 月 05 日 16 时 41 分
左营周线 7-1 开关小号侧	06	2017 年 09 月 05 日 10 时 44 分	2017 年 09 月 05 日 16 时 46 分
右营翠线 18 号杆电缆头侧	07	2017 年 09 月 05 日 10 时 46 分	2017 年 09 月 05 日 16 时 53 分
左营周线 18 号杆电缆头侧	08	2017 年 09 月 05 日 10 时 50 分	2017 年 09 月 05 日 16 时 58 分

续表

<table>
<tr><td rowspan="10">5</td><td colspan="4">5.4 配合停电线路应采取的安全措施</td><td>执行人</td></tr>
<tr><td colspan="4">无</td><td></td></tr>
<tr><td colspan="5">5.5 保留或邻近的带电线路、设备</td></tr>
<tr><td colspan="5">营周1间隔母线侧带电。营翠1间隔母线侧带电。营周线1号分接箱1-1间隔母线侧带电。营翠2间隔母线侧带电</td></tr>
<tr><td colspan="5">5.6 其他安全措施和注意事项：</td></tr>
<tr><td colspan="5">（1）接到停电命令后，工作负责人应向现场工作人员认真宣读工作票、措施卡。
（2）认真验电，挂接地线。
（3）工作班成员应相互关心施工安全，认真做好自我保护。
（4）此工作需在工作结束前1h预报。
（5）营周线1号分接箱1-1开关符合二元验电法。
（6）此工作不需要核相序。
（7）工作完毕后，新更换的营翠1刀闸在合位。
（8）工作负责人电话：15××××××××××。停送电联系人：蒋×× 13××××××××××</td></tr>
<tr><td colspan="5">工作票签发人签名：蒋××、周×× 2017年09月04日13时03分
工作负责人签名：刘× 2017年09月04日13时06分</td></tr>
<tr><td colspan="5">5.7 其他安全措施和注意事项补充（由工作负责人或工作许可人填写）</td></tr>
<tr><td colspan="5">无</td></tr>
<tr><td colspan="5"></td></tr>
<tr><td>6</td><td colspan="5">收到工作票时间：2017年09月04日15时00分 调控（运维）人员签名：赵××</td></tr>
<tr><td rowspan="4">7</td><td colspan="5">工作许可</td></tr>
<tr><td>许可的线路或设备</td><td>许可方式</td><td>工作负责人签名</td><td>许可人</td><td>许可工作的时间</td></tr>
<tr><td>10kV右营翠1开关至营翠2开关之间线路、10kV左营周1开关至营周线1号分接箱1-1号开关之间线路</td><td>电话</td><td>刘×</td><td>杨×</td><td>2017年09月05日09时55分</td></tr>
<tr><td>10kV右营翠1开关至营翠2开关之间线路、10kV左营周1开关至营周线1号分接箱1-1开关之间线路</td><td>当面</td><td>刘×</td><td>尤××</td><td>2017年09月05日09时58分</td></tr>
</table>

<table>
<tr><td rowspan="4">8</td><td colspan="5">工作任务单登记</td></tr>
<tr><td>工作任务单编号</td><td>工作任务</td><td>小组负责人</td><td>工作许可时间</td><td>工作结束报告时间</td></tr>
<tr><td></td><td></td><td></td><td></td><td>年 月 日 时 分</td></tr>
<tr><td></td><td></td><td></td><td></td><td>年 月 日 时 分</td></tr>
<tr><td>9</td><td colspan="5">指定专责监护人：
（1）指定专责监护人 马×× 负责监护右营翠线工作（地点及具体工作）
（2）指定专责监护人 李×× 负责监护左营周线工作（地点及具体工作）
（3）指定专责监护人 赵×× 负责监护 工作地点现场交通安全（地点及具体工作）
现场交底，工作班成员确认工作负责人布置的工作任务、人员分工、安全措施和注意事项并签名：韩×× 梁×× 马×× 邓×× 蔡×× 茹×× 刘××</td></tr>
<tr><td rowspan="2">10</td><td colspan="5">人员变更：</td></tr>
<tr><td colspan="5">10.1 工作负责人变动情况：原工作负责人____离去，变更____为工作负责人
工作票签发人签名____ ____年___月___日___时___分
原工作负责人签名确认：____ 新工作负责人签名确认：____
____年___月___日___时___分</td></tr>
</table>

<table>
<tr><td rowspan="5">10</td><td colspan="8">10.2　工作人员变动情况</td></tr>
<tr><td rowspan="2">新增人员</td><td>姓　名</td><td></td><td></td><td></td><td></td><td></td><td></td></tr>
<tr><td>变更时间</td><td></td><td></td><td></td><td></td><td></td><td></td></tr>
<tr><td rowspan="2">离开人员</td><td>姓　名</td><td></td><td></td><td></td><td></td><td></td><td></td></tr>
<tr><td>变更时间</td><td></td><td></td><td></td><td></td><td></td><td></td></tr>
<tr><td>11</td><td colspan="8">工作票延期：有效期延长到______年___月___日___时___分
工作负责人签名____________　______年___月___日___时___分
工作许可人签名____________　______年___月___日___时___分</td></tr>
<tr><td rowspan="4">12</td><td colspan="8">每日开工和收工记录（使用一天的工作票不必填写）</td></tr>
<tr><td>收工时间</td><td>办理方式</td><td>工作许可人</td><td>工作负责人</td><td>开工时间</td><td>办理方式</td><td>工作许可人</td><td>工作负责人</td></tr>
<tr><td></td><td></td><td></td><td></td><td></td><td></td><td></td><td></td></tr>
<tr><td></td><td></td><td></td><td></td><td></td><td></td><td></td><td></td></tr>
<tr><td rowspan="6">13</td><td colspan="8">工作终结</td></tr>
<tr><td colspan="8">13.1　工作班现场所装设接地线共__8__组、个人保安线共__无__组已全部拆除，工作班人员已全部撤离现场，工具、材料已清理完毕，杆塔、设备上已无遗留物</td></tr>
<tr><td colspan="8">13.2　工作终结报告</td></tr>
<tr><td colspan="4">终结的线路或设备</td><td>报告方式</td><td>工作负责人</td><td>工作许可人</td><td>终结报告时间</td></tr>
<tr><td colspan="4">10kV右营翠1开关至营翠2开关之间线路、10kV左营周1开关至营周线1号分接箱1-1开关之间线路</td><td>当面</td><td>刘×</td><td>尤××</td><td>2017年09月05日17时05分</td></tr>
<tr><td colspan="4">10kV右营翠1开关至营翠2开关之间线路、10kV左营周1开关至营周线1号分接箱1-1开关之间线路</td><td>电话</td><td>刘×</td><td>杨×</td><td>2017年09月05日17时14分</td></tr>
<tr><td>14</td><td colspan="8">备注：</td></tr>
<tr><td>15</td><td colspan="8">现场施工简图：</td></tr>
</table>

样例 3：配电带电作业工作票（10kV 辽黄线黄河路 02 号杆带电剪接火）见表 5-6。

表 5-6　　配电带电作业工作票样例（10kV 辽黄线黄河路 02 号杆带电剪接火）

单位：配电运检室　　　　　　　　　　　　　　编号：带 2017-09-001

<table>
<tr><td>1</td><td colspan="4">工作负责人（监护人）：王××　　　　　　　　　班组：带电班</td></tr>
<tr><td>2</td><td colspan="4">工作班人员（不包括工作负责人）：宋××、刘××、张××共 3 人</td></tr>
<tr><td rowspan="3">3</td><td colspan="4">工作任务</td></tr>
<tr><td>线路名称或设备双重名称</td><td>工作地段、范围</td><td>工作内容及人员分工</td><td>专责监护人</td></tr>
<tr><td>10kV 辽黄线</td><td>黄河路 02 号杆</td><td>宋××带电剪、接火</td><td>王××</td></tr>
<tr><td>4</td><td colspan="4">计划工作时间：自2017 年09 月03 日08 时00 分
至2017 年09 月03 日18 时00 分</td></tr>
<tr><td rowspan="8">5</td><td colspan="4">安全措施</td></tr>
<tr><td colspan="4">5.1　调控或运维人员应采取的安全措施</td></tr>
<tr><td>线路名称或
设备双重名称</td><td>是否需要
停用重合闸</td><td>作业点负荷侧
需要停电的线路、设备</td><td>应装设的安全
遮栏（围栏）和悬挂的标示牌</td></tr>
<tr><td>10kV 辽黄线</td><td>否</td><td>辽黄线黄河路 2-0 刀闸</td><td>在辽黄线黄河路 02 号杆悬挂“在此工作”标示牌，周围装设安全围栏，并向外悬挂“止步，高压危险”标示牌</td></tr>
<tr><td></td><td></td><td></td><td></td></tr>
<tr><td></td><td></td><td></td><td></td></tr>
<tr><td colspan="4">5.2　其他危险点预控措施和注意事项：
（1）工作采取绝缘手套作业法。
（2）工作地段加设围栏，地面人员不得站在作业处垂直下方，高空落物区不得有无关人员通行和逗留，绝缘斗臂车应可靠接地。
（3）作业中，人体保持对带电体及接地体不小于 0.4m 的安全距离；对作业中可能触及的其他带电体及无法满足安全距离的接地体，应采取绝缘遮蔽或隔离措施。
（4）工作中，斗内人员应穿戴合格的绝缘防护用具，作业过程中禁止摘下。
（5）工作中，作业人员严禁同时接触两个不同的电位体；绝缘斗内双人工作时禁止两人接触不同的电位体。
（6）工作中，作业人员应有效控制引线，避免触及横担或邻相导线。
（7）上、下传递工具、材料均应使用绝缘绳，严禁抛掷。
（8）操作绝缘斗要平稳有序，现场作业人员服从工作负责人统一指挥。
（9）工作结束，检查工作线路、设备上有没有遗留物</td></tr>
<tr><td colspan="4">工作票签发人签名：余××　2017 年09 月03 日07 时50 分
工作负责人签名：　王××　2017 年09 月03 日08 时00 分</td></tr>
</table>

<table>
<tr><td rowspan="5">6</td><td colspan="5">确认本工作票 1～5 项正确完备，许可工作开始</td></tr>
<tr><td>许可的线路、设备</td><td>许可方式</td><td>工作许可人（联系人）</td><td>工作负责人</td><td>许可工作（联系）时间</td></tr>
<tr><td>10kV 辽黄线</td><td>电话</td><td>杨××</td><td>王××</td><td>2017 年 09 月 03 日 08 时 30 分</td></tr>
<tr><td></td><td></td><td></td><td></td><td>年　月　日　时　分</td></tr>
<tr><td></td><td></td><td></td><td></td><td>年　月　日　时　分</td></tr>
<tr><td>7</td><td colspan="5">现场补充的安全措施：
无</td></tr>
</table>

续表

<table>
<tr><td rowspan="2">8</td><td colspan="5">现场交底，工作班成员确认工作负责人布置的工作任务、人员分工、安全措施和注意事项并签名：宋××　刘××　张××</td></tr>
<tr><td colspan="5">工作开始时间：2017年09月03日08时40分　工作负责人签名：王××</td></tr>
<tr><td rowspan="7">9</td><td colspan="5">工作终结</td></tr>
<tr><td colspan="5">9.1　工作班人员已全部撤离现场，工具、材料已清理完毕，杆塔、设备上已无遗留物。</td></tr>
<tr><td colspan="5">9.2　工作终结报告：</td></tr>
<tr><td>终结的线路或设备</td><td>报告方式</td><td>工作许可人（联系人）</td><td>工作负责人签名</td><td>终结报告时间</td></tr>
<tr><td>10kV辽黄线</td><td>电话</td><td>杨××</td><td>王××</td><td>2017年09月03日15时30分</td></tr>
<tr><td></td><td></td><td></td><td></td><td>年　月　日　时　分</td></tr>
<tr><td></td><td></td><td></td><td></td><td>年　月　日　时　分</td></tr>
<tr><td>10</td><td colspan="5">备注：</td></tr>
</table>

样例4：配电故障紧急抢修单（10kV辽黄线1号分接箱1-1间隔电缆头故障处理及试验）见表5-7。

表5-7　配电故障紧急抢修单样例（10kV辽黄线1号分接箱1-1间隔电缆头故障处理及试验）

单位：××电力建设有限公司配电工程一公司　　　　编号：配抢2017-09-002

<table>
<tr><td>1</td><td colspan="2">抢修工作负责人：张××　　　　班组：安装二班</td></tr>
<tr><td>2</td><td colspan="2">抢修班人员（不包括抢修工作负责人）：田××、刘×、李×、李××　共 4 人</td></tr>
<tr><td rowspan="3">3</td><td colspan="2">抢修工作任务</td></tr>
<tr><td>工作地点或设备［注明变（配）电站、线路名称、设备双重名称及起止杆号］</td><td>工作内容</td></tr>
<tr><td>10kV辽黄线1号分接箱1-1开关</td><td>电缆头故障处理及试验</td></tr>
<tr><td rowspan="12">4</td><td colspan="2">安全措施</td></tr>
<tr><td>内容</td><td></td></tr>
<tr><td rowspan="2">由调控中心完成的线路间隔名称、状态（检修、热备用、冷备用）</td><td>辽宁开关站辽黄线停止运行，解除备用，做安全措施</td></tr>
<tr><td></td></tr>
<tr><td>现场应断开的开关、刀闸、保险</td><td>辽黄1，将辽黄1手车拉至试验位置；
辽黄线1号分接箱1-1开关</td></tr>
<tr><td rowspan="4">应装设的遮栏（围栏）及悬挂的标示牌</td><td>在辽黄线1开关操作把手上悬挂“禁止合闸，线路有人工作”标示牌</td></tr>
<tr><td>在辽黄线1号分接箱1-1开关操作把手上挂“禁止合闸，线路有人工作”标示牌</td></tr>
<tr><td>在辽黄线1号分接箱1-1间隔相邻间隔悬挂“止步，高压危险”标示牌</td></tr>
<tr><td>在辽黄线1号分接箱1-1间隔柜前悬挂“在此工作”标示牌</td></tr>
<tr><td>应装设的接地线的位置</td><td>合上辽黄1地、合上辽黄线1号分接箱1-1接地刀闸</td></tr>
<tr><td>保留带电部位及其他安全注意事项</td><td>辽黄线1号分接箱1-1开关母线侧带电运行</td></tr>
</table>

续表

5	上述1～4项由抢修工作负责人张××根据抢修任务布置人赵×的指令，并根据现场勘察情况填写
6	许可抢修时间：2017年09月15日10时05分　　工作许可人：郑××
7	现场交底，抢修工作班成员确认抢修工作负责人布置的工作任务、人员分工、安全措施和注意事项并签名：田××、刘×、李×、李××
8	抢修结束汇报： 本抢修工作于2017年09月15日18时00分结束。抢修班人员已全部撤离，材料、工具已清理完毕，故障紧急抢修单已终结。 现场设备状况及保留安全措施：无 工作许可人：郑×× 抢修工作负责人：张××　　填写时间2017年09月15日18时10分
9	备注：

第6章 县级电网事故处理及案例

6.1 事故处理的原则和要求

（1）县级值班调度员在事故处理时接受地调值班调度员的指挥，负责县调管辖范围内配电网系统事故处理，对事故处理的正确性和及时性负责。

（2）县级电网系统发生事故或异常后，对上级电网产生影响的，应按规定及时汇报地调值班调度员。

（3）事故处理的主要原则：

1）迅速限制事故发展，消除或隔离事故根源，解除对人身、电网和设备安全的威胁。

2）尽可能保持设备的正常运行和用户的正常供电。

3）尽快对已停电的用户和设备恢复供电，优先恢复重要用户供电。

4）及时调整并恢复配电网运行方式。

（4）电网发生故障时，值班监控员、厂（站）运行值班人员和设备运维人员应立即汇报值班调度员，主要汇报事故发生时间、故障设备及其状态、事故现象等概况；待相关人员到达事故现场，检查清楚事故现场情况后，再将以下内容详细汇报，汇报情况以现场为准：

1）事故发生时间、故障设备及其状态、事故现象。

2）开关变位、继电保护及安全自动装置动作情况。

3）负荷转供情况或负荷损失、设备重过载情况。

4）电压、潮流、频率、表计摆动、出力等情况。

5）其他有助事故处理的情况。

（5）事故单位处理事故时，对调度管辖设备的操作应按值班调度员的指令或经其同意后进行。

（6）为迅速处理事故和防止事故扩大，下列情况无需等待调度指令，事故单位可自行处理，但事后应尽快报告值班调度员：

1）对人身、电网和设备安全有威胁时，根据现场规程采取措施。

2）将故障停运已损坏的设备隔离。

3）厂（站）用电全部或部分停电时，恢复其电源。

4）其他现场规程明确规定，可不等待值班调度员指令自行处理者。

（7）事故处理时，各单位应首先接听调度电话。非事故单位应加强事故监视，简明扼要地汇报事故象征，不要急于询问事故情况，以免占用调度电话，影响事故处理。

（8）处理事故时，无关人员应主动退出调度室。事故处理告一段落，应迅速将事故情况汇报调度机构负责人及有关领导。

（9）事故处理全过程应录音并做好记录。

（10）交接班时发生事故，应停止交接班，由交班调度员进行处理，接班调度员协助；待事故处理告一段落时，再进行交接班。

（11）事故处理中涉及上级调度权限时，应取得上级调度值班员的许可后方可进行。

（12）定期统计汇总调度管辖范围内的事故处理情况，并上报上级调度。

6.2 事故处理分类及案例

6.2.1 变压器事故处理

（1）变压器过负荷，应立即设法在规定时间内消除，其方法如下：

1）增加变压器负荷侧发电机出力。

2）投入备用变压器。

3）调整电网运行方式以转移负荷。

4）对该变压器的受端工业负荷实行限电。

5）变压器正常过负荷可以连续运行，其允许值及持续时间应根据过负荷前上层油的温升确定，具体以现场规定为准。

（2）变压器的主保护同时动作跳闸，未经查明原因和消除故障之前，不得进行强送。

（3）变压器的差动保护动作跳闸，在检查差动保护范围内设备无明显故障，系统急需时经公司副总经理及以上领导批准可以试送一次，有条件时应零起升压。

（4）变压器后备保护动作跳闸，在找到故障并有效隔离后，一般可对变压器试送一次（等效于低压侧出口的故障应按有关规定检查后确定）。

（5）变压器轻瓦斯保护动作发出信号后应进行检查，并适当降低变压器输送功率。

（6）两台以上变压器并列运行，其中一台故障跳闸，另一台变压器允许过负荷时，其允许值及持续时间应按现场有关规定执行。

【案例1】主变差动保护、重瓦斯保护动作，主变过负荷。

1. 事故前运行方式

110kV 河村变 110kV 单母线分段，并列运行；35、10kV 单母线分段，分列运行；1、2号主变高压侧并列，中、低压侧分列运行。110kV 河村变一次接线如图 6-1 所示。

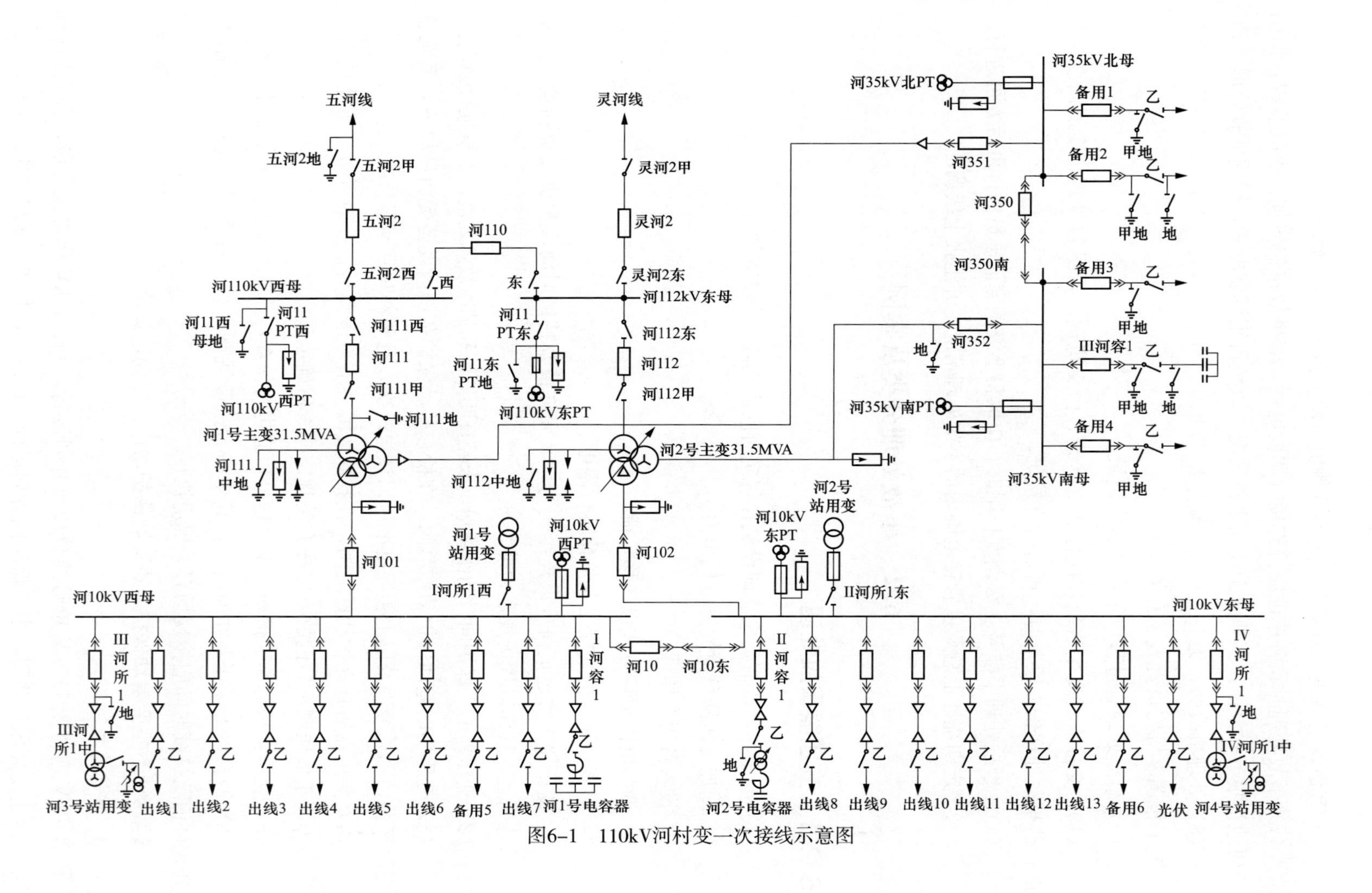

图6-1 110kV河村变一次接线示意图

2. 事故象征

河村变 1 号主变报差动保护动作、瓦斯保护动作，主变三侧开关跳闸，河 35kV 北母、河村变 10kV 西母失压，损失负荷 9.8MW。

3. 故障分析

由于河村变 1 号主变内部严重故障，导致瓦斯、差动保护同时动作，跳三侧开关，河村变 35kV 北母、河村变 10kV 西母失压。

4. 处理情况

（1）记录时间，保护动作情况、跳闸开关、复归音响，汇报地调及县调。

（2）地调下令检查河村变 1 号主变油色、油位、主变温度、差动保护动作范围内设备，并将河村变 1 号主变隔离；同时通知市供电公司变电检修人员到现场检查河村变 1 号主变。

（3）县调下令检查河村变 10kV 西母及各出线间隔无异常后，将河村变 10 开关加入运行，河村变 10kV 西母负荷由河 2 号主变供电；检查河村变 35kV 北母及各出线间隔无异常后，将河村变 350 开关加入运行，河村变 35kV 北母由河 2 号主变供电，河村变负荷约为 31MW，河 2 号主变容量为 31.5MVA，主变满负荷。

（4）县调通知用户、供电所做好 10kV 负荷转移准备，必要时注意通知用户控制压限负荷。

（5）运维检修人员到现场后，河村变 1 号主变停运转检修，进行处理。

6.2.2 母线失压事故处理

（1）县级配电网调度管辖范围内变电站、开关站（开闭所）母线电压消失，调度人员应首先检查开关状态、电压电流遥测值及潮流变化等，综合判断是否母线故障，并及时通知设备运维人员立即到达现场检查。

（2）母线电压消失，未查明原因前不得试送。如发现母线有明显故障，则应将故障母线的所有开关、刀闸断开，然后对非故障母线送电。

（3）如因故障引起越级跳闸，造成母线电压消失时，现场值班人员应根据值班调度员的指令隔离故障设备后，对非故障母线和线路恢复送电。

（4）母线短时间内不能很快恢复送电时，调度值班员在确认已停电配电网线路无故障的情况下，尽量调整配电网运行方式，实现线路转供。

（5）装有备自投装置的母线电压消失，备自投装置拒动时，可立即拉开供电电源线路开关，合上备用电源开关；若母线仍无电压，立即拉开备用电源开关及备自投联切开关，再拉开其他开关，迅速检查母线，并同时报告值班调度员。

（6）主变后备保护动作引起母线失压时，可断开母线上所有开关；在确认母线无问题后，对母线试送电，试送成功后，再试送各线路。为防止送电到故障元件再次造成母线失压，应根据有关厂、站保护动作情况，正确判别故障元件、拒动的保护和开关，并尽快隔离故障元件。

（7）GIS 母线失压处理。

1）对于变压器后备保护动作的母线失压事故，在未查清故障点前，禁止对故障母线强送电，禁止将跳闸元件倒至运行母线。

2）对于变压器后备保护和本侧线路保护同时动作跳闸的开关应立即解除备用，在未查清故障点前，也不得进行强送电。

3）因线路保护动作跳闸引起 GIS 母线失压时，若线路部分查出故障点，可初步排除 GIS 设备故障的可能性，再对 GIS 母线进行试送电。

4）如属于母线故障，并且已经查清故障点，在进行故障点隔离时，应通过设备的机械指示位置、电气指示、带电显示装置、仪表及各种遥测、遥信等信号变化来判断；判断时应有两个及以上不同原理的指示，且所有指示均已同时发生对应变化，才可确认该设备当前状态。

【案例 2】10kV 线路故障，越级主变后备保护动作，10kV 母线失压。

1. 事故前运行方式

某 35kV 变电站 35kV 进线 1 带 35kV 母线运行，进线 2 开关停运备用，1、2 号主变并列运行带 10kV 母线及各 10kV 出线运行，10kV 旁路母线停运热备，2 号站用变压器（简称站用变）运行，1 号站用变在停运状态。该 35kV 变电站一次接线如图 6-2 所示。

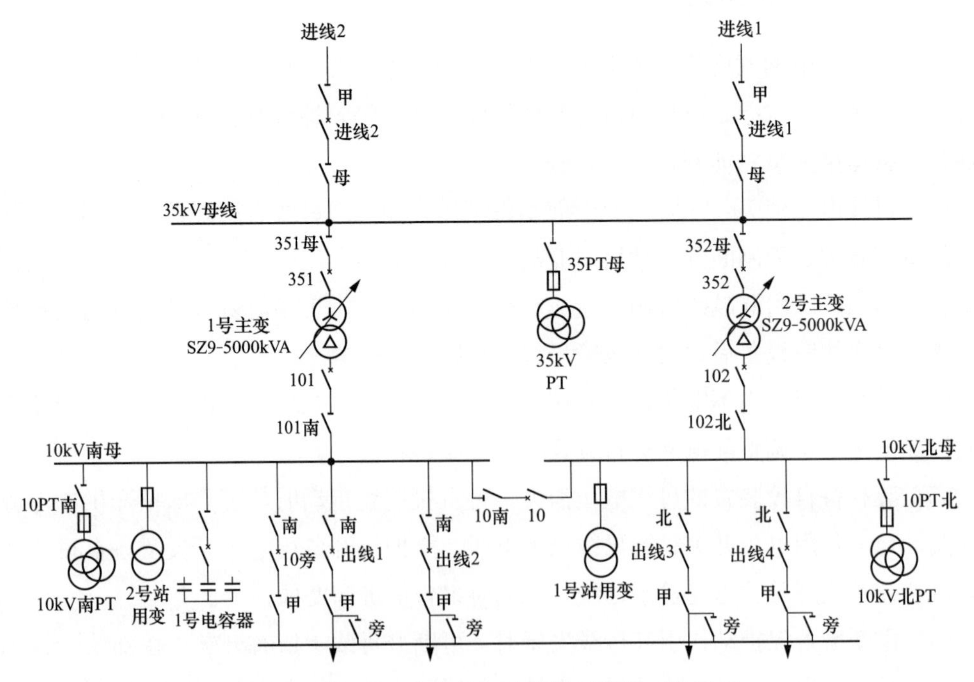

图 6-2　某 35kV 变电站一次接线示意图（案例 2）

2. 事故象征

1、2 号主变低压过电流保护动作；10kV 南母交流电压消失，10kV 出线 1 保护动作。10、101 开关跳闸。电容器开关跳闸。

3. 故障分析

10kV 出线 1 间隔或线路故障，保护动作，出线 1 开关拒动，1、2 号主变低后备保护跳 10 开关，1 号主变低后备保护跳 101 开关。电容器失压保护动作跳其开关。

4. 处理情况

（1）通知现场值班人员检查保护动作情况、跳闸开关，并及时汇报调度。

（2）将 10kV 南母各分路开关停运，出线 1 开关停止运行、解除备用（开关电动不能分闸，采用手动打跳），退出重合闸压板。

（3）通知现场值班人员切换站用变，恢复站用电。

（4）取下出线 1 开关合闸保险。

（5）检查 10kV 南母设备无异常后，投入 10 开关充电保护，合上 10 开关对 10kV 南母充电正常，检查 10kV 南母三相电压正常。退出 10 开关充电保护。

（6）合上 101 开关。

（7）恢复 10kV 南母各分路开关（出线 1 除外），按照正常运行方式投入重合闸。视无功情况投电容器。

（8）出线 1 具备送电条件后，将 10 旁开关保护定值改为出线 1 保护定值。

（9）检查 10 旁开关在热备用状态，合上 10 旁开关对旁路母线充电正常。

（10）断开 10 旁开关。

（11）合上出线 1 旁刀闸。

（12）合上 10 旁开关，通过旁路母线带出线 1 线路负荷运行。

（13）将出线 1 开关做安全措施，取下操作保险，等候变电检修人员处理。

（14）恢复站用变正常运行方式。

6.2.3 线路跳闸事故处理

（1）线路（包含分支线路）故障跳闸，值班调度员应通知设备运维单位开展事故带电巡线。巡线通知应包含跳闸线路、跳闸时间、继电保护及安全自动装置动作情况和配电自动化系统指示情况。

（2）线路（包含分支线路）跳闸时的处理方法：

1）线路跳闸，原则上不进行强送；无重合闸、重合闸故障停用或重合闸未正确动作的非全电缆线路跳闸，可视情况强送一次（重合闸未正确动作的，应退出重合闸再强送）。强送的开关必须完好，且具备完备的继电保护。

2）电缆线路故障跳闸后，应隔离故障设备或经试验合格后方可送电。

3）检修后的线路恢复送电时，该线路开关跳闸，在未查明原因前一般不得强送。

4）投入自动化功能的线路跳闸，在配电自动化系统中显示为故障线路的，不得强送。

（3）值班调度员通知的一切事故巡线，巡线人员均应认为线路带电，有关单位应将巡查结果及时报告值班调度员。

（4）带电作业过程中设备突然停电，现场工作人员应视设备仍然带电，工作负责人应主动尽快联系值班调度员。未与现场工作负责人取得联系前，值班调度员不得强送电。

（5）当开关允许遮断故障次数少于两次时，设备运维人员应向值班调度员汇报，申请停用该开关的重合闸。

（6）因用户原因引起配电网线路跳闸，值班调度员在未接到用电检查人员验收合格汇报前，有权不恢复该用户的供电。

【案例 3】某 35kV 线路故障跳闸。

1. 事故前运行方式

某 35kV 变电站正常方式：某 35kV 线路带该 35kV 变电站 2 号主变运行，1 号主变停运备用。该站 10kV 母线带 10kV 出线 1、出线 2、出线 3、出线 4 运行。10kV 联络线路（出线 4）120 联络开关停止运行、解除备用。该 35kV 变电站一次接线如图 6-3 所示。

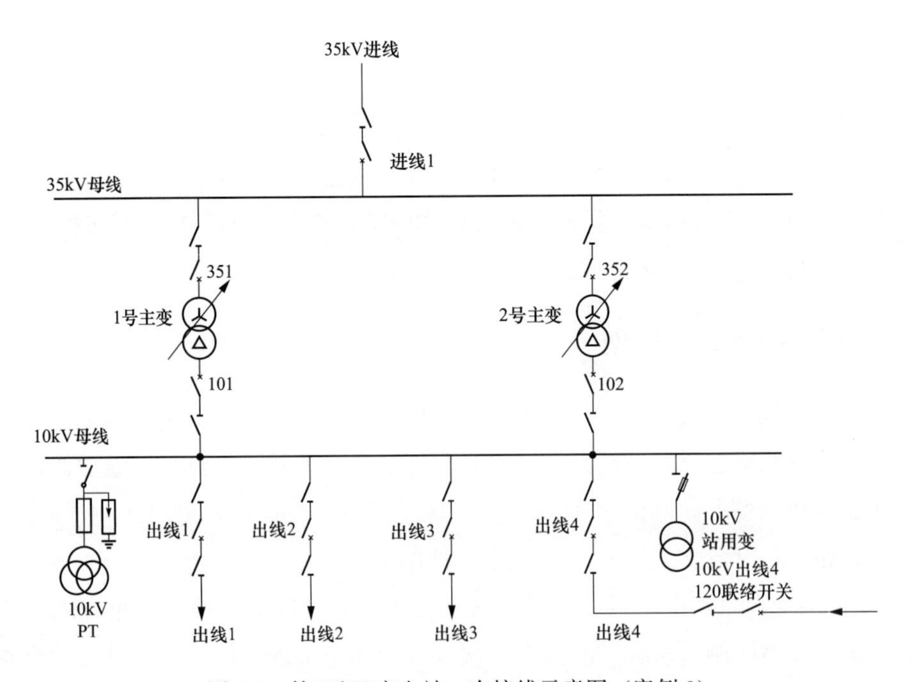

图 6-3　某 35kV 变电站一次接线示意图（案例 3）

2. 事故象征

该变电站 35kV 进线故障跳闸，线路过电流Ⅱ段保护动作，重合闸动作不成功，变电站全站失压。

3. 故障分析及处理情况

（1）变电站 35kV 进线线路故障跳闸，重合闸动作不成功，分析为永久性故障。

（2）调度立即通知变电人员到该 35kV 变电站检查站内设备，通知线路维护单位对该 35kV 线路进行事故带电巡线。

（3）县调通知供电所准备通过 10kV 联络线路（进线 4）反带该变电站负荷。

（4）将事故情况汇报主管领导、运维、调度、安监等部门负责人。

（5）变电人员到现场后，汇报站内设备检查未发现异常。

（6）令变电值班人员将全站负荷通过 10kV 出线 4 线路反带：

1）令将 10kV 各出线开关停运；

2）将主变低压侧 101、102 开关操作至停止运行、解除备用状态；

3）退出 10kV 出线 4 开关保护；

4）将 10kV 联络线（出线 4）120 联络开关恢复备用加入运行；

5）10kV 出线 4 开关加入运行，10kV 出线 1、出线 2、出线 3 线路加入运行。

（7）巡线人员汇报 35kV 进线线路 45～46 号杆线路因树倒线路，造成线路短路故障跳闸，需要进行停电处理。

（8）令变电值班人员将该 35kV 线路停止运行、解除备用、做安全措施，并许可线路故障抢修。

（9）线路故障抢修结束，电网方式调整至正常方式。

6.2.4 电压事故处理

（1）配电网调度管辖范围内的母线出现接地现象，值班员应首先检查三相电压指示，防止误将电压互感器保险熔断判断为接地故障。

（2）中性点不接地或经消弧线圈接地的电网，当发现系统接地时，应尽快查找接地点并在短时间内消除。

（3）当带电作业线路站内母线发生接地时，配电网调度员应立即通知带电作业工作负责人并要求其立即停止作业。

（4）接地故障的寻找方法。

1）站内母线分割法：母线分列运行寻找接地母线。

2）短时停电法：试拉线路寻找接地点。

3）检查母线、电容器、站用变等是否正常，排除母线及其附属设施故障造成的接地。

4）如将故障段母线分路全部试拉一遍接地仍没有消失，应将故障段母线上所有线路全部拉开，若接地信号消失确认接地点不在母线上后，逐条试送。当试送上一条线路接地信号未出现不再拉开，如出现应将其再拉开，再试送其他线路直至将所有接地线路全部找出。

（5）短时停电法寻找接地故障点的一般顺序：

1）试拉有故障象征或小电流接地选线报警的线路；

2）试拉空载备用线路；

3）试拉故障可能性大、绝缘程度较弱的线路；

4）令发电机解列后试拉电厂并网线路。

（6）对接地停运线路，设备运维单位应立即开展事故带电巡线。发现故障点并消除或隔离后，恢复线路送电；若未发现明显故障点，可分段试送。

（7）当系统发生谐振过电压时，配电网值班调度员应根据地调值班调度员的指令做好事故处理的配合工作。

【案例 4】10kV 系统接地。

1. 事故前运行方式

某 35kV 变电站为无人值班变电站，现有 1 台 35kV/10kV 变压器，Yd11 型接线方式，容量为 5MVA。35kV 采用单母线接线方式、10kV 采用单母线简易分段接线方式，35、10kV 均为中性点非直接接地方式。

35kV 进线带 35kV 母线、1 号站用变运行，经 1 号主变带 10kV 母线运行，带 4 回 10kV 出线、1 号电容器、10kV 南、北电压互感器运行，2 号站用变在停运状态。该 35kV 变电站一次接线如图 6-4 所示。

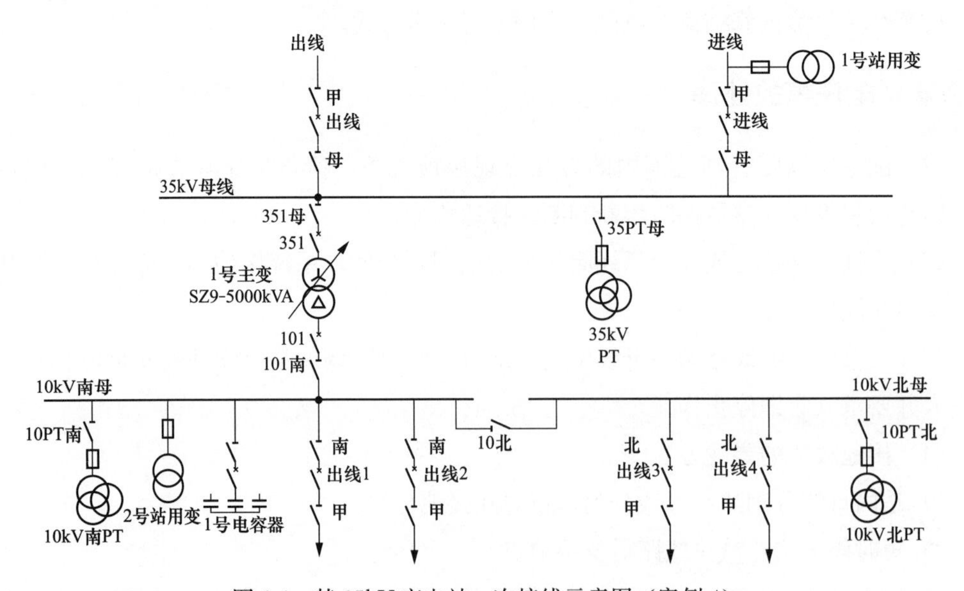

图 6-4　某 35kV 变电站一次接线示意图（案例 4）

2. 事故象征及处理情况

（1）某日受雷雨天气影响，13 时 27 分，10kV 出线 4 过电流Ⅰ段保护动作，10kV 出线 4 开关分；13 时 28 分，调度工作站报警，35kV 变电站 10kV 南母电压：U_a＝7.90kV、U_b＝9.01kV、U_c＝2.48kV；北母电压：U_a＝8.39kV、U_b＝9.95kV、U_c＝1.71kV。

（2）值班调度员通知变电值班员到该变电站检查站内设备，通知线路维护单位对出线 4 线路进行事故巡线，线路视为带电。

（3）按照接地选线顺序，令变电值班员依次断开 10kV 出线 1、出线 3、出线 2 开关试拉分路，接地信号不消失；断开 10kV 1 号电容器开关，接地信号不消失；此时已将故障段母线所有出线试拉一遍，10kV 南母电压：U_a＝10.28kV、U_b＝10.30kV、U_c＝0.02kV；北母电压：U_a＝10.27kV、U_b＝10.28kV、U_c＝0.03kV，接地信号不消失。

（4）令变电值班员将 10kV 出线 1、出线 3、出线 2 开关全部断开，10kV 南母电压：U_a＝10.28kV、U_b＝10.15kV、U_c＝0.04kV；北母电压：U_a＝10.23kV、U_b＝10.13kV、U_c＝0.04kV，接地信号仍不消失，判断接地点在 10kV 南、北母及所属设备。

（5）此时，变电值班员到该变电站，调度员令重点检查站内 10kV 南、北母及所属设备 C 相有无接地情况。检查后汇报：10kV 南、北母及所属设备未发现异常。

（6）调度员令先将 101 开关停运，再拉开 10 北母联刀闸（此前出线 1、出线 2、出线 3、出线 4 均在停运状态），然后将 101 开关加入运行，此时 10kV 南母三相电压正常，并令将出线 1、出线 2 开关加入运行，10kV 南母三相电压仍正常，排除故障在南母及所属设备，判断故障在 10kV 北母及所属设备。

（7）令变电值班员检查站内 10kV 北母及所属设备 C 相有无接地情况。检查后汇报：10kV 北母及所属设备未发现异常。

（8）令变电值班员将出线 3 间隔、出线 4 间隔解除备用，将出线 1、出线 2、101 开关停止运行，合上 10 北母联刀闸，并用 101 开关对 10kV 南、北母充电，此时 10kV 南、北母三相电压正常，判断接地点在出线 3 间隔、出线 4 间隔开关及以下部分。

（9）将 101 开关停运，并将出线 3 间隔恢复备用加入运行，然后用 101 开关对 10kV 南、北母及出线 3 间隔充电，10kV 南、北母三相电压仍正常，由此判断接地点在出线 4 开关及以下部分。

（10）调度员令值班员将 10kV 出线 4 开关做安全措施，并通知变电检修人员到现场进行故障处理。

（11）检修人员打开出线 4 开关外壳后，检查发现出线 4 开关操作传动连杆 C 相销子脱落，经故障排除后开关可以运行。

（12）配电中心巡线人员汇报：树枝倒在 10kV 出线 4 的 24～23 号杆上导致线路故障，已处理，巡线人员已撤离，具备送电条件。

（13）调度员令值班员将 10kV 出线 4 开关拆除安全措施恢复备用加入运行，10kV 电压正常。

（14）因树枝倒在 10kV 出线 4 的 24～23 号杆上导致线路短路故障，出线 4 开关过电流Ⅰ段保护动作应跳开其开关，但因出线 4 开关操作传动连杆 C 相销子脱落，只跳开了 A、B 两相，隔离了 A、B 两相导线的故障点，而 C 相导线通过树枝与大地连接，形成了系统接地。此次故障现象虽然明确、简单，但 10kV 出线 4 开关为 ZW10-12 型真空开关，操作传动连杆在开关外壳内部，故障点不易发现。

6.2.5 线路过负荷处理

（1）线路不允许过负荷运行。架空线路和电缆线路正常运行时的允许载流量，由公司运维检修部门提供，应及时报调控机构备案。

（2）运行线路出现过负荷时，应采取以下措施。

1）转移双（多）电源用户负荷。

2）调整电网运行方式以转移负荷。

3）视情况适当提高母线电压。

4）对过负荷线路采取工业避峰措施。

5）当上述手段全部执行完毕线路仍过负荷时，应采取限电措施。

【案例 5】某 10kV 线路过负荷运行。

1. 异常现象

调度监控工作站告警，某 10kV 线路负载电流为 388A，越上限。

2. 分析及处理情况

（1）值班调度员通过调度监控系统调取该线路实时曲线，发现该线路负荷从 10 时 30 分开始，电流从 253A 逐步上升，11 时 30 分电流达到 388A。该 10kV 线路导线型号为 LGJ-120 导线，载流量 380A。

（2）核查该线路出线间隔电流互感器变比、保护过电流定值是否满足要求。

（3）询问供电所人员，告知该线路新增加一台 250kVA 变压器当天送电已带负荷，同时由于夏季高温天气，降温负荷大幅上升，导致负荷越上限。

（4）通知供电所将该线路 53 号杆一分支线负荷约为 50A，倒另外一条 10kV 线路。

（5）通知运维单位进行该间隔设备及主线路设备测温，发现异常及时进行汇报处理。

（6）若采取措施后仍然过负荷，必要时按照有序用电方案通知工业用户让峰用电。

6.2.6 开关事故处理

（1）运行中的开关看不见油位、空气（氮气）压力低、SF_6 压力等低于闭锁值，应立即采取防跳闸措施，严禁切负载电流及空载电流，然后用旁路开关旁带或用母联开关串带，将故障开关停运。

（2）开关操作系统发生异常，不能使开关跳闸或跳闸回路被闭锁，应采取防慢分措施，然后设法将操作系统恢复正常，否则应用旁路开关旁带或用母联开关串带。

（3）开关有下列情况之一者，应立即按照前两条有关内容处理。

1）套管严重破损并存在放电现象。

2）开关内部有异常响声。

3）少油开关灭弧室冒烟或明显漏油以致看不到油位。

4）因机构等问题，造成一相或多相合不上或断不开。

5）SF_6 开关气室严重漏气发出操作闭锁信号。

6）液压（空压）机构突然失压并且不能恢复。

7）现场规程中有具体规定的其他情况。

【案例 6】某 35kV 变电站 10kV 出线开关故障。

1. 事故前运行方式

某 35kV 变电站 35kV 进线 1 带 35kV 母线、1 号站用变运行，进线 2 开关停运备用，1、2 号主变并列运行带 10kV 母线运行，带 4 回 10kV 出线、1 号电容器、10kV 南、北电压互感器运行，2 号站用变在停运状态。该 35kV 变电站一次接线如图 6-5 所示。

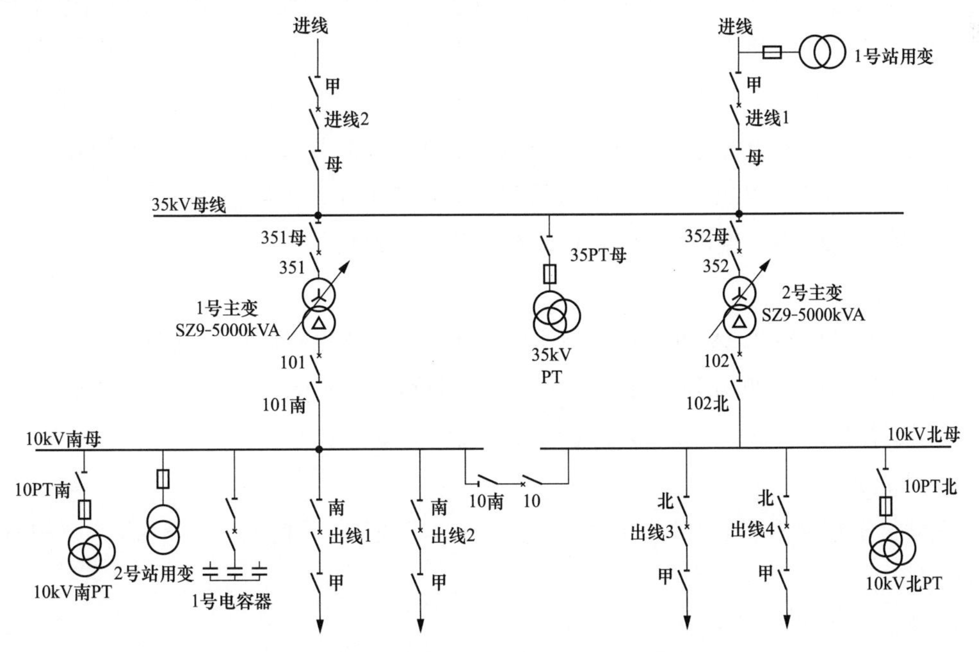

图 6-5　某 35kV 变电站一次接线示意图（案例 6、7）

2. 事故象征

变电值班员巡视站内设备，发现出线 3 开关有异常响声，立即汇报调度。

3. 故障分析与处理情况

（1）调度令变电值班员，将 10kV 母联开关 10、出线 4 开关、2 号主变低压侧开关 102 开关停运。

（2）调度令变电值班员，将 10kV 出线 3 开关停止运行、解除备用（手动打跳开关）。

（3）母联 10 开关加入运行。

（4）2 号主变加入并列运行，检查 10kV 南、北母电压正常，恢复出线 4 送电。

（5）将 10kV 出线 3 开关做安全措施，等待运维检修人员处理。

6.2.7 电压互感器、电流互感器事故处理

（1）当发现电流互感器、电压互感器故障或异常，应及时消除其对继电保护及安全自动装置的影响，防止继电保护及安全自动装置误动而使事故扩大。

（2）发现电流互感器二次开路时，应设法减少其负载电流，并设法将其短路。如无法实现，应用开关将其停运。

（3）电压互感器二次开关跳闸或保险熔断，运维人员在处理的同时，应及时向值班调度员汇报，共同做好防止有关继电保护及安全自动装置误动作的措施。若二次开关送不上，在故障未处理好之前不允许投入电压互感器二次并列开关，避免另一组电压互感器二次开关跳闸。

（4）两组母线电压互感器运行，其中有一组电压互感器故障时，若母联开关在合位，可将该故障电压互感器的二次开关（或二次保险）断开后，投入二次并列开关。

（5）发现电流、电压互感器故障需要停运时，应用开关将其停运。

【案例 7】某 35kV 变电站 10kV 北母电压互感器故障。

1. 事故前运行方式

某 35kV 变电站 35kV 进线 1 带 35kV 母线、1 号站用变运行，进线 2 开关停运备用，1、2 号主变高压侧并列运行，低压侧分列运行，10kV 南、北电压互感器分列运行，2 号站用变在停运状态。该 35kV 变电站一次接线如图 6-5 所示。

2. 事故象征

调度员工作站告警：10kV 北母 A 相电压 4.50kV，B 相电压 5.81kV，C 相电压 5.98kV。

3. 故障分析及处理情况

（1）10kV 北母三相电压不平衡，A 相电压 4.50kV，B 相电压 5.81kV，C 相电压

5.98kV，初步判断北母电压互感器 A 相高压保险熔断、主变低压侧 A 相断线或北母电压互感器故障。

（2）变电站运维人员到现场后，令其检查 10kV 北母及所属设备，汇报北母电压互感器内部有异常响声，其他未发现异常。

（3）令变电值班员将 102 开关停运。

（4）令变电值班员将 10kV 北母所带出线 3、出线 4 开关停运。

（5）令变电值班员将 10kV 北母 PT 停止运行、解除备用。

（6）令变电值班员将母联 10 开关加入运行，同时将 10kV 南、北母 PT 二次并列开关送上，10kV 南母三相电压正常，10kV 北母 PT 所带负荷倒南母 PT 带。

（7）令变电值班员将 10kV 北母 PT 做安全措施，并通知变电检修人员到现场处理。

6.2.8 失去通信联系的处理

（1）发生事故时，若通信中断，事故单位应按有关规定迅速处理，并设法与调控机构取得联系，说明事故原因、处理经过和事故后的运行方式。必要时可经第三者转达，但要做好记录和录音。调度协议中有明确规定的按协议执行。

（2）与调控机构失去通信联系的单位，尽可能保持电气接线方式不变。

（3）正在执行调度指令时与调控机构通信中断，应立即停止操作；待通信恢复后，详细向值班调度员汇报现场实际情况，取得值班调度员同意后方可继续操作。

（4）发生事故时与调控机构失去通信联系，为防止事故扩大，有关单位应按调度规程及现场规程处理，通信恢复后，向值班调度员汇报详细情况。

【案例 8】某调度台电话故障，与变电站失去联系。

1. 事故象征

10kV ××线跳闸，调度室照明灯突然全部熄灭，调度电话忙音，与变电站通信中断。

2. 故障分析及处理情况

（1）由于 10kV ××线跳闸，致使给办公楼供电的配电柜（单电源）失去交流电源，该配电柜所带的办公楼负荷全部停电。

（2）通知通信运维人员到通信机房检查设备，发现机房电源失去，UPS 逆变无输出，与电信连接的光机电源交流 220V 中断，致使调度台电话通信中断。

（3）通知相应供电所立即进行 10kV ××线巡线。

（4）通知各变电站、供电所调度电话故障，与调度通信电话暂时用外线电话。

（5）通知变电站在调度电话通信中断、外线电话占线期间，若发现站内有危及设备紧急故障时，可按照调度规程及变电站现场规程进行事故处理，设法隔离故障点，确保人员、设备安全，同时做好现场录音、记录，通信恢复后，再向调度汇报。

（6）10kV ××线恢复送电正常后，通知供电所恢复低压负荷开关。

6.2.9 失去调度自动化系统的处理

（1）失去调度自动化信息时，值班调度员应通知自动化运维人员进行处理，通知相关设备运维单位移交电网监控职责，恢复重要变电站有人值班，并汇报有关领导。

（2）值班调度员进行电网调度操作时，若调度自动化信息失去，应立即暂停操作，如可能影响电网安全运行，由值班调度员根据实际情况决定。

（3）发生事故时调度自动化信息失去，为防止事故扩大，相关厂、站应向调度汇报详细情况，值班调度员根据厂、站汇报情况处理事故。

（4）厂（站）端自动化系统故障，信息不能传送到调度时，值班调度员应尽快与自动化设备运维人员联系查找原因、处理故障。

【案例 9】某调度自动化系统有四个站远动信号中断，调度员失去监控。

1. 事故象征

调度室监控工作站显示有四个站远动信号同时中断。

2. 故障分析及处理情况

（1）立即通知自动化运维人员到调度室检查自动化设备。经检查自动化主站设备运行正常，而四个站调度电话不通，怀疑为四个站光通信通道故障。

（2）通知通信运维人员立即到现场检查光通信传输网络。经检查发现，光通信网络开环，同时与地市供电公司光通信网络转接的节点不通，致使这四个站通信中断。

（3）通知负责维护四个站的变电运维人员立即到站内检查设备，并暂时恢复站内有人值班，发现问题立即通过外网电话与调度联系。

（4）将上述光通信网络故障、四个站远动信号中断情况汇报主管领导。

（5）通知通信运维人员立即到现场进行光通信网络的故障抢修，必要时申请上级机构通信运维人员进行协助抢修。

（6）待通信网络恢复，自动化、调度电话信号正常后，通知变电运维人员撤离现场。

6.2.10 分布式电源设备事故处理

（1）分布式电源设备发生事故时，应优先保证用户供电，其次保证分布式发电系统的稳定发电。

（2）含分布式电源的线路跳闸后，试送前应先确认分布式电源与系统解列。

（3）含分布式电源的配电线路柱上开关或环网柜内馈线开关跳闸，经设备管理单位负责人确认分布式电源断开后且线路确无故障，可试送一次，试送不成功不再试送。

（4）含分布式电源线路的母线失压时，应立即断开分布式电源开关，如未自动解列需强制解列。

（5）含分布式电源的发电系统正常情况下，通信设备失灵或中断时，分布式电源测控终端不再接收执行主站命令，转为就地控制模式，待通信恢复且与调度联系后，再继续执行相关命令操作。

（6）分布式电源用户事故处理要求：

1）分布式电源用户应依据调度规程和现场运行规程的有关规定，正确、迅速地进行发电设备事故处理，并及时向调控机构通报事故情况。

2）配电线路跳闸后，分布式电源企业（用户）应保证发电侧解列装置正确动作，如未自动解列需手动解列。

【案例 10】分布式电源线路跳闸。

1. 事故象征

某 110kV 变电站并网的 10kV 光伏线路故障跳闸。

2. 故障分析及处理情况

（1）立即通知光伏用户检查跳闸的该 10kV 光伏线路及设备，并确认并网开关跳开与系统解列。

（2）用户排查出线路故障点后，调度将该 10kV 光伏线路解除备用、做安全措施，许可用户进行故障处理。

（3）故障处理结束后，用户申请调度进行空线路试送，试送前应先确认光伏电源与系统解列。试送成功后，用户启动光伏并网设备进行并网。

6.3 110kV 变电站典型事故案例

以下典型案例针对 110kV 王庄变各种事故，进行事故处理分析。110kV 王庄变一次接线如图 6-6 所示。

1. 110kV 王庄变运行方式

（1）110kV 单母线分段，并列运行；35kV 单母线分段，并列运行；10kV 单母线分段带旁路母线，并列运行；1、2 号主变并列运行，1 号主变中性点接地。

（2）1、2 号站用变分列运行，381、382 开关运行，380 开关断开，无备自投装置。

（3）110kV Ⅰ银王、Ⅱ银王为电源线，王新线、建王线、王 T 线为联络线。

2. 继电保护配置

（1）主变：主保护为差动保护、瓦斯保护；后备保护：110kV 侧复合电压闭锁过电流保护不带方向，2.9s 跳主变三侧开关；35kV 侧复合电压闭锁过电流保护方向由变压器指向母线，2.3s 跳 350 开关，2.6s 跳本侧开关；10kV 侧复合电压闭锁过电流保护方向由变压器指向母线，1.9s 跳 100 开关，2.2s 跳本侧开关。

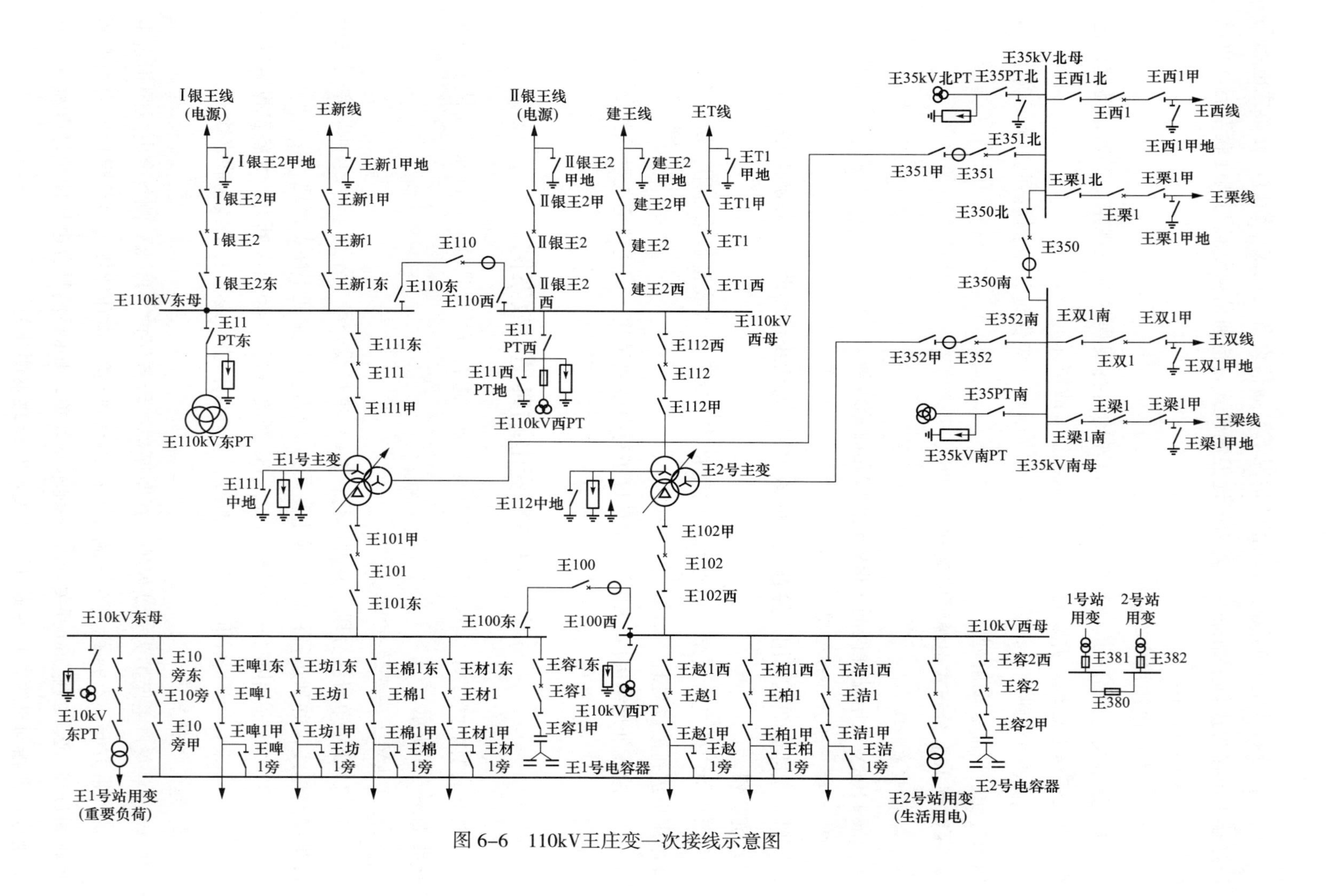

图 6-6　110kV王庄变一次接线示意图

（2）中性点保护：零序保护（中性点刀闸合上时投入），间隙保护（中性点刀闸拉开时投入）。

（3）110kV线路：相间距离保护、零序保护。

（4）110kV母线：微机型母差保护，110开关带充电保护。

（5）35kV线路：电流速断保护、过电流保护，正常情况下重合闸压板投入。

（6）10kV线路：电流速断保护、过电流保护，正常情况下重合闸压板投入。

（7）主变三侧开关电流互感器均在开关与甲刀闸之间，王110开关电流互感器在王110开关与王110西刀闸之间，王350开关电流互感器在王350开关与王350南刀闸之间，王100开关电流互感器在王100开关与100西刀闸之间。

3. 注意事项

（1）注意询问站用变低压侧（380、381、382开关）的运行方式，站用变失压保护。

（2）事故处理恢复送电前应先询问有无重要线路需要先送电。

（3）分、合开关前后检查表计（电流）。

（4）对母线充电后检查母线三相电压正常。

（5）合开关前检查开关在热备用状态。

（6）10kV线路只有开关故障时，恢复送电时考虑旁带，对旁路母线充电前检查旁开关状态。

（7）主变高压侧开关跳闸后，联跳中压、低压侧开关；站用变高压侧开关跳闸后，联跳低压侧开关。

（8）事故发生汇报调度之后，如需切换中性点，先切换中性点，恢复站用电，然后再隔离故障点。

【案例1】10kV西母电压互感器故障，王100开关拒动。

1. 事故象征

1号主变报低压过电流、2号主变报低压过电流；10kV东、西母交流电压消失；王1、2号站用变失压；王1、2号电容器失压。

跳闸开关：王101、王102、王1、2号站用变开关。王1、2号电容器开关。

2. 故障分析

10kV母线范围内故障，1、2号主变低后备保护动作，跳王100开关，王100开关拒动，1、2号主变低后备保护同时分别跳101、102开关。1、2号站用变失压保护动作跳其开关。1、2号电容器失压保护动作跳其开关。

3. 处理步骤

（1）通知现场值班人员检查保护动作信息、跳闸开关，并汇报调度。

（2）10kV东、西母各分路开关停运，退出重合闸压板。

（3）检查发现10kV西母电压互感器有明显故障，令王10kV西母PT停止运行、解除备用（取下王10kV西母PT二次保险，拉开王10kV西母PT刀闸）。

（4）取下王100开关操作保险（也可考虑10kV分列运行）。

（5）合上王101开关，对10kV东、西母充电运行正常。

（6）王102开关加入运行。

（7）王10kV东、西PT二次并列运行。

（8）恢复1、2号站用变用电。

（9）送上10kV各分路开关，投入重合闸。

（10）视无功情况合上10kV王容1、王容2开关。

【案例2】王351开关电流互感器与351甲刀闸之间故障。

1. 事故象征

1号主变报差动保护动作、2号主变过负荷。

跳闸开关：王111、王351、王101开关。

2. 故障分析

1号主变三侧套管至开关电流互感器范围内故障，差动保护动作，跳开三侧开关。

3. 处理步骤

（1）通知现场值班人员检查保护动作信息、跳闸开关，并汇报调度。

（2）合上112中地，投入2号主变中性点零序保护，退出间隙保护。

（3）调度根据2号主变过负荷情况，进行转移负荷或压限负荷。

（4）检查发现王351开关电流互感器与351甲之间有明显故障，其他检查未发现问题，取下351开关合闸保险，351开关解除备用。

（5）检查确认111中地确已合上，保护投入正确。

（6）111开关加入运行，101开关加入运行。

（7）拉开112中地，投入间隙保护、退出零序保护。

（8）退出1号主变中后备保护跳350开关压板。

（9）王351开关做安全措施，等待变电检修处理。

【案例3】10kV东母电压互感器故障，王101开关拒动。

1. 事故象征

1号主变报110kV侧过电流、低压过电流，2号主变报中压过电流、低压过电流；35kV北母、10kV东母交流电压消失；王1号电容器失压；王1号站用变失压。

跳闸开关：王100、王350、王111、王351开关。王容1、1号站用变开关。

2. 故障分析

10kV东母PT故障，1、2号主变低后备保护跳王100开关，1号主变低后备保护跳王101开关（拒动），1号主变中后备保护方向不对未启动，2号主变中后备保护启动跳王350

开关，故障点仍未隔离；1 号主变高后备保护跳 111、351、101 开关（拒动）。1 号电容器失压保护动作跳王容 1 开关，1 号站用变失压保护动作跳其开关。

3. 处理步骤

（1）通知现场值班人员检查保护动作信息、跳闸开关，并汇报调度。

（2）10kV 东母各分路开关停运，退出重合闸压板。

（3）35kV 北母各分路开关停运，退出重合闸压板。

（4）合上王 112 中地，投入零序保护、退出间隙保护。

（5）合上站用变 380 开关（低压联络），恢复 1 号站用电负荷。

（6）王 10kV 东 PT 停止运行、解除备用（取下王 10kV 东 PT 二次保险，拉开王 10PT 东刀闸）。

（7）王 101 开关解除备用（取下王 101 开关合闸保险）。

（8）检查确认 111 中地确已合上，保护投入正确。

（9）合上 111 开关，检查主变运行正常。

（10）合上 350 开关，对 35kV 北母充电正常。

（11）351 开关加入运行。

（12）拉开 112 中地，投入间隙保护、退出零序保护。

（13）35kV 北母各出线开关加入运行，投入重合闸。

（14）合上王 100 开关对 10kV 东母充电，电压互感器二次并列，检查确认 10kV 东母电压正常。

（15）10kV 东母各分路开关加入运行，投入重合闸。视无功情况合上 10kV 王容 1 开关。

（16）退出 1 号主变低后备保护跳王 100 开关压板。

（17）王 10kV 东 PT 做安全措施。

（18）王 101 开关做安全措施（取下王 101 开关操作保险），等候检修人员处理。

（19）恢复站用变原运行方式。

【案例 4】1 号主变 35kV 侧套管至 351 开关电流互感器之间故障，351 开关拒动。

1. 事故象征

1 号主变差动保护动作，2 号主变报中压过电流；35kV 北母交流电压消失。

跳闸开关：王 101、王 111、王 350 开关。

2. 故障分析

1 号主变 35kV 侧套管至开关电流互感器之间故障，差动保护动作后，351 开关拒动，故障点未隔离；2 号主变中后备保护启动跳 350 开关，故障点隔离。

3. 处理步骤

（1）通知现场值班人员检查保护动作信息、跳闸开关，并汇报调度。

（2）35kV北母各分路开关停运，退出重合闸压板。

（3）合上112中地，投入零序保护、退出间隙保护。

（4）王1号主变三侧开关解除备用，取下351开关合闸保险。

（5）检查35kV北母未发现问题，合上350开关，对35kV北母充电正常。

（6）35kV北母各分路开关加入运行，投入重合闸压板。

（7）调度根据过负荷情况，及时进行转移或压限负荷。

（8）退出1号主变中后备保护跳350开关压板、低后备保护跳100开关压板。

（9）1号主变做安全措施，351开关做安全措施，取下351开关操作保险，等候检修人员处理。

【案例5】10kV王材线故障，开关拒动，101开关拒动。

1. 事故象征

1号主变报110kV侧过电流、低压过电流，2号主变报中压过电流、低压过电流；35kV北母、10kV东母交流电压消失；10kV王材线控制回路断线，保护动作；王1号电容器失压；王1号站用变失压。

跳闸开关：王111、王351、王100、王350开关。王容1、1号站用变开关。

2. 故障分析

10kV王材线故障，保护动作，开关拒动，1、2号主变低后备保护跳王100开关，1号主变低后备保护跳101开关（拒动），1号主变中后备保护方向不对未启动，2号主变中后备保护启动跳王350开关，故障点仍未隔离；1号主变高后备保护跳王111、王351、王101开关（拒动）。1号电容器失压保护动作跳王容1开关，1号站用变失压保护动作跳其开关。

3. 处理步骤

（1）通知现场值班人员检查保护动作信息、跳闸开关，并汇报调度。

（2）10kV东母各分路开关停运，退出重合闸压板。

（3）35kV北母各分路开关停运，退出重合闸压板。

（4）合上112中地，投入零序保护、退出间隙保护。

（5）合上380开关，恢复1号站用变用电。

（6）王101开关解除备用（取下王101开关合闸保险）。

（7）王材1开关解除备用（取下王材1开关合闸保险）。

（8）合上350开关对35kV北母充电正常后，送各分路开关，投入重合闸。

（9）合上100开关对10kV东母充电正常后，送各分路开关，投入重合闸。视无功情况合上10kV王容1开关。

（10）检查确认111中地确已合上，保护投入正确，合上111、351开关。

（11）拉开112中地，投入间隙保护、退出零序保护。

（12）退出1号主变低后备保护跳100开关压板。

（13）王101开关做安全措施，取下王101开关操作保险。

（14）王材1开关及线路做安全措施，取下王材1开关操作保险。

（15）恢复站用变原运行方式。

【案例6】王351开关与电流互感器间故障。

1. 事故象征

王1号主变报110kV侧过电流、中压过电流，王2号主变报中压过电流、低压过电流；35kV北母、10kV东母交流电压消失；王1号电容器失压；王1号站用变失压。

跳闸开关：王111、王351、王101、王100、王350开关，王1号站用变开关。王容1开关。

2. 故障分析

王351开关与电流互感器之间故障，1、2号主变中后备保护跳350开关，1号主变中后备保护跳351开关，故障点未隔离；2号主变低后备保护跳100开关，1号主变高后备保护跳111、351、101开关，故障点隔离（有可能2号主变低后备保护不动作，100开关不跳闸，1号主变高后备保护跳111、351、101开关，故障点隔离）。1号电容器失压保护动作跳王容1开关，1号站用变失压保护动作跳其开关。

3. 处理步骤

（1）通知现场值班人员检查保护动作信息、跳闸开关，并汇报调度。

（2）10kV东母各分路开关停运，退出重合闸压板。

（3）35kV北母各分路开关停运，退出重合闸压板。

（4）合上112中地，投入零序保护、退出间隙保护。

（5）合上380开关，恢复1号站用变用电。

（6）取下351开关合闸保险，351开关解除备用。

（7）合上350开关对35kV北母充电，正常后送各分路开关，投入重合闸。

（8）检查确认111中地确已合上，保护投入正确。

（9）合上111、101开关，检查王1号主变、王10kV东母运行正常。

（10）合上100开关，正常后送10kV东母各分路开关，投入重合闸。视无功情况合上10kV王容1开关。

（11）拉开112中地，投入间隙保护退出零序保护。

（12）退出1号主变中后备保护跳350压板。

（13）351开关做安全措施，取下351开关操作保险。

（14）恢复1号站用变正常运行方式。

【案例7】102开关与电流互感器间故障。

1. 事故象征

1号主变报中压过电流、低压过电流，2号主变报110kV侧过电流、低压过电流；35kV南母、10kV西母交流电压消失；王2号电容器失压；王2号站用变失压。

跳闸开关：王100、王350、王112、王352、王102开关。王容2、2号站用变开关。

2. 故障分析

102开关与电流互感器之间故障，1、2号主变低后备保护跳100开关，2号主变低后备保护跳102开关，1号主变中后备保护启动跳350开关，故障点仍未隔离；2号主变高后备保护跳112、352、102开关。2号电容器失压保护动作跳王容2开关，2号站用变失压保护动作跳其开关。

3. 处理步骤

（1）通知现场值班人员检查保护动作信息、跳闸开关，并汇报调度。

（2）10kV西母各分路开关停运，退出重合闸压板。

（3）35kV南母各分路开关停运，退出重合闸压板。

（4）合上380开关，恢复2号站用变用电。

（5）取下102开关合闸保险，102开关解除备用。

（6）合上350开关对35kV南母充电，正常后送各分路开关，投入重合闸。

（7）合上100开关对10kV西母充电，正常后送各分路开关，投入重合闸。视无功情况合上10kV王容2开关。

（8）合上112中地，投入零序保护、退出间隙保护。

（9）合上112、352开关。

（10）拉开112中地，投入间隙保护、退出零序保护。

（11）退出2号主变低后备跳100开关压板。

（12）102开关做安全措施，取下102开关操作保险。

（13）恢复2号站用变正常运行方式。

【案例8】10kV西母母线本身故障，100、102开关拒动。

1. 事故象征

1号主变报中压过电流、低压过电流，2号主变报110kV侧过电流、低压过电流；35kV南母、10kV东、西母交流电压消失；王1、2号站用变失压；王1、2号电容器失压。

跳闸开关：王101、王350、王112、王352、王1、2号站用变开关。王容1、王容2开关。

2. 故障分析

10kV西母母线范围内故障，1、2号主变低后备保护跳100开关（拒动），2号主变低后备保护跳102开关（拒动），1号主变低后备保护跳101开关，故障点未隔离；1号主变中后备保护启动跳350开关，故障点仍未隔离；2号主变高后备保护跳112、352、102开关（拒动）。1、2号站用变失压保护动作跳其开关，1、2号电容器失压保护动作跳王容1、王容2开关。

3. 处理步骤

(1) 通知现场值班人员检查保护动作信息、跳闸开关，并汇报调度。

(2) 将10kV东、西母各分路开关停运，退出重合闸压板。

(3) 将35kV南母各分路开关停运，退出重合闸压板。

(4) 合上101开关，合上王1号站用变开关，恢复站用变用电。

(5) 取下102开关合闸保险，102开关解除备用。

(6) 取下100开关合闸保险，100开关解除备用。

(7) 检查发现10kV西母母线本身有故障，10kV西母解除备用。

(8) 合上112中地，投入零序保护、退出间隙保护。

(9) 合上112、352开关。

(10) 拉开112中地，投入间隙保护、退出零序保护。

(11) 合上350开关，正常后送各分路开关，投入重合闸。

(12) 送上10kV东母各分路开关，投入重合闸。视无功情况合上10kV王容1开关。

(13) 退出2号主变低后备保护跳100、102开关压板。

(14) 102开关做安全措施，取下102开关操作保险。

(15) 100开关做安全措施，取下100开关操作保险（可旁带一条西母上的线路）。

(16) 合上380开关，恢复2号站用变用电。

(17) 10kV西母检修结束，恢复正常运行方式，站用电恢复正常方式。

【案例9】35kV王双1开关与电流互感器之间故障（电流互感器位于王双1与王双1甲间）。

1. 事故象征

1、2号主变报中压过电流；35kV王西保护动作，重合闸动作；35kV南母交流电压消失。

跳闸开关：王352、王350开关。

2. 故障分析

35kV王西线瞬时故障，保护动作跳闸，重合闸成功；此时35kV南母王双1开关与电流互感器之间故障，1、2号主变中后备保护动作跳350开关，2号主变中后备保护动作跳352开关，故障点隔离。

3. 处理步骤

(1) 通知现场值班人员检查保护动作信息、跳闸开关，并汇报调度。

(2) 将35kV南母各分路开关停运，退出重合闸压板。

(3) 取下王双1开关合闸保险、王双1开关解除备用。

(4) 合上350开关对35kV南母充电，正常后送王梁1开关，投入重合闸。

（5）合上352开关。

（6）王双1开关做安全措施，取下王双1开关操作保险。

（7）王双1开关检修结束后，恢复王双线送电，投入重合闸。

【案例10】在110开关与电流互感器之间故障，110开关拒动。

1. 事故象征

110kV东母母差保护动作，110开关控制回路断线，110kVⅠ银王线、Ⅱ银王线、王新线、建王线、王T线装置异常；35kV南母、北母交流电压消失，10kV东母、西母交流电压消失；王1、2号电容器失压；王1、2号站用变失压。

跳闸开关：110kVⅠ银王2、Ⅱ银王1、王新1、王111、王351、王101、王容1、王容2开关，王1、2号站用变开关。

2. 故障分析

110kV东母母差保护范围内故障，母差保护动作；王111开关跳闸，联跳王351、王101开关；110开关拒跳，引起Ⅱ银王线对端开关跳闸，全站失压。1、2号站用变失压保护动作跳其开关，1、2号电容器失压保护动作跳王容1、王容2开关。

3. 处理步骤

（1）通知现场值班人员检查保护动作信息、跳闸开关，并汇报调度。

（2）110kV东、西母各分路开关停运。

（3）35kV南、北母各分路开关停运，退出重合闸压板（包括断开350开关）。

（4）10kV东、西母上各分路开关停运，退出重合闸压板（包括断开100开关）。

（5）取下110开关合闸保险、110开关解除备用。

（6）断开110kVⅠ银王1开关后，合上Ⅰ银王2、Ⅱ银王2开关，由对端送电。

（7）合上王新1、建王2、王T1开关。

（8）检查确认111中地确已合上，保护投入正确。

（9）合上111、351、101开关。

（10）恢复1号站用变用电，合上380开关，恢复2号站用变用电。

（11）合上112中地，2号主变加入运行，拉开112中地。

（12）35kV母线上各分路开关加入运行，投入重合闸压板。

（13）10kV母线上各分路开关加入运行，投入重合闸压板。视无功情况合上10kV王容1、王容2开关。

（14）110开关做安全措施，取下110开关操作保险。

（15）待110开关检修结束，恢复正常方式。

第7章 变电站设备监控信息

7.1 术语与定义

7.1.1 设备监控信息

设备监控信息是指为满足集中监控需要接入智能电网调度控制系统的一、二次设备及辅助设备监视和控制信息，按业务需求分为设备运行数据、设备动作信息、设备告警信息、设备控制命令、设备状态监测五部分。

7.1.2 硬触点信号

硬触点信号是指一、二次设备及辅助设备以电气触点方式接入测控装置或智能终端的信号。

7.1.3 软报文信号

软报文信号是指一、二次设备及辅助设备自身产生并以通信报文方式传输的信号。

7.1.4 调控直采

调控直采是指变电站监控系统和调度控制系统通过建立通信索引表，采用标准通信协议进行数据交互的方式。

7.1.5 告警直传

告警直传是指变电站监控系统将本地告警信息转换为带站名和设备名的标准告警信息，向调度控制系统传输。

7.1.6 远程调阅

远程调阅是指调度控制系统通过变电站监控系统以远程召唤方式获取所需的变电站数据和文件。

7.2　设备监控告警信息分级

监控告警信息是监控信息在调度控制系统、变电站监控系统对设备监控信息处理后在告警窗口出现的告警条文，是监控运行的主要关注对象。按对电网和设备影响的轻重缓急程度监控告警信息可分为事故、异常、越限、变位信息和告知信息五级。事故信息和变位信息应同时上送 SOE（事件顺序记录）信号。

7.2.1　事故信息

事故信息是由于电网故障、设备故障等原因引起开关跳闸、继电保护及安全自动装置动作出口跳合闸的信息以及影响全站安全运行的其他信息，是需实时监控、立即处理的重要信息；主要对应设备动作信号。事故信息包括：

（1）全站事故总信息；

（2）单元事故总信息；

（3）各类保护、安全自动装置动作出口信息；

（4）开关异常变位信息；

（5）消防装置火灾告警信号。

7.2.2　异常信息

异常信息是反映电网和设备非正常运行情况的报警信息和影响设备遥控操作的信息，直接威胁电网安全与设备运行，是需要实时监控、及时处理的重要信息；主要对应设备告警信息和状态监测告警。异常信息包括：

（1）一次设备异常告警信息；

（2）二次设备、回路异常告警信息；

（3）自动化、通信设备异常告警信息；

（4）其他设备异常告警信息（包含站用交直流、安防告警、GPS、故障录波、稳控）。

7.2.3　越限信息

越限信息是反映重要遥测量超出告警上下限区间的信息。重要遥测量主要有设备有功功率、无功功率、电流、电压、变压器油温及断面潮流等，是需实时监控、及时处理的重要信息。

7.2.4　变位信息

变位信息指反映一、二次设备运行位置状态改变的信息，主要包括开关、刀闸分合闸位置，保护软压板投、退等位置信息。该类信息直接反映电网运行方式的改变，是需要实时监控的重要信息。

7.2.5 告知信息

告知信息是反映电网设备运行情况、状态监测的一般信息，主要包括设备操作时发出的伴生信息以及故障录波器、收发信机启动等信息；该类信息需定期查询。

7.3 典型设备实时监控信息规范

7.3.1 变压器监控信息规范

变压器测量信息应包括各侧有功功率、无功功率、电流、电压以及变压器挡位、油温、绕组温度等，对三相分体的变压器油温信息宜按相分别采集。

变压器遥信信息应反映变压器本体、冷却器、有载调压机构、在线滤油装置等重要部件的运行状况和异常、故障情况，还应包括变压器本体和有载调压装置非电量保护的动作信息。变压器控制应包括变压器分接开关挡位调节与急停。

变压器保护信息应采集变压器的投退、动作、异常及故障信息，对于保护动作信号，还应区分主保护及后备保护。装置故障信号应反映保护装置失电情况，并采用硬触点方式接入。对于智能变电站，还应采集 SV、GOOSE 告警信息及检修压板状态。

7.3.2 开关监控信息规范

开关遥信信息应包含开关灭弧室、操动机构、控制回路等各重要部件信息，用以反映开关设备的运行状况和异常、故障情况。开关应采集电流信息，对母联、分段、旁路开关还应采集有功功率、无功功率。分相开关应按相采集开关位置。开关遥控合闸宜区分强合、同期合、无压合。

开关保护信息应采集开关装置的投退、动作、异常及故障信息，装置故障信号应反映保护装置失电情况，并采用硬触点方式接入。对于智能变电站，还应采集 SV、GOOSE 告警信息及检修压板状态。对于具备重合功能的开关保护，还应采集重合闸信息。如果开关需远方操作的，还应采集遥控操作信息及相应的遥信状态。

7.3.3 刀闸监控信息规范

刀闸遥信信息应包含刀闸位置和电动机构两部分信息，用以反映刀闸的位置状态和操作回路的异常、故障情况。

7.3.4 线路监控信息规范

线路遥测信息应包含线路有功功率、无功功率、电流、电压等遥测信息。对接有三相电压互感器的线路，还应采集三相电压和线电压信息，线电压宜取AB相间电压。

线路保护信息应采集线路的投退、动作、异常及故障信息，对于保护动作信号，还应区分主保护及后备保护，装置故障信号应反映保护装置失电情况，并采用硬触点方式接入。对于智能变电站，还应采集SV、GOOSE告警信息及检修压板状态。对于具备重合功能的线路保护，还应采集重合闸信息。如果线路需远方操作的，还应采集遥控操作信息及相应的遥信状态。对于有定值区远方切换要求的，采集运行定值区号，定值区切换采用遥调方式。

7.3.5 母线监控信息规范

母线遥测信息应包含母线各相电压、线电压、$3U_0$电压、频率等遥测信息。线电压宜取AB相间电压。对只有单相电压互感器的母线，只采集单相电压。对于中性点不接地系统，应采集母线接地信号。

母线保护信息应采集母线的投退、动作、异常及故障信息，对于保护动作信号，应包含失灵保护动作信号，装置故障信号应反映保护装置失电情况，并采用硬触点方式接入。对于智能变电站，还应采集SV、GOOSE告警信息及检修压板状态。

7.3.6 站用变（电）监控信息规范

站用电信息应采集反映站用电运行方式的低压开关位置信息和电压量测信息。此外，还应采集备自投动作、异常及故障信息，装置故障信号应反映装置失电情况，并采用硬触点方式接入。

站用变保护信息应采集装置的投退、动作、异常及故障信息，装置故障信号应反映保护装置失电情况，并采用硬触点方式接入。对于智能变电站，还应采集SV、GOOSE告警信息及检修压板状态。

7.3.7 直流系统监控信息规范

直流系统监控信息覆盖直流系统交流输入电源（含防雷器）、充电机、蓄电池、直流母线、重要馈线等关键环节，反映各个环节设备的运行状况和异常、故障情况；还应包括直流系统监控装置、监控系统逆变电源以及通信直流电源等相关设备的告警信息。直流系统控制母线电压应纳入监控范围，直流系统合闸母线电压、直流母线正、负极对地电压宜纳入监控范围。

7.3.8 备自投监控信息规范

备自投监控信息应采集装置的投退、动作、异常及故障信息，装置故障信号应反映保护装置失电情况，并采用硬触点方式接入。对于智能变电站，还应采集SV、GOOSE告警信息及检修压板状态。对于备自投需远方投退操作的，还应采集备自投相关软压板位置及备自投充电状态信息。

7.4 变电站典型信息示例

7.4.1 ××开关 SF_6 气压低报警

1. 释义

监视开关本体 SF_6 数值，反映开关内部绝缘情况。由于 SF_6 压力降低，压力继电器动作。

2. 可能的原因

（1）开关有泄漏点，压力降低到报警值。

（2）压力继电器损坏。

（3）回路故障。

（4）根据 SF_6 压力—温度曲线，温度变化时，SF_6 压力值变化。

3. 造成的后果

如果 SF_6 压力继续降低，造成开关分合闸闭锁，若此时线路发生故障，则开关拒动，扩大事故范围。

7.4.2 ××开关 SF_6 气压低闭锁

1. 释义

开关本体 SF_6 压力数值低于闭锁值，压力（密度）继电器动作。

2. 可能的原因

（1）气动回路有泄漏点，压力降低到闭锁点。

（2）压力继电器损坏。

（3）回路故障。

（4）温度变化时，气动机构压力值变化。

3. 造成的后果

（1）如果开关分合闸闭锁，此时若与该开关有关设备故障，则开关拒动，开关失灵保护出口，扩大事故范围。

（2）开关内部故障。

7.4.3 ××开关弹簧未储能

1. 释义

开关弹簧未储能，造成开关不能合闸。

2. 可能的原因

（1）开关储能电动机损坏。

（2）储能电动机继电器损坏。

（3）电动机电源消失或控制回路故障。

（4）电动机控制回路故障。

（5）开关机械故障。

3. 造成的后果

开关不能合闸。

7.4.4　××开关储能电动机故障

1. 释义

开关储能电动机发生故障。

2. 可能的原因

（1）开关储能电动机损坏。

（2）电动机电源回路故障。

（3）电动机控制回路故障。

3. 造成的后果

操动机构无法储能，造成开关不能合闸。

7.4.5　××开关控制回路断线

1. 释义

反映开关控制回路故障。

2. 可能的原因

（1）开关控制电源断开。

（2）开关控制回路接触不良。

3. 造成的后果

不能进行分合闸操作及影响保护动作跳闸。

7.4.6　××PT保护二次电压空气开关跳开

1. 释义

PT 二次小开关跳闸。

2. 可能的原因

（1）空气开关老化跳闸。

（2）空气开关下负荷有短路等情况。

（3）误跳闸。

3. 造成的后果

保护拒动或误动。

7.4.7 ××主变冷却器电源消失

1. 释义

主变冷却器装置工作电源或控制电源消失。

2. 可能的原因

(1) 装置的电源故障。

(2) 二次回路问题误动作。

3. 造成的后果

主变冷却器电源消失，将造成主变油温过高，危及主变安全运行。

7.4.8 ××主变本体重瓦斯动作

1. 释义

反映主变本体内部故障。

2. 可能的原因

(1) 主变内部发生严重故障。

(2) 二次回路问题误动作。

(3) 储油柜（又称油枕）内胶囊安装不良，造成吸湿器（又称呼吸器）堵塞，油温发生变化后，吸湿器突然冲开，油流冲动造成继电器误动跳闸。

(4) 主变附近有较强烈的振动。

(5) 气体继电器本身问题。

3. 造成的后果

主变跳闸。

7.4.9 ××主变本体轻瓦斯告警

1. 释义

反映主变本体内部异常。

2. 可能的原因

(1) 主变进行滤油、加油或检修等工作使空气进入。

(2) 因温度下降或漏油使油位下降。

(3) 因穿越性短路故障或地震引起。

(4) 储油柜空气不畅通以及直流回路绝缘破坏。

(5) 气体继电器本身有缺陷等。

(6) 二次回路问题误动作。

3. 造成的后果

发轻瓦斯保护动作信号。

7.4.10 ××主变有载压力释放动作

1. 释义

检修后有载调压装置气体阀门未打开，同时气温高或主变近区故障时，均可能使释放装置动作。

2. 可能的原因

(1) 主变有载调压装置检修需注油时，由于工作疏忽储油柜顶部的溢油法兰孔未打开，使内部压力增大可能使释放装置动作。

(2) 当主变有载调压装置的油量过多超标（检修工作超规定注入了油量），再加上主变负荷大，油温、环境温度高时，可能使释放装置动作，信号杆自动弹出，发生溢油或喷油。

3. 造成的后果

主变发生溢油或喷油。

7.4.11 ××主变差动保护动作

1. 释义

差动保护动作，跳开主变各侧开关。

2. 可能的原因

(1) 变压器差动保护范围内的一次设备故障。

(2) 变压器内部故障。

(3) 差动保护误动。

(4) 电流互感器二次开路或短路。

3. 造成的后果

主变各侧开关跳闸，可能造成其他运行变压器过负荷；如果备自投动作不成功，可能造成负荷损失。

7.4.12 ××主变保护装置电流互感器断线

1. 释义

主变保护装置电流互感器采样不正常。

2. 可能的原因

（1）主变保护装置采样插件损坏。

（2）电流互感器二次接线松动。

（3）电流互感器损坏。

3. 造成的后果

（1）主变保护装置差动保护功能闭锁。

（2）主变保护装置过电流元件不可用。

（3）可能造成保护误动作。

7.4.13　××主变保护装置故障

1. 释义

主变保护装置处于异常运行状态。

2. 可能的原因

（1）主变保护装置本身故障。

（2）主变保护装置电流、电压采样异常。

3. 造成的后果

（1）主变保护装置处于不可用状态。

（2）主变保护装置部分功能不可用。

7.4.14　××线路保护动作

1. 释义

线路保护动作，跳开对应开关。

2. 可能的原因

（1）保护范围内的一次设备故障。

（2）保护误动。

3. 造成的后果

线路停运造成负荷损失。

7.4.15　××线路保护通道故障

1. 释义

保护通道（差动光纤、高频通道）通信中断，两侧保护无法交换信息。

2. 可能的原因

（1）通道原因造成中断。

（2）保护装置通道插件损坏。

3. 造成的后果

差动保护或纵联距离（方向）保护无法动作。

7.4.16 ××线路保护电流互感器断线

1. 释义

线路保护装置检测到电流互感器二次回路开路或采样值异常等原因造成差动不平衡电流超过定值，延时发电流互感器断线信号。

2. 可能的原因

（1）线路保护装置采样插件损坏。

（2）电流互感器二次接线松动。

（3）电流互感器损坏。

3. 造成的后果

（1）线路保护装置差动保护功能闭锁。

（2）线路继电保护装置过电流元件不可用。

（3）可能造成继电保护误动。

附录A 电网调度术语

为适应电网的发展，提高电网调度运行管理水平，结合本地区电网的特点，参照《电网调度规范用语》（DL/T 961—2020），制定电网调度术语。

A1 冠语

发布、接受调度指令，传达上级指示上级指令，下达调度计划，汇报设备运行状态，汇报调度指令执行情况及事故处理，必须采用冠语（见表A1）。

表A1 冠 语

序号	冠语表达
1	××地调×××
2	××监控×××
3	××县调×××
4	××配调×××
5	××电厂×××
6	××变电站×××
7	××运维班×××
8	××单位×××

A2 常用设备名称术语

常用设备名称术语见表A2。

表A2 常用设备名称术语

序号	设备名称术语	名称术语解释
1	厂（站）	35kV及以下电压等级的发电厂（站）、变电站、10(6) kV开关站（开闭所）、配电室
2	机	汽轮机、水轮机及燃气发电机组的统称
3	炉	锅炉
4	变	变压器
5	主变	电厂（站）、变电站的主变压器

续表

序号	设备名称术语	名称术语解释
6	联变	电厂不同电压等级母线联络变压器（限于电厂中不带发电机只起联络不同电压等级母线作用的变压器）
7	××线	××输、配电线路
8	××母线	××母线
9	开关	各种类型（空气、油、六氟化硫等）断路器的统称
10	刀闸	各种类型隔离开关
11	接地刀闸（地线）	用于把设备与地网连接的接地开关（连接线）
12	中地	发电机、变压器中性点接地刀闸
13	保护	电力系统的继电保护装置
14	保险	各种类型的熔断器
15	压板	保护装置联系外部二次回路接线用的连接片
16	PT（YH）	电压互感器（TV）
17	CT（LH）	电流互感器（TA）
18	PSS	电力系统稳定器
19	SVC	静止无功功率补偿器
20	电容器	补偿无功功率的并联电容器
21	串联电容器	与线路串联的补偿电容器
22	电抗器	串、并联电抗器（中性点电抗器）
23	AGC	自动发电控制
24	AVC	自动电压控制
25	开闭所	设有10（6）kV配电进出线、对功率进行再分配的配电装置，相当于变电站母线的延伸，可用于解决变电站进出线间隔有限或进出线走廊受限，并在区域中起到电源支撑的作用
26	配电室	主要为低压用户配送电能，设有10(6) kV进线、配电变压器和低压配电装置，带有低压负荷的户内配电场所
27	分接箱（分支箱）	完成配电系统中电缆线路的分段、汇集、联络和分解功能的专用电气连接设备
28	环网柜	用于中压电缆线路分段、联络及分接负荷的环网单元
29	配电变压器	柱上变压器、室内变压器
30	箱式变电站（简称箱变）	由10(6) kV开关、配电变压器、低压出线开关、无功功率补偿装置和计量装置等设备共同安装于一个封闭箱体内的户外装置
31	配电网自动化系统	实现配电网运行监控的自动化系统，具备配电SCADA、馈线自动化（FA）及高级应用功能，一般由配电自动化主站、配电自动化终端、配电自动化信息交互总线及配电生产管理指挥平台构成，根据实际情况可配置配电自动化子站

A3 调度管理常用名称术语

调度管理常用名称术语见表A3。

表 A3　　　　　　　　　　调度管理常用名称术语

序号	调度管理名称术语	名称术语解释
1	系统解列期间由你厂担任主（辅）调频厂，负责调频、调压	为保证从主网分列出去的部分电网的正常运行，地调指定某电厂担任主（辅）调频厂，负责调整频率、电压。该厂若失去调整能力应及时向地调报告
2	系统解列期间由你县调任××区调	为保证从主网分列出去的部分电网的正常运行，由地调指定某县调负责监视、调度该网有关设备，在调频厂配合下保证频率及电压合格，行使局部电网调度权
3	电力系统	由发电、供电（输电、变电、配电）、用电设施和为保证这些设施正常运行所需的继电保护和安全自动装置、计量装置、电力通信设施、自动化设施等构成的整体
4	电力系统运行	电力系统各构成设施的协同运用
5	发电企业	并入电网运行（拥有单个或数个发电厂）的发电公司，或拥有发电厂的电力企业
6	电网企业	拥有、经营和运行电网的电力企业。发电企业、电网企业两者合并简称为发、供电单位
7	电力用户	通过电网消费电能的单位或个人
8	电力调度	为保障电力系统安全、优质、经济运行和电力市场规范运营，实行资源的优化配置和环境保护，保证电力生产的秩序，对电力系统运行的组织、指挥、指导和协调的活动
9	电力调度机构	对电力系统运行的组织、指挥、指导和协调机构，简称调度机构
10	电力调度管理	电力调度机构依据有关规定对电力系统生产运行、电力调度系统及其人员职务活动所进行的管理。一般包括调度运行管理、调度计划管理、运行方式管理、继电保护及安全自动装置管理、调度自动化管理、电力通信管理、水电厂水库调度管理、新能源调度管理、调度系统人员培训管理等
11	电力调度系统	包括各级电力调度机构和有关运行值班单位。运行值班单位指发电厂、变电站（含换流站、开闭所，下同）、大用户变（配）电系统等的运行值班单位
12	调度管辖范围	电力系统设备运行和操作的指挥权限范围
13	调度许可	下级调度机构、厂、站管辖（或受委托调度）的设备在进行有关操作前，下级调度机构值班调度员、厂、站运行值班人员向上级调度机构值班调度员申请并征得同意
14	委托调度	一方委托他方对其调度管辖的设备进行运行和操作指挥的调度方式
15	越级调度	紧急情况下，值班调度员不通过下一级调度机构值班调度员而直接下达调度指令给下一级调度机构调度管辖的运行单位的运行值班人员的方式
16	调度指令	值班调度员对其下级调度机构值班调度员或调度管辖厂、站运行值班人员发布有关运行、操作和事故处理的指令，包括自动发电控制（AGC）、自动无功功率电压控制（AVC）、实时调度等调度自动化系统下达的调度指令
17	发布指令	值班调度员正式向下级调度机构值班调度员或厂、站运行值班人员（调度自动化主站系统正常运行时）下达调度指令

续表

序号	调度管理名称术语	名称术语解释
18	接受指令	受令人听取指令的步骤和内容，复诵指令并认可
19	复诵指令	受令人依照指令的步骤和内容，向发令人完整无误诵读一遍
20	回复指令	受令人向值班调度员报告已执行完调度指令的步骤、内容和时间
21	拒绝接受指令	受令人认为值班调度员或调度自动化系统发布的调度指令会危害人身、电网和设备安全，不执行调度指令
22	调度自动化机构	负责调度管辖范围内调度自动化系统的专业管理、运行管理和技术监督工作的组织，履行调度管辖范围内调度自动化系统的管理权、调度权
23	电力通信网	用于电力生产、运行及管理的专用通信网络，包括传输网（光纤、数字微波、电力线载波、接入系统等）、支撑网（信令网、同步网、网管网等）和业务网（数据通信网络、交换系统、电视电话会议系统等）
24	电力通信机构	电网企业内负责电力通信网生产运行、调度指挥、规划建设、专业管理职责的组织机构，简称通信机构
25	负荷备用容量	已连接于母线且立即可以带负荷的旋转备用容量，用以平衡瞬间负荷波动与负荷预计的差额
26	事故备用容量	在规定时间内可供调用的备用容量
27	计划检修	列入月度计划的检修、维护、试验等工作
28	临时检修	未列入月度计划的检修、维护、试验等工作
29	特殊运行方式	在电厂或电网接线方式相对于正常运行方式（包括正常检修方式）有重大变化时，电厂或电网相应的运行方式
30	应	表示要准确地符合相关标准而必须严格执行的要求，其反面词为“不应”
31	宜	表示正常情况下首先的选择，其反面词为“不宜”
32	可	表示在相关标准规定的范围内允许稍有选择，其反面词为“不必”
33	能	表示事物因果关系的可能性和潜在能力，其反面词为“不能”

A4 操作术语

（1）锅炉。锅炉操作术语见表A4。

表A4　　锅炉操作术语

序号	操作术语	术语解释
1	点火	炉开始启动、炉膛内火已点燃
2	并炉	炉启动达到合格参数，并入蒸汽母管
3	切分	大型锅炉由汽包炉启动方式切换为直流炉运行方式
4	降压运行	大型锅炉大幅度降出力运行时采用降低汽压运行
5	紧急降出力	系统发生异常情况，需要尽快降低出力，立即按要求（采取烧油或排汽）降低出力
6	干锅	锅炉严重缺水、水位低于最低规定值的紧急情况，短时间不允许启动
7	满水	锅炉水位高于最高允许值，并引起汽温下降
8	爆燃（放炮）	炉灭火后，积存于炉内的煤粉、油及其他可燃气体突然爆燃
9	安全门不回座	安全门动作后，降低压力仍不能返回原位

续表

序号	操作术语	术语解释
10	灭火	正在运行的锅炉因某种原因导致炉膛内火焰熄灭
11	爆管	启动及运行中的锅炉因某种原因引起水冷壁、过热器、省煤器、再热器的管子突然破裂

（2）分布式电源。分布式电源操作术语见表A5。

表A5　　　　分布式电源操作术语

序号	操作术语	术语解释
1	并网点	对于有升压站的分布式电源，并网点为分布式电源升压站高压侧母线或节点；对于无升压站的分布式电源，并网点为分布式电源的输出汇总点
2	接入点	电源接入公用电网，也可能是用户电网
3	公共连接点	用户系统（发电或用电）接入公用电网的连接处
4	逆变器	将直流电变换成交流电的设备。最大功率跟踪控制器、变流器和控制器均属于逆变器的一部分
5	孤岛现象	电网失压时，分布式电源仍保持对失压电网中的某一部分线路继续供电的状态。孤岛现象可分为非计划性孤岛现象和计划性孤岛现象：非计划性孤岛现象是指非计划、不受控地发生孤岛现象；计划性孤岛现象是指按预先配置的控制策略，有计划地发生孤岛现象
6	防孤岛	禁止非计划性孤岛现象的发生
7	并、离网	太阳能等分布式电源发电系统和电网的连接关系

（3）电网操作。电网操作术语见表A6。

表A6　　　　电网操作术语

序号	操作术语	术语解释
1	合环	电气操作中将线路、变压器或开关构成的网络闭合运行的操作
2	解除同期闭锁合环	不经同期闭锁的直接合环
3	解环	电气操作中将线路、变压器或开关构成的闭合网络断开运行的操作
4	定相	（新建、改建的）线路、变电站母线在投运前分相依次送电，核对A、B、C相标志与运行系统是否一致的工作
5	核相	（新建、改建的）线路、变电站母线在投运前核对A、B、C相序与运行系统是否一致的工作
6	相位相同	开关（刀闸）两侧A、B、C三相均对应相同
7	同期并列	两个单独的电力系统，经调整频率、电压、相位接近后并为一个系统
8	解列	将一个电网分成两个电气相互独立的部分运行

（4）变压器。变压器操作术语见表A7。

表 A7　　变压器操作术语

序号	操作术语	术语解释
1	将××变××侧分接头由×挡调到×挡	按要求调整变压器某分接头位置，并保证接触可靠，非有载调压变压器要停电调整
2	用××开关对××变压器全压冲击	对新投入或大修后的变压器以××开关接通系统电压直接冲击试验
3	××开关加入运行，对××变压器充电运行	投入变压器一侧××开关，变压器空载运行

（5）开关、刀闸。开关、刀闸操作术语见表 A8。

表 A8　　开关、刀闸操作术语

序号	操作术语	术语解释
1	合上××开关	使××开关由分闸位置转为合闸位置
2	断开××开关	使××开关由合闸位置转为分闸位置
3	开关跳闸	未经操作，开关三相同时转为分闸
4	开关非全相跳闸	未经操作，开关一相或两相自动跳闸
5	开关非全相合闸	开关合闸操作或自动重合时只合上一相或两相
6	×时×分××开关跳闸三相重合成功（或不成功）	开关投三相或综合重合闸，故障跳闸后三相自动合上未再跳闸（或自动合上又三相跳闸）
7	×时×分××开关跳闸×相跳闸重合成功（或不成功）	××开关×相跳闸后自动合上未再跳闸（×相自动合上后又三相跳闸）
8	×时×分××开关跳闸、重合闸未动	××开关跳闸后，重合闸装置没有动作
9	×时×分××线路强送成功（或不成功）	线路故障跳闸后，强送电后开关未再跳闸（开关再跳闸）
10	开关慢分	由于开关的操动机构异常引起开关触头慢速分离开断
11	×时×分××开关合闸（或跳闸）闭锁	由于开关的操动机构控制油（气）压低于规定值，为防止开关合闸、跳闸速度缓慢而爆炸，自动切断跳、合闸回路
12	×时×分××开关重合闸闭锁	由于开关的操动机构控制油（气）压低于规定值，为防止开关合闸、跳闸速度缓慢而爆炸，自动切断重合闸回路
13	合上（推上）刀闸	刀闸由断开位置转为接通位置
14	拉开（断开）刀闸	刀闸由接通位置转为断开位置
15	刀闸未合到位	刀闸的动静触头没达到正常的合闸位置，接触不好

（6）地线。地线操作术语见表 A9。

表 A9　　地线操作术语

序号	操作术语	术语解释
1	挂（接）设地线	在××位置挂一组三相短路与大地接通的接地线
2	拆除地线	将三相短路接地线从××位置拆除

（7）线路、系统。线路、系统操作术语见表A10。

表A10　　线路、系统操作术语

序号	操作术语	术语解释
1	线路强送电	线路故障跳闸后，未经巡线或未发现明显问题而进行送电
2	线路充电运行	线路一端开关加入运行，另一端开关在断开
3	联络线	线路两端都有电源
4	馈线	单电源负荷线路
5	带电巡视	对带电或停运但未做安全措施的线路巡线
6	停电巡线	线路已停电并挂好地线的情况下巡线
7	故障带电巡线	线路故障后为查明原因的巡线
8	特巡	对带电线路在暴风雨、覆冰、河开冻、水灾、大负荷、地震等情况下巡线
9	带电接线（或拆线）	设备带电状态下接通（或拆开）短接线
10	装（拆）引线	将设备引线或架空线的跨接线接通（或拆除）
11	波动	电力系统受干扰、电压发生瞬间下降或上升后立即恢复正常
12	摆动	电力系统电压、电流产生的规律的摇摆现象
13	振荡	电力系统并列运行的两部分或几部分电压、电流、有功、无功发生同期性的剧烈变化
14	线路潮流	线路的有功、无功功率
15	单相重合闸	线路开关单相跳闸，不检查同期也不检查线路有、无电压，经整定时间重合一次，重合不成功跳三相

（8）用电。用电操作术语见表A11。

表A11　　用电操作术语

序号	操作术语	术语解释
1	高压客户	6kV及以上高压线路供电的客户
2	双（多）电源客户	由双回或多回6kV及以上高压线路供电，且高压回路可以联络的客户
3	专线客户	6kV及以上专用高压线路供电的客户
4	用户限电	通知用户限制用电负荷
5	拉闸限电	拉开线路开关使用户停电
6	保安电力	保证人身和设备安全的电力
7	按指标用电	按调度分配的用电指标用电，不准超用
8	××分钟限去超用负荷	按指定时间切除超出指标的用电负荷
9	修改用电指标	由于系统异常情况引起出力下降、设备过载、超稳定限制，重新平衡地区用电指标
10	××分钟按事故拉闸顺序拉掉××万kW	系统异常运行引起频率下降、线路过载、超稳定极限，命某县调立即按事故拉闸顺序在规定的时间内拉掉××万kW负荷
11	工业让峰	工业用户高峰时段限制用电
12	工业错（避）峰	非连续工业用户避开高峰时段用电

(9) 继电保护及安全自动装置。继电保护及安全自动装置操作术语见表 A12。

表 A12　　继电保护及安全自动装置操作术语

序号	操作术语	术语解释
1	紧急低频装置	在特殊运行方式下，原装按频率自动减（切）负荷装置满足不了要求，特别装设的紧急低频减载（切负荷）装置
2	远切（联切）负荷装置	为了消除设备过载、防止系统失去稳定而装设的远方启动（或某设备跳闸联锁）切负荷装置
3	切机装置	为防止线路过载、机组失去稳定等而装设的某设备或线路跳闸时自动切除机组的装置
4	稳控装置	为防止线路过载、机组失去稳定等而装设的某设备或线路跳闸时自动切机、切负荷装置
5	投入××设备××保护	将保护由停用或信号位置改为跳闸位置
6	将××设备××保护改投信号	将保护由停用或跳闸位置改为信号位置
7	××设备××保护更改定值	将××设备××保护按保护定值变更通知单或调度指令进行更改
8	××母线保护改投选择方式	母线保护选择元件投入运行，或退出无选择压板，使母线有选择性跳闸
9	××母线保护改投非选择方式	母线保护选择元件退出，或投入无选择压板，使母线无选择性跳闸
10	高频保护交换信号	按相关规定测试高频保护装置和通道
11	××设备××保护改跳××开关	将××设备的保护由跳本设备开关改为跳其他开关
12	××保护改投短延时	更改××保护定值或直接应用线路定值标准的第二区定值
13	投入/退出××稳控装置	按照××稳控装置管理规定，投入/退出××稳控装置的相关功能和通信压板
14	投入/退出××稳控装置至××厂（站）通信功能	投入/退出××稳控装置至××厂（站）通信压板

(10) 设备状态。设备状态操作术语见表 A13。

表 A13　　设备状态操作术语

序号	操作术语	术语解释
1	充电备用	线路、变压器一侧开关在投入，而另一侧开关处于备用状态，具备随时投运条件
2	送电	对设备充电、投运并可接带负荷
3	备用	设备处于完好状态随时可以投入
4	热备用	机组、线路、母线等电气设备回路连接完整但开关断开，相关接地刀闸断开，随时可以投入运行
5	旋转备用	发电机组维持额定转速，随时可以并网，或已并网但仅带少量负荷，随时可以加出力至额定容量
6	冷备用	线路、母线等电气设备的开关断开，其两侧刀闸和相关接地刀闸处于断开位置，或启动需用时间较长的机组
7	紧急备用	设备停止运行，刀闸断开，有安全措施，但具备运行条件（包括有较大缺陷可短期投入运行的设备）

续表

序号	操作术语	术语解释
8	停电备用	断开开关使设备不带电
9	停电检修	设备停电，并做好了安全措施，处于检修状态
10	停运调峰	为了保持系统频率合格，将机组低谷时停运、高峰前并网
11	调峰备用处缺	利用调峰将机组停运，处理设备缺陷，保证在高峰前投运
12	设备临修	计划外批准的临时性检修
13	设备大（小）修	按相关规程或厂家规定的检修周期进行的检修
14	故障抢修	因设备故障进行的检修
15	设备带病运行	设备有比较大的缺陷且坚持运行

A5 综合指令术语及含义

综合指令术语及含义见表A14。

表A14　　综合指令术语及含义

序号	操作术语	术语解释
1	××设备××开关停止运行，解除备用，做安全措施	将××设备××开关断开，拉开开关两侧刀闸，在设备相关侧挂地线或合上接地刀闸
2	××设备××开关停止运行，解除备用	将××设备××开关断开，拉开开关两侧刀闸
3	××设备××开关拆除安全措施，恢复备用，加入运行	拆除该开关两侧安全措施，投入保护跳闸压板，合上开关两侧刀闸并将开关加入运行
4	××设备××开关拆除安全措施，恢复备用	拆除该开关两侧安全措施，投入保护跳闸压板，合上开关两侧刀闸
5	用××开关由××母线代××开关运行，然后将××开关停止运行、解除备用、做安全措施	若用母联带分路开关应先倒母线方式。母联CT改方式接入母差回路，并注意保护方向，要先对旁路母线充电。母联（或旁路）代××开关接带负荷正常后再将××开关断开，拉开两侧刀闸，并合上开关两侧接地刀闸（或挂接地线）
6	用××开关经××母线串代××开关运行	若用母联串带开关应先倒母线方式。考虑母联CT接入母差回路，投入母联保护。若用线路开关串代，注意保护方向
7	将××变压器停止运行，解除备用，做安全措施	断开该变压器的各侧开关、刀闸（根据情况先合上变压器有关侧中性点接地刀闸），在该变压器可能来电的各侧挂地线（或合上接地刀闸）
8	将××变压器拆除安全措施，恢复备用，加入运行	拆除该变压器各侧地线（或断开接地刀闸），合上除有检修要求不能合或运行方式明确不得合之外的刀闸，投入保护（含投入联跳其他设备压板），合开关。按规定变更变压器中性点接地方式
9	将××变压器停运转备用	断开该变压器各侧开关（大电流接地系统先合上中性点接地刀闸）
10	将××发电机组用××开关解列，停止运行、解除备用、做安全措施	按规程将有功功率、无功功率减到零，切换厂用电，用××开关解列、停机，退出联跳运行设备的保护压板（包括启动失灵回路压板）。发电机停止转动后，断开各侧开关及刀闸，断开厂用分支开关及刀闸，断开各侧电压互感器刀闸及二次保险，在可能来电的各侧挂地线（或合上接地刀闸）

续表

序号	操作术语	术语解释
11	将××发电机组拆除安全措施，恢复备用，(用××开关)同期并网（于××母线）	检查发电机或发电机变压器组所有地线确已拆除，按规定将各侧开关恢复相应母线备用，电厂自行安排核对相位、相序，并提出是否要检查母线保护电流互感器极性及保护相位，(用××开关）并入系统后投入母差跳运行设备保护压板
12	将××发电机组（用××开关）解列停止运行，转备用	发电机组解列后断开相应开关的动力控制电源，并将相应开关系统电源侧刀闸断开
13	××kV××母线停止运行、解除备用、做安全措施	(1) 对于双母线接线：将该母线上所有运行和备用元件倒到另一母线，断开母联开关和刀闸及PT一次侧刀闸，并在该母线上挂地线（或合上接地刀闸）。 (2) 对于单母线接线：将该母线上所有的开关、刀闸断开。在该母线上挂地线（或合上接地刀闸）。 (3) 对于单母线开关分段接线：断开母线上所有的开关和刀闸，母线上挂地线（或合上接地刀闸）
14	××kV××母线拆除安全措施，恢复备用，加入运行，倒正常运行方式	(1) 对于双母线接线：拆除该母线上的地线（断开接地刀闸），合上PT刀闸和母联刀闸，用母联开关对该母线充电，将规定设备倒回来。 (2) 对于单母线接线：拆除母线上的地线（或断开接地刀闸），合上该母线上除有检修要求不能合或方式明确不许合以外的刀闸（包括PT刀闸）和开关。 (3) 对单母线开关分段接线：同单母线接线
15	××kV母线倒为正常运行方式	倒为调度部门已明文规定的母线正常接线方式（包括母联及联变开关的状态、元件固定的运行位置）
16	××kV××母PT二次负荷倒××母PT带，××母PT停止运行、解除备用、做安全措施	PT二次负荷经二次联络开关由另一PT带，切换该PT负荷，断开该PT一次刀闸、取下二次保险，在该PT上挂地线（或合上接地刀闸）
17	××kV××母PT拆除安全措施、恢复备用、加入运行，PT二次负荷倒正常运行方式	拆除该PT上地线（或断开接地刀闸），合上该PT一次侧刀闸，投上二次保险，切换PT负荷

参 考 文 献

［1］ 张玉珠，陈巍，杜晓勇，等．电力调控中心调控一体化教程［M］．北京：中国电力出版社，2015.

［2］ 周济，李晨，吴奕，等．配电网调控人员培训手册［M］．北京：中国电力出版社，2016.

［3］ 董昱，胡超凡，许涛，等．电网调控运行人员实用手册［M］．北京：中国电力出版社，2013.

［4］ 安军，戴飞，付红军，等．河南电网调度控制管理规程［M］．北京：中国电力出版社，2020.

［5］ 高中德，舒治淮，王德林，等．国家电网公司继电保护培训教材［M］．北京：中国电力出版社，2009.

［6］ 国家电力调度通信中心．电力系统继电保护实用技术问答第二版［M］．北京：中国电力出版社，1999.

［7］ 吕振勇，汪洪波，郭国川，等．《电网调度管理条例》学习与辅导［M］．北京：人民中国出版社，1993.

［8］ 陈涛，樊彦国，岳雪玲，等．国网河南省电力公司工作票操作票管理规定（2017年）［M］．北京：中国电力出版社，2018.